编审委员会名单

应用型人才培养O2O创新规划教材

建筑工程计量与计价
JIANZHU GONGCHENG JILIANG YU JIJIA

谷洪雁　　王春梅　　杜慧慧　主编

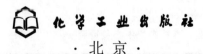
化学工业出版社
·北京·

本书依据国家及河北省最新规范、图集、定额、费用标准等相关文件，系统阐述了定额计价模式的工程量计算、定额的套取和费用的计取程序，工程量清单计价模式下工程量清单的计算、综合单价的计算和计价程序以及工程结算等内容。在知识体系上既兼顾了定额计价原理，更注重工程量清单计价的应用，内容紧跟当前工程生产实际，将完整的施工图引入课堂教学，使学生置身于真实工程环境中，以实例进行教学和模拟训练，提高学生实践动手能力。

本书可作为应用型本科学校和高等职业院校土建施工类专业和工程管理类专业的教学用书，也可作为工程造价从业人员资格考试指导用书，还可供从事相关专业工程技术人员学习参考使用。

为体现党的二十大报告"推进教育数字化"精神，本书配套了丰富的数字教学资源，可扫描书中二维码获取。

图书在版编目（CIP）数据

建筑工程计量与计价/谷洪雁，王春梅，杜慧慧主编．
北京：化学工业出版社，2018.2（2024.2重印）
"十三五"应用型人才培养O2O创新规划教材
ISBN 978-7-122-31231-0

Ⅰ. ①建…　Ⅱ. ①谷…②王…③杜…　Ⅲ. ①建筑工程-计量-高等学校-教材②建筑造价-高等学校-教材
Ⅳ. ①TU723.3

中国版本图书馆CIP数据核字（2018）第013617号

责任编辑：李仙华　张双进　提　岩　　　　　　文字编辑：向　东
责任校对：王　静　　　　　　　　　　　　　　装帧设计：王晓宇

出版发行：化学工业出版社（北京市东城区青年湖南街13号　邮政编码100011）
印　　装：大厂聚鑫印刷有限责任公司
787mm×1092mm　1/16　印张14½　字数365千字　2024年2月北京第1版第9次印刷

购书咨询：010-64518888　　　　　　　　　　售后服务：010-64518899
网　　　址：http://www.cip.com.cn
凡购买本书，如有缺损质量问题，本社销售中心负责调换。

定　　价：39.00元　　　　　　　　　　　　　　　　　　版权所有　违者必究

　　教育部在高等职业教育创新发展行动计划（2015—2018 年）中指出"要顺应'互联网+'的发展趋势，应用信息技术改造传统教学，促进泛在、移动、个性化学习方式的形成。针对教学中难以理解的复杂结构、复杂运动等，开发仿真教学软件"。党的十九大报告中指出，要深化教育改革，加快教育现代化。为落实十九大报告精神，推动创新发展行动计划——工程造价骨干专业建设，河北工业职业技术学院联合河北工程技术学院、河北劳动关系职业学院、张家口职业技术学院、新疆交通职业技术学院等院校与化学工业出版社，利用云平台、二维码及BIM 技术，开发了本系列 O2O 创新教材。

　　该系列丛书的编者多年从事工程管理类专业的教学研究和实践工作，重视培养学生的实际技能。他们在总结现有文献的基础上，坚持"理论够用，应用为主"的原则，为工程管理类专业人员提供了清晰的思路和方法，书中二维码嵌入了大量的学习资源，融入了教育信息化和建筑信息化技术，包含了最新的建筑业规范、规程、图集、标准等参考文件，丰富的施工现场图片，虚拟三维建筑模型，知识讲解、软件操作、施工现场施工工艺操作等视频音频文件，以大量的实际案例举一反三、触类旁通，并且数字资源会随着国家政策调整和新规范的出台实时进行调整与更新。这些学习资源不仅为初学人员的业务实践提供了参考依据，也为工程管理人员学习建筑业新技术提供了良好的平台，因此，本系列丛书可作为应用技术型院校工程管理类及相关专业的教材和指导用书，也可作为工程技术人员的参考资料。

　　"十三五"时期，我国经济发展进入新常态，增速放缓，结构优化升级，驱动力由投资驱动转向创新驱动。我国建筑业大范围运用新技术、新工艺、新方法、新模式，建设工程管理也逐步从粗犷型管理转变为精细化管理，进一步推动了我国工程管理理论研究和实践应用的创新与跨越式发展。这一切都向建筑工程管理人员提出了更为艰巨的挑战，从而使得工程管理模式"百花齐放、百家争鸣"，这就需要我们工程管理专业人员更好地去探索和研究。衷心希望各位专家和同行在阅读此系列丛书时提出宝贵的意见和建议，共同把建筑行业的工作推向新的高度，为实现建筑业产业转型升级做出更大的贡献。

河北省建设人才与教育协会会长

2017 年 10 月

党的二十大报告中提出"深入实施科教兴国战略、人才强国战略、创新驱动发展战略",对各行各业从业人员提出了更高的要求。

随着我国"十四五规划"的推进,建筑行业也进入了精细化管理时代,工程造价领域日趋规范,给工程造价专业的发展带来契机。"建筑工程计量与计价"课程为工程造价专业核心课程,也是建筑行业从业人员参加注册造价工程师、一级建造师等执业资格要求所必须掌握的基础知识。

本教材内容紧跟行业发展,以国家颁布的最新规范、图集和标准为依据,针对职业岗位需求,系统阐述了定额计价模式的工程量计算规则、定额的套取和费用的计取,工程量清单计价模式下工程量清单的编制、综合单价的计算和清单计价程序等内容。 本书在知识体系上既兼顾了定额计价原理,更注重工程量清单计价的应用。 本书在编写过程中始终坚持实用性和可操作性原则,附有大量典型实用案例,特别是将完整的施工图引入课堂教学,使学生置身于真实工程环境中,以实例进行教学和模拟训练,提高学生实践动手能力。 校企共同编写,紧紧围绕产业发展,严密对接职业岗位,形成如下特色。

1. 紧密对接"1+X"职业技能等级证书标准

本教材根据《国务院关于印发国家职业教育改革实施方案的通知》(国发〔2019〕4号)中提出的"启动'学历证书+ 若干职业技能等级证书'制度试点工作"的精神,紧密对接"1+X"工程造价数字化应用职业技能等级证书要求,根据"X"证书标准中规定的职业素养、基础知识要求,以及职业技能知识、技能能力要求,合理设计对接关键点和融合面,统筹教材内容,深化教学改革,为"1+X"工程造价数字化应用职业技能培训提供高质量的教材。

2. 多维度融入课程思政元素

教材以"立德树人"为根本任务,对课程思政进行了顶层设计,将思政教育融入育人全过程,分层次、讲方法、求实效地开展课程思政。 通过课程思政元素的融入,培养学生科学严谨的工作作风、精益求精的工匠精神和保守企业报价商业机密的职业道德,并有效促进学生对专业知识的理解、掌握、拓展和深化,提高学生的学习积极性、创新精神、专业自信和个人自信,从专业角度引导学生可持续发展意识。

3. 基于省级精品在线开放课程的新形态一体化教材

主编院校"建筑工程计量与计价"课程是河北省精品在线开放课程,建有教师微课、虚拟仿真、教学课件、企业案例、作业实训等丰富的数字资源，教材资源建设遵循"一体化设计、项目化教材、颗粒化资源"的建构逻辑，以二维码形式将在线资源和教材紧密捆绑，可通过扫描书中二维码获取，最大限度地方便读者使用。

同时，本书提供有 16G101-1 图集、实训项目用附图、《房屋建筑与装饰工程工程量计算规范》(GB 50854)、《建设工程工程量清单计价规范》(GB 50500)，还配套了电子课件，读者可登录网址 www.cipedu.com.cn 自行下载。

本教材由河北工业职业技术大学谷洪雁、王春梅，河北工程技术学院杜慧慧担任主编；河北工业职业技术大学张福仁、刘玉，河北劳动关系职业学院刘玉美，河北工业职业技术大学张华英担任副主编；石家庄三建建业集团有限公司顾继仁，张家口职业技术学院韩磊，河北工业职业技术大学袁影辉、黄渊参与了教材的编写。谷洪雁老师负责统稿并校核。

由于作者水平有限，书中不足之处在所难免，还请同行专家不吝指正，将不胜感谢！

编　者

2017 年 10 月

课程简介

目录
CONTENTS

上篇　建筑工程定额计价

下篇　工程量清单计价

资源目录

编号	资源名称	类型	页码
0.1	建设项目基本概念及分解	视频	1
0.2	工程造价构成	视频	4
0.3	建筑安装工程费用构成	视频	5
0.4	设备及工器具购置费	视频	10
0.5	工程建设其他费构成	视频	13
0.6	预备费及建设期贷款利息计算	视频	15
0.7	固定资产投资估算计算案例	视频	21
1.1	建筑工程定额概述	视频	23
1.2	建筑工程基础定额	视频	24
1.3	预算定额概述	视频	35
1.4	预算定额换算	视频	36
1.5	河北省建筑安装工程费构成	视频	38

0 建筑工程计价概述

知识目标

- 了解工程建设的概念、程序及项目划分
- 掌握建设工程项目造价的构成
- 熟悉建设工程计价的概念、特点及类型

技能目标

- 会计算国产及进口设备价格
- 会计算预备费、建设期贷款利息

0.1 工程建设

二维码 0.1

0.1.1 工程建设的概念

工程建设是指国民经济中的各个部门为了扩大再生产而进行的增加固定资产的建设工作,即把一定的建筑材料、机械设备等,通过购置、建造、安装等一系列活动,转化为固定资产,形成新的生产能力或使用效益的过程。固定资产再生产的新建、扩建、改建、迁建、恢复工程及与此相关的其他工作,如土地征用、房屋拆迁、勘察设计、招标投标、工程监理等,也是基本建设的组成部分。因此,基本建设的实质是形成新的固定资产的经济活动。

固定资产是指在社会再生产过程中,可供生产或生活较长时间使用,在使用过程中基本保持原有实物形态的劳动资料或其他物质资料,比如建筑物、构筑物、电气设备等。

0.1.2 工程建设的程序

工程建设过程中所涉及的社会层面和管理部门广泛,协调、合作环节较多,因此必须按照工程建设的客观规律和实际顺序进行。工程的建设程序就是指建设项目从酝酿、提出、决策、设计、施工到竣工验收及投入生产整个过程中各环节及各项主要工作内容必须遵循的先后顺序。这个顺序是由工程建设进程所决定的,它反映了建设工作客观存在的经济规律及其自身的内在联系和特点。

我国工程建设程序依次划分为以下几个阶段和若干个环节。

① 建设前期阶段：包括编制项目建议书、进行可行性研究、项目决策等。

② 勘察设计阶段：包括选址、勘察、规划、设计等。

③ 建设准备阶段：包括项目报批、征地拆迁、场地平整、工程招投标等。

④ 建设施工阶段：主要有建筑安装施工等，包括安全质量监督及监理。

⑤ 竣工验收阶段：包括验收交付使用、竣工结算、决算及项目后评价等。

(1) 编制项目建议书

项目建议书是建设单位向国家提出的要求建设某一具体项目的建议文件，即对拟建项目的必要性、可行性以及建设的目的、计划等进行论证并写成报告的形式。

(2) 进行可行性研究

可行性研究是对工程建设项目技术上和经济上是否合理进行的科学分析和论证，它通过市场研究、技术研究、经济研究进行多方案比较，提出最佳方案。

可行性研究经过评审后，就可着手编写可行性研究报告。可行性研究报告是确定建设项目、编制设计文件的主要依据，在建设程序中起主导地位。可行性研究报告一经批准后即形成决策，是初步设计的依据，不得随意修改或变更。

(3) 选择建设地点

建设地点的选择由主管部门组织勘察设计单位和所在地有关部门共同进行。在综合研究工程地质、水文等自然条件，建设工程所需水、电、运输条件和项目建成投产后原材料、燃料以及生产和工作人员生活条件、生产环境等因素的基础之上，进行多方案比选后，提交选址报告。

(4) 编制设计文件

可行性研究报告和选址报告批准后，建设单位或其主管部门可以委托或通过设计招投标方式选择设计单位，按可行性研究报告中的有关要求，编制设计文件。一般进行两阶段设计，即初步设计和施工图设计。技术上比较复杂而又缺乏设计经验的项目，可进行三阶段设计，即初步设计、技术设计和施工图设计。

(5) 建设前期准备工作

该阶段进行的工作主要包括项目报批、手续办理、征地拆迁、场地平整；材料、设备采购；组织施工招投标，选择施工单位；办理建设项目施工许可证。

(6) 编制建设计划和建设年度计划

根据批准的总概算和建设工期，合理编制建设计划和建设年度计划。计划内容要与投资、材料、设备和劳动力相适应，以确保计划的顺利实施。

(7) 建设施工

建设年度计划批准后，建设准备工作就绪，取得建设主管部门颁发的建筑许可证方可正式施工。在施工前施工单位要编制施工预算。为确保工程质量，必须严格按施工图纸、施工验收规范等要求进行施工，按照合理的施工顺序组织施工，加强经济核算。

(8) 项目投产前的准备工作

项目投产前要进行必要的生产准备，包括建立生产经营相关管理机构，培训生产人员，组织生产人员参加设备的安装、调试，订购生产所需的原材料、燃料及工器具、备件等。

(9) 竣工验收

建设项目按设计文件规定的内容全部施工完成后，由建设项目主管部门或建设单位向负责验收单位提出竣工验收申请报告，组织验收。竣工验收是全面考核基本建设工作，检查是否符合设计要求和工程质量的重要环节，对清点建设成果，促进建设项目及时投产，发挥投资效益及总结建设经验教训都有重要作用。

（10）项目后评价

建设项目后评价是工程项目竣工投产并生产经营一段时间后对项目的决策、设计、施工、投产及生产运营等全过程进行系统评价的一种技术经济活动。通过建设项目后评价，总结经验、研究问题、吸取教训并提出建议，达到不断提高项目决策水平和投资效果的目的。

0.1.3 工程建设项目的划分

工程建设是由若干个具体基本建设项目组成的。工程建设项目可从不同角度进行分类。

0.1.3.1 按工程管理和确定工程造价的需要划分

根据工程管理和确定工程造价的需要，工程建设项目划分为建设项目、单项工程、单位工程、分部工程和分项工程五个基本层次，如图 0-1 所示。

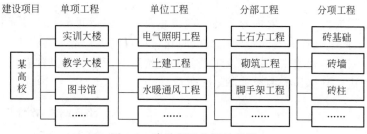

图 0-1 建设项目分解示意图

（1）建设项目

建设项目是指在一个或几个场地上，按照一个总体设计进行施工的各个工程项目的总体。建设项目可由一个工程项目或几个工程项目构成。建设项目在经济上实行独立核算，在行政上具有独立组织形式。在我国，建设项目的实施单位一般为建设单位，实行建设项目法人责任制。如一座工厂、一所学校、一所医院等均为一个建设项目，由项目法人单位实行统一管理。

（2）单项工程

单项工程是建设项目的组成部分。一个建设项目可以是一个单项工程，也可以包括几个单项工程。单项工程是指具有独立的设计文件，竣工后可以独立发挥生产能力和使用效益的工程，如一所学校的教学楼、办公楼、图书馆等，一座工厂的各个车间、办公楼等。

（3）单位工程

单位工程是单项工程的组成部分。单位工程是指具有独立设计文件，可以独立组织施工，但建成后不能独立发挥生产能力和使用效益的工程。如土建工程、电气安装工程、通风工程和给排水工程等，均属单位工程。

（4）分部工程

分部工程是单位工程的组成部分。分部工程是指在一个单位工程中，按工程部位及使用材料和工种进一步划分的工程。如一般土建工程的土石力工程、桩基础工程、砌筑工程、混凝土及钢筋混凝土工程、金属结构工程、楼地面工程、屋面工程等，均属分部工程。

（5）分项工程

分项工程是分部工程的组成部分。分项工程是指能够独立地经过一定的施工工序完成，并且可以采用适当计量单位计算的建筑或设备安装工程。如混凝土及钢筋混凝土工程中的带型基础、独立基础、满堂基础、设备基础、矩形柱、异形柱等，均属分项工程。分项工程是工程量计算的基本元素，是工程项目划分的基本单位，所以工程量均按分项工程计算。

0.1.3.2　按建设性质划分

按建设性质分，可分为新建、扩建、改建、恢复和迁建等项目。

0.1.3.3　按建设规模划分

按项目建设总规模或总投资可分为大型项目、中型项目和小型项目。

0.2　建筑工程项目造价的构成

我国现行工程造价构成主要内容为建设项目总投资（包括固定资产投资和流动资产投资两部分），建设项目总投资中的固定资产投资与建设项目的工程造价在量上相等。也就是说，工程造价由建筑安装工程费用、设备及工器具购置费用、工程建设其他费用、预备费、建设期贷款利息等构成，具体构成内容如图0-2所示。

二维码0.2

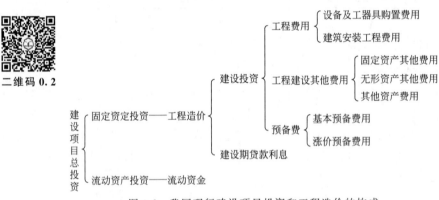

图0-2　我国现行建设项目投资和工程造价的构成

根据住建部、财政部关于印发《建筑安装工程费用项目组成》的通知（建标〔2013〕44号文），建筑安装工程费用项目按费用构成要素组成划分为人工费、材料费、施工机具使用费、企业管理费、利润、规费和税金（见图0-3）；为指导工程造价专业人员计算建筑安装工程造价，将建筑安装工程费用按工程造价形成要素划分为分部分项工程费、措施项目费、其他项目费、规费和税金（见图0-4）。

0.2.1　建筑安装工程费用项目组成（按费用构成要素划分）

建筑安装工程费按照费用构成要素划分，由人工费、材料（包含工程设备，下同）费、施工机具使用费、企业管理费、利润、规费和税金组成。其中人工费、材料费、施工机具使用费、企业管理费和利润包含在分部分项工程费、措施项目费、其他项目费中（见图0-3）。

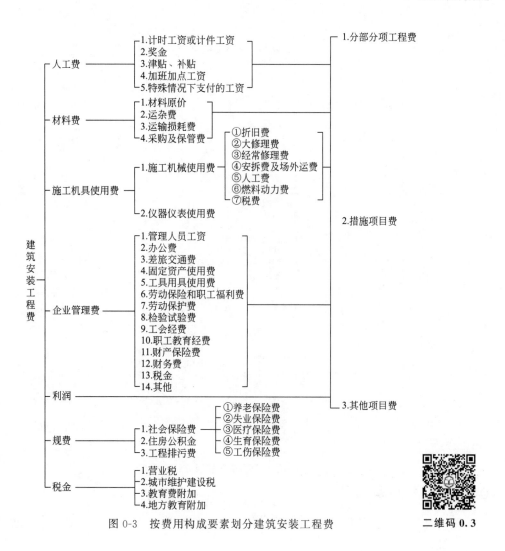

图 0-3 按费用构成要素划分建筑安装工程费

二维码 0.3

0.2.1.1 人工费

按工资总额构成规定，支付给从事建筑安装工程施工的生产工人和附属生产单位工人的各项费用。内容包括：

① 计时工资或计件工资：按计时工资标准和工作时间或对已做工作按计件单价支付给个人的劳动报酬。

② 奖金：对超额劳动和增收节支支付给个人的劳动报酬。如节约奖、劳动竞赛奖等。

③ 津贴补贴：为了补偿职工特殊或额外的劳动消耗和因其他特殊原因支付给个人的津贴，以及为了保证职工工资水平不受物价影响支付给个人的物价补贴。如流动施工津贴、特殊地区施工津贴、高温（寒）作业临时津贴、高空津贴等。

④ 加班加点工资：按规定支付的在法定节假日工作的加班工资和在法定日工作时间外延时工作的加点工资。

⑤ 特殊情况下支付的工资：根据国家法律、法规和政策规定，因病、工伤、产假、计划生育假、婚丧假、事假、探亲假、定期休假、停工学习、执行国家或社会义务等原因按计时工资标准或计时工资标准的一定比例支付的工资。

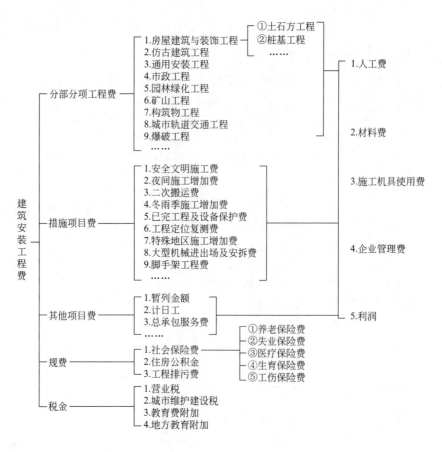

图 0-4 按造价形成要素划分建筑安装工程

0.2.1.2 材料费

施工过程中耗费的原材料、辅助材料、构配件、零件、半成品或成品、工程设备的费用。内容包括：

① 材料原价：材料、工程设备的出厂价格或商家供应价格。

② 运杂费：材料、工程设备自来源地运至工地仓库或指定堆放地点所发生的全部费用。

③ 运输损耗费：材料在运输装卸过程中不可避免的损耗。

④ 采购及保管费：为组织采购、供应和保管材料、工程设备的过程中所需要的各项费用。包括采购费、仓储费、工地保管费、仓储损耗。

工程设备是指构成或计划构成永久工程一部分的机电设备、金属结构设备、仪器装置及其他类似的设备和装置。

0.2.1.3 施工机具使用费

施工作业所发生的施工机械、仪器仪表使用费或其租赁费。

(1) 施工机械使用费

以施工机械台班耗用量乘以施工机械台班单价表示。施工机械台班单价应由下列七项费用组成：

① 折旧费：施工机械在规定的使用年限内，陆续收回其原值的费用。

② 大修费：施工机械按规定的大修理间隔台班进行必要的大修，以恢复其正常功

能所需的费用。

③ 经常修理费：施工机械除大修理以外的各级保养和临时故障排除所需的费用。包括为保障机械正常运转所需替换设备与随机配备工具附具的摊销和维护费用，机械运转中日常保养所需润滑与擦拭的材料费用及机械停滞期间的维护和保养费用等。

④ 安拆费及场外运费：安拆费指施工机械（大型机械除外）在现场进行安装与拆卸所需的人工、材料、机械和试运转费用以及机械辅助设施的折旧、搭设、拆除等费用；场外运费指施工机械整体或分体自停放地点运至施工现场或由一施工地点运至另一施工地点的运输、装卸、辅助材料及架线等费用。

⑤ 人工费：机上司机（司炉）和其他操作人员的人工费。

⑥ 燃料动力费：施工机械在运转作业中所消耗的各种燃料及水、电等。

⑦ 税费：施工机械按照国家规定应缴纳的车船使用税、保险费及年检费等。

（2）仪器仪表使用费

工程施工所需使用的仪器仪表的摊销及维修费用。

0.2.1.4 企业管理费

建筑安装企业组织施工生产和经营管理所需的费用。内容包括：

① 管理人员工资：按规定支付给管理人员的计时工资、奖金、津贴补贴、加班加点工资及特殊情况下支付的工资等。

② 办公费：企业管理办公用的文具、纸张、账表、印刷、邮电、书报、办公软件、现场监控、会议、水电、烧水和集体取暖降温（包括现场临时宿舍取暖降温）等费用。

③ 差旅交通费：职工因公出差、调动工作的差旅费、住勤补助费，市内交通费和误餐补助费，职工探亲路费，劳动力招募费，职工退休、退职一次性路费，工伤人员就医路费，工地转移费以及管理部门使用的交通工具的油料、燃料等费用。

④ 固定资产使用费：管理和试验部门及附属生产单位使用的属于固定资产的房屋、设备、仪器等的折旧、大修、维修或租赁费。

⑤ 工具用具使用费：企业施工生产和管理使用的不属于固定资产的工具、器具、家具、交通工具和检验、试验、测绘、消防用具等的购置、维修和摊销费。

⑥ 劳动保险和职工福利费：由企业支付的职工退职金、按规定支付给离休干部的经费，集体福利费、夏季防暑降温、冬季取暖补贴、上下班交通补贴等。

⑦ 劳动保护费：企业按规定发放的劳动保护用品的支出。如工作服、手套、防暑降温饮料以及在有碍身体健康的环境中施工的保健费用等。

⑧ 检验试验费：施工企业按照有关标准规定，对建筑以及材料、构件和建筑安装物进行一般鉴定、检查所发生的费用，包括自设试验室进行试验所耗用的材料等费用。不包括新结构、新材料的试验费，对构件做破坏性试验及其他特殊要求检验试验的费用和建设单位委托检测机构进行检测的费用，对此类检测发生的费用，由建设单位在工程建设其他费用中列支。但对施工企业提供的具有合格证明的材料进行检测不合格的，该检测费用由施工企业支付。

⑨ 工会经费：企业按《工会法》规定的全部职工工资总额比例计提的工会经费。

⑩ 职工教育经费：按职工工资总额的规定比例计提，企业为职工进行专业技术和职业技能培训，专业技术人员继续教育、职工职业技能鉴定、职业资格认定以及根据需要对职工进行各类文化教育所发生的费用。

⑪ 财产保险费：施工管理用财产、车辆等的保险费用。

⑫ 财务费：企业为施工生产筹集资金或提供预付款担保、履约担保、职工工资支付担保等所发生的各种费用。

⑬ 税金：企业按规定缴纳的房产税、车船使用税、土地使用税、印花税等。

⑭ 其他：包括技术转让费、技术开发费、投标费、业务招待费、绿化费、广告费、公证费、法律顾问费、审计费、咨询费、保险费等。

0.2.1.5 利润

施工企业完成所承包工程获得的盈利。

0.2.1.6 规费

按国家法律、法规规定，由省级政府和省级有关权力部门规定必须缴纳或计取的费用。包括：

（1）社会保险费

① 养老保险费：企业按照规定标准为职工缴纳的基本养老保险费。

② 失业保险费：企业按照规定标准为职工缴纳的失业保险费。

③ 医疗保险费：企业按照规定标准为职工缴纳的基本医疗保险费。

④ 生育保险费：企业按照规定标准为职工缴纳的生育保险费。

⑤ 工伤保险费：企业按照规定标准为职工缴纳的工伤保险费。

（2）住房公积金

企业按规定标准为职工缴纳的住房公积金。

（3）工程排污费

按规定缴纳的施工现场工程排污费。

其他应列而未列入的规费，按实际发生计取。

0.2.1.7 税金

国家税法规定的应计入建筑安装工程造价内的营业税、城市维护建设税、教育费附加以及地方教育附加。

0.2.2 建筑安装工程费用项目组成（按造价形成要素划分）

建筑安装工程费按照工程造价形成要素分为分部分项工程费、措施项目费、其他项目费、规费、税金，其中分部分项工程费、措施项目费、其他项目费包含人工费、材料费、施工机具使用费、企业管理费和利润。

0.2.2.1 分部分项工程费

各专业工程的分部分项工程应予列支的各项费用。

（1）专业工程

按现行国家计量规范划分的房屋建筑与装饰工程、仿古建筑工程、通用安装工程、市政工程、园林绿化工程、矿山工程、构筑物工程、城市轨道交通工程、爆破工程等各类工程。

（2）分部分项工程

按现行国家计量规范对各专业工程划分的项目。如房屋建筑与装饰工程划分的土石方工程、地基处理与桩基工程、砌筑工程、钢筋及钢筋混凝土工程等。

各类专业工程的分部分项工程划分见现行国家或行业计量规范。

0.2.2.2　措施项目费

为完成建设工程施工，发生于该工程施工前和施工过程中的技术、生活、安全、环境保护等方面的费用。内容包括：

（1）安全文明施工费

① 环境保护费：施工现场为达到环保部门要求所需要的各项费用。

② 文明施工费：施工现场文明施工所需要的各项费用。

③ 安全施工费：施工现场安全施工所需要的各项费用。

④ 临时设施费：施工企业为进行建设工程施工所必须搭设的生活和生产用的临时建筑物、构筑物和其他临时设施费用。包括临时设施的搭设、维修、拆除、清理费或摊销费等。

（2）夜间施工增加费

因夜间施工所发生的夜班补助费、夜间施工降效、夜间施工照明设备摊销及照明用电等费用。

（3）二次搬运费

因施工场地条件限制而发生的材料、构配件、半成品等一次运输不能到达堆放地点，必须进行二次或多次搬运所发生的费用。

（4）冬雨季施工增加费

在冬季或雨季施工需增加的临时设施、防滑、排除雨雪，人工及施工机械效率降低等费用。

（5）已完工程及设备保护费

竣工验收前，对已完工程及设备采取的必要保护措施所发生的费用。

（6）工程定位复测费

工程施工过程中进行全部施工测量放线和复测工作的费用。

（7）特殊地区施工增加费

工程在沙漠或其边缘地区、高海拔、高寒、原始森林等特殊地区施工增加的费用。

（8）大型机械设备进出场及安拆费

机械整体或分体自停放场地运至施工现场或由一个施工地点运至另一个施工地点，所发生的机械进出场运输及转移费用及机械在施工现场进行安装、拆卸所需的人工费、材料费、机械费、试运转费和安装所需的辅助设施的费用。

（9）脚手架工程费

施工需要的各种脚手架搭、拆、运输费用以及脚手架购置费的摊销（或租赁）费用。

措施项目及其包含的内容详见各类专业工程的现行国家或行业计量规范。

0.2.2.3　其他项目费

① 暂列金额：建设单位在工程量清单中暂定并包括在工程合同价款中的一笔款项。用于施工合同签订时尚未确定或者不可预见的所需材料、工程设备、服务的采购，施工中可能发生的工程变更、合同约定调整因素出现时的工程价款调整以及发生的索赔、现场签证确认等的费用。

② 计日工：在施工过程中，施工企业完成建设单位提出的施工图纸以外的零星项目或工作所需的费用。

③ 总承包服务费：总承包人为配合、协调建设单位进行的专业工程发包，对建设单位

自行采购的材料、工程设备等进行保管以及施工现场管理、竣工资料汇总整理等服务所需的费用。

0.2.2.4 规费

定义同 0.2.1.6 节。

0.2.2.5 税金

定义同 0.2.1.7 节。

0.2.3 设备及工器具购置费

设备及工器具购置费用由设备购置费和工具、器具及生产家具购置费组成，它是固定资产投资中的积极部分。在生产性工程建设中，设备及工、器具购置费用占工程造价比重的增大，意味着生产技术的进步和资本有机构成的提高。

0.2.3.1 设备购置费

设备购置费是指达到固定资产标准，为建设项目购置或自制的各种国产或进口设备、工具、器具的购置费用。它由设备原价和设备运杂费构成。

二维码 0.4

$$设备购置费＝设备原价＋设备运杂费$$

式中，设备原价指国产设备或进口设备的原价；设备运杂费指除设备原价之外的关于设备采购、运输、途中包装及仓库保管等方面支出费用的总和。

(1) 设备原价

① 国产设备原价。一般指设备制造厂的交货价或订货合同价。它一般根据生产厂或供应商的询价、报价、合同价确定，或采用一定的方法计算确定。国产设备原价分为国产标准设备原价和国产非标准设备原价。

a.国产标准设备原价。国产标准设备是指按照主管部门颁布的标准图纸和技术要求，由我国设备生产厂批量生产的，符合国家质量检测标准的设备。国产标准设备原价有两种，即带有备件的原价和不带有备件的原价。在计算时，一般采用带有备件的原价。

b.国产非标准设备原价。国产非标准设备是指国家尚无定型标准，各设备生产厂不可能在工艺过程中采用批量生产，只能按一次订货，并根据具体的设计图纸制造的设备。非标准设备原价有多种不同的计算方法，如成本计算估价法、系列设备插入估价法、分部组合估价法、定额估价法等。但无论采用哪种方法都应该使非标准设备计价接近实际出厂价，并且计算方法要简便。

按成本计算估价法，非标准设备的原价可用下面的公式表达：

$$
\begin{aligned}
单台非标准设备原价＝&\{[(材料费＋加工费＋辅助材料费)×(1＋专用工具费率)×\\
&(1＋废品损失费率)＋外购配套件费]×(1＋包装费率)－\\
&外购配套件费\}×(1＋利润率)＋销项税额＋非标准设备设计费＋\\
&外购配套件费
\end{aligned}
\tag{0-1}
$$

案例 0-1 某工厂采购一台国产非标准设备，制造厂生产该台设备所用材料费 20 万元，加工费 2 万元，辅助材料费 4000 元，制造厂为制造该设备，在材料采购过程中发生进项增值税额 3.5 万元，专用工具费率 1.5%，废品损失费率 10%，外购配套件费 5 万元，包装费率 1%，利润率 7%，增值税税率 17%，非标准设备设计费 2 万元，求该国产非标准设备的原价。

解　　专用工具费＝$(20+2+0.4)×1.5\%=0.336$(万元)

废品损失费＝$(20+2+0.4+0.336)×10\%=2.274$(万元)

包装费＝$(20+2+0.4+0.336+2.274+5)×1\%=0.300$(万元)

利润＝$(20+2+0.4+0.336+2.274+0.3)×7\%=1.772$(万元)

销项税额＝$(20+2+0.4+0.336+2.274+5+0.3+1.772)×17\%=5.454$(万元)

该国产非标准设备的原价＝$20+2+0.4+0.336+2.274+0.3+1.772+5.454+2+5$

$=39.536$(万元)

②进口设备原价的构成及计算。进口设备的原价是指进口设备的抵岸价，即抵达买方边境港口或边境车站，且交完关税等税费后形成的价格。进口设备抵岸价的构成与进口设备的交货方式有关。

a.进口设备的交货方式。进口设备的交货方式可分为内陆交货类、目的地交货类、装运港交货类。

内陆交货类即卖方在出口国内陆的某个地点完成交货任务。在交货地点，卖方及时提交合同规定的货物和有关凭证，并承担交货前的一切费用和风险；买方按时接收货物，交付货款，承担接货后的一切费用和风险，并自行办理出口手续和装运出口。货物的所有权也在交货后由卖方转移给买方。

目的地交货类即卖方在进口国的港口或内地交货，包括目的港船上交货价、目的港船边交货价（FOS）和目的港码头交货价（关税已付）及完税后交货价（进口国的指定地点）等几种交货价。它们的特点是：买卖双方承担的责任、费用和风险以目的地约定交货点为分界线，只有当卖方在交货点将货物置于买方控制下才算交货，才能向买方收取货款。这种交货方式对卖方来说承担的风险较大，在国际贸易中卖方一般不愿采用。

装运港交货类即卖方在出口国装运港完成交货任务。主要有装运港船上交货价（FOB），习惯称离岸价格；运费在内价（CFR）和运费、保险费在内价（CIF），习惯称到岸价格。它们的特点是：卖方按照约定的时间在装运港交货，只要卖方把合同规定的货物装船后提供货运单据便完成交货任务，可凭单据收回货款。

装运港船上交货价（FOB）是我国进口设备采用最多的一种货价。采用船上交货价时卖方的责任是：在规定的期限内，负责在合同规定的装运港口将货物装上买方指定的船只，并及时通知买方；负担货物装船前的一切费用和风险，负责办理出口手续；提供出口国政府或有关方面签发的证件；负责提供有关装运单据。买方的责任有：负责租船或订舱，支付运费，并将船期、船名通知卖方；负担货物装船后的一切费用和风险；负责办理保险及支付保险费，办理在目的港的进口和收货手续；接受卖方提供的有关装运单据，并按合同规定支付货款。

b.进口设备抵岸价的构成及计算。进口设备采用最多的是装运港船上交货价（FOB），其抵岸价的构成可概括为：

• 进口设备的货价：一般可采用下列公式计算。

$$货价＝离岸价×人民币外汇牌价 \qquad (0-2)$$

• 国际运费：我国进口设备大部分采用海洋运输，小部分采用铁路运输，个别采用航空运输。进口设备国际运费计算公式为：

$$国际运费＝离岸价×运费率 \qquad (0-3)$$

或　　　　　　　　$$国际运费＝运量×单位运价 \qquad (0-4)$$

式中，运费率或单位运价参照有关部门或进出口公司的规定执行。

• 运输保险费：对外贸易货物运输保险是由保险人（保险公司）与被保险人（出口人或进口人）订立保险契约，在被保险人交付议定的保险费后，保险人根据保险契约的规定对货物在运输过程中发生的承保责任范围内的损失给予经济上的补偿。计算公式为：

$$运输保险费=\frac{离岸价+国际运费}{1-保险费率}\times 保险费率 \tag{0-5}$$

式中，保险费率按保险公司规定的进口货物保险费率计算。

• 银行财务费：一般指中国银行手续费。计算公式为：

$$银行财务费=离岸价\times 人民币外汇牌价\times 银行财务费率 \tag{0-6}$$

• 外贸手续费：按商务部规定的货物和物品征收的一种税，外贸手续费率一般取1.5%。计算公式为：

$$外贸手续费=到岸价\times 人民币外汇牌价\times 外贸手续费率 \tag{0-7}$$

$$到岸价=离岸价+国际运费+运输保险费 \tag{0-8}$$

• 关税：

$$关税=到岸价格\times 人民币外汇牌价\times 进口关税税率 \tag{0-9}$$

到岸价格作为关税的计征基数时，通常又可称为关税完税价格。

• 增值税：我国政府对从事进口贸易的单位和个人，在进口商品报关进口后征收的税种。我国增值税条例规定，进口应税产品均按组成计税价格和增值税税率直接计算应纳税额，即：

$$进口产品增值税额=组成计税价格\times 增值税税率 \tag{0-10}$$

$$组成计税价格=到岸价\times 人民币外汇牌价+关税+消费税 \tag{0-11}$$

• 消费税：对部分进口设备（如轿车、摩托车等）征收，一般计算公式如下。

$$消费税=\frac{到岸价\times 人民币外汇牌价+关税}{1-消费税税率}\times 消费税税率 \tag{0-12}$$

式中，消费税税率根据规定的税率计算。

• 车辆购置税：进口车辆需缴进口车辆购置税，其公式如下。

$$进口车辆购置税=（关税完税价格+关税+消费税+增值税）\times 进口车辆购置税税率 \tag{0-13}$$

（2）设备运杂费

设备运杂费通常由下列各项构成：

① 运费和装卸费。国产设备由设备制造厂交货地点起至工地仓库（或施工组织设计指定的需要安装设备的堆放地点）止所发生的运费和装卸费；进口设备则由我国到岸港口或边境车站起至工地仓库（或施工组织设计指定的需安装设备的堆放地点）止所发生的运费和装卸费。

② 包装费。在设备原价中没有包含的，为运输而进行的包装支出的各种费用。

③ 设备供销部门的手续费。按有关部门规定的统一费率计算。

④ 采购与仓库保管。指采购、验收、保管和收发设备所发生的各种费用，包括设备采购人员、保管人员和管理人员的工资、工资附加费、办公费、差旅交通费，设备供应部门办公和仓库所占固定资产使用费、工具用具使用费、劳动保护费、检验试验费等。这些费用可按主管部门规定的采购与保管费费率计算。

案例 0-2 从某国进口设备，质量 1000t，装运港船上交货价为 400 万美元，工程建设项目位于国内某省会城市。如果国际运费标准为 300 美元/t，海上运输保险费率为 0.3%，银行财务费率为 0.5%，外贸手续费率为 1.5%，关税税率为 22%，增值税税率为 17％，消费税税率 10％，银行外汇牌价为 1 美元＝6.8 元人民币，试对该设备的原价进行估算。

解 进口设备离岸价 $FOB = 400 \times 6.8 = 2720$（万元）（人民币，下同）

国际运费 $= 300 \times 1000 \times 6.8 = 204$（万元）

海运保险费 $= \dfrac{2720 + 204}{1 - 0.3\%} \times 0.3\% = 8.80$（万元）

到岸价（CIF）$= 2720 + 204 + 8.80 = 2932.8$（万元）

银行财务费 $= 2720 \times 0.5\% = 13.6$（万元）

外贸手续费 $= 2932.8 \times 1.5\% = 43.99$（万元）

关税 $= 2932.8 \times 22\% = 645.22$（万元）

消费税 $= \dfrac{2932.8 + 645.22}{1 - 10\%} \times 10\% = 397.56$（万元）

增值税 $= (2932.8 + 645.22 + 397.56) \times 17\% = 675.85$（万元）

进口从属费 $= 13.6 + 43.99 + 645.22 + 397.56 + 675.85 = 1776.22$（万元）

进口设备原价 $= 2932.8 + 1776.22 = 4709.02$（万元）

0.2.3.2 工具、器具及生产家具购置费

新建或扩建项目初步设计规定的，保证初期正常生产必须购置的不够固定资产标准的设备、仪器、工卡模具、器具、生产家具和备品备件等的购置费用，其一般计算公式为：

$$\text{工具、器具及生产家具购置费} = \text{设备购置费} \times \text{定额费率} \tag{0-14}$$

0.2.4 工程建设其他费用

应在建设项目的建设投资中开支的，为保证工程建设顺利完成和交付使用后能够正常发挥效用而发生的固定资产其他费用、无形资产费用和其他资产费用。

0.2.4.1 固定资产其他费用

固定资产其他费用是固定资产费用的一部分。具体包括：

（1）建设单位管理费

建设项目从立项、筹建、建设、联合试运转、竣工验收交付使用及后评估等全过程管理所需费用。内容包括：建设单位开办费、建设单位经费等。

二维码 0.5

（2）建设用地费

任何一个建设项目都固定于一定地点与地面相连接，必须占用一定量的土地，也就必然要发生为获得建设用地而支付的费用，这就是土地使用费。它是指通过划拨方式取得土地使用权而支付的土地征用及迁移补偿费，或者通过土地使用权出让方式取得土地使用权而支付的土地使用权出让金。

① 土地征用及迁移补偿。指建设项目通过划拨方式取得无限期的土地使用权，依照《中华人民共和国土地管理法》等规定所支付的费用。其总和一般不得超过被征土地年产值的 30 倍，土地年产值则按该地被征用前三年的平均产量和国家规定的价格计算。其内容包括：土地补偿费，青苗补偿费和被征用土地上的房屋、水井、树木等附着物补偿费，安置补助费，缴纳的耕地占用税或城镇土地使用税，土地登记费及征地管理费，征地动迁费，水利水电工程水库淹没处理补偿费等。

② 土地使用权出让金。指建设项目通过土地使用权出让方式，取得有限期的土地使用权，依照《中华人民共和国城镇国有土地使用权出让和转让暂行条例》规定，支付的土地使用权出让金。

(3) 可行性研究费

在建设项目前期工作中，编制和评估项目建议书、可行性研究报告所需的费用。

(4) 研究试验费

为建设项目提供和验证设计参数、数据、资料等所进行的必要的试验费用以及设计规定在施工中必须进行试验、验证所需的费用。包括自行或委托其他部门研究试验所需人工费、材料费、设备及仪器使用费等。

(5) 勘察设计费

委托勘察设计单位进行工程水文地质勘察、工程设计所发生的各项费用。包括：工程勘察费、初步设计费、施工图设计费、设计模型制作费。

(6) 环境影响评价费

按照《中华人民共和国环境保护法》《中华人民共和国环境影响评价法》等规定，为全面、详细评价本建设项目对环境可能产生的污染或造成的重大影响所需的费用。包括编制环境影响报告书、环境影响报告表以及对环境影响报告书、环境影响报告表进行评估等所需的费用。

(7) 劳动安全卫生评价费

按照劳动部《建设项目（工程）劳动安全卫生监察规定》和《建设项目（工程）劳动安全卫生预评价管理办法》的规定，为预测和分析建设项目存在的职业危险、危害因素的种类和危险危害程度，并提出先进、科学、合理可行的劳动安全卫生技术和管理对策所需的费用。包括编制建设项目劳动安全卫生预评价大纲和劳动安全卫生预评价报告书以及为编制上述文件所进行的工程分析和环境现状调查等所需费用。

(8) 场地准备及临时设施费

建设项目场地准备费是指建设项目为达到工程开工条件进行的场地平整和对建设场地余留的有碍于施工建设的设施进行拆除清理的费用。

建设单位临时设施费是指为满足施工建设需要而供到场地界区的、未列入工程费用的临时水、电、路、气、通信等其他工程费用和建设单位的现场临时建（构）筑物的搭设、维修、拆除、摊销或建设期间租赁费用，以及施工期间专用公路或桥梁的加固、养护、维修费用。

(9) 引进技术和进口设备其他费用

它包括出国人员费用、国外工程技术人员来华费用、技术引进费、分期或延期付款利息、担保费以及进口设备检验鉴定费。

(10) 工程保险费

它是建设项目在建设期间根据需要实施工程保险所需的费用。包括以各种建筑工程及其在施工过程中的物料、机器设备为保险标的的建筑工程一切险，以安装工程中的各种机器、机械设备为保险标的的安装工程一切险，以及机器损坏保险等。

(11) 联合试运转费

新建企业或新增加生产能力的过程，在交付生产前按照设计文件规定的工程质量标准和技术要求，进行整个生产线或装置的负荷联合试运转或局部联合试车发生的费用净支出（试运转支出大于收入的差额部分）。费用内容包括：试运转所需的原料、燃料、油料和动力的费用，机械使用费，低值易耗品及其他物品的购置费用和施工单位参加联合试运转人员的工资等。

（12）特殊设备安全监督检验费

在施工现场组装的锅炉及压力容器、压力管道、消防设备、燃气设备、电梯等特殊设备和设施，由安全监察部门按照有关安全监察条例和实施细则以及设计技术要求进行安全检验，应由建设项目支付的、向安全监察部门缴纳的费用。

（13）市政公用设施费

使用市政公用设施的建设项目，按照项目所在地省一级人民政府有关规定建设或缴纳的市政公用设施配套费用，以及绿化工程补偿费用。

0.2.4.2 无形资产费用

直接形成无形资产的建设投资。主要是指专利及专有技术使用费。

0.2.4.3 其他资产费用

它是指建设投资中除形成固定资产和无形资产以外的部分，主要包括生产准备及开办费等。

生产准备及开办费是指建设项目为保证正常生产（或营业、使用）而发生的人员培训费、提前进场费以及投产使用必备的生产办公、生活家具用具及工器具等购置费用。

0.2.5 预备费

按我国现行规定，预备费包括基本预备费和涨价预备费。

（1）基本预备费

基本预备费是指在初步设计及概算内难以预料的工程费用。

二维码 0.6

基本预备费是按设备及工器具购置费、建筑安装工程费用和工程建设其他费用三者之和为计取基础，乘以基本预备费费率进行计算的。

基本预备费＝（设备及工器具购置费＋建筑安装工程费用＋工程建设其他费用）×

基本预备费费率 　　　　　　　　　　　　　　　　　　　　　　（0-15）

基本预备费费率的取值应执行国家及部门的有关规定。

（2）涨价预备费

它是指建设项目在建设期间内由于价格等变化引起工程造价变化的预测预留费用。涨价预备费的测算方法，一般根据国家规定的投资综合价格指数，按估算年份价格水平的投资额为基数，采用复利方法计算。计算公式为：

$$PF = \sum_{t=0}^{n} I_t \left[(1+f)^m (1+f)^{0.5} (1+f)^{t-1} - 1 \right]$$ 　　　　（0-16）

式中　PF——涨价预备费；

　　　n——建设期年份数；

　　　I_t——建设期中第 t 年的投资计划额，包括设备及工器具购置费、建筑安装工程费、工程建设其他费用及基本预备费；

　　　f——年均投资价格上涨率；

　　　m——建设前期年限。

案例 0-3　某建设项目建安工程费 5000 万元，设备购置费 3000 万元，工程建设其他费用 2000 万元，已知基本预备费费率 5%，项目建设前期年限为 1 年，建设期为 3 年，各年投资计划额为：第一年完成投资 20%，第二年 60%，第三年 20%。年均投资价格上涨率 f 为 6%，求建设项目建设期间涨价预备费。

解　　基本预备费 $= (5000 + 3000 + 2000) \times 5\% = 500(万元)$

静态投资 $= 5000 + 3000 + 2000 + 500 = 10500(万元)$

建设期第一年完成投资 $I_1 = 10500 \times 20\% = 2100(万元)$

第一年涨价预备费为：$PF_1 = I_1 [(1+f)(1+f)^{0.5} - 1] = 192.78(万元)$

第二年完成投资 $I_2 = 10500 \times 60\% = 6300(万元)$

第二年涨价预备费为：$PF_2 = I_2 [(1+f)(1+f)^{0.5}(1+f) - 1] = 991.04(万元)$

第三年完成投资 $I_3 = 10500 \times 20\% = 2100(万元)$

第三年涨价预备费为：$PF_3 = I_3 [(1+f)(1+f)^{0.5}(1+f)^2 - 1] = 476.17(万元)$

0.2.6　建设期贷款利息

包括向国内银行和其他非银行金融机构贷款、出口信贷、外国政府贷款、国际商业银行贷款以及在境内外发行的债券等在建设期间内应偿还的借款利息。

当总贷款是分年均衡发放时，建设期贷款利息的计算可按当年借款在年中支用考虑，即当年贷款按半年计息，上年贷款按全年计息。计算公式为：

$$q_j = \left(P_{j-1} + \frac{1}{2}A_j\right)i \tag{0-17}$$

式中　q_j——建设期第 j 年应计利息；

P_{j-1}——建设期第 $j-1$ 年年末贷款累计金额与利息累计金额之和；

A_j——建设期第 j 年贷款金额；

i——年利率。

案例 0-4　某新建项目，建设期为 3 年，分年均衡进行贷款，第一年贷款 300 万元，第二年贷款 600 万元，第三年贷款 400 万元，年利率为 12%，建设期内利息只计息不支付，试计算建设期贷款利息。

解　在建设期，各年利息计算如下：

$$q_1 = \frac{1}{2}A_1 i = \frac{1}{2} \times 300 \times 12\% = 18(万元)$$

$$q_2 = \left(P_1 + \frac{1}{2}A_2\right)i = \left(300 + 18 + \frac{1}{2} \times 600\right) \times 12\% = 74.16(万元)$$

$$q_3 = \left(P_2 + \frac{1}{2}A_3\right)i = \left(318 + 600 + 74.16 + \frac{1}{2} \times 400\right) \times 12\% = 143.06(万元)$$

所以，建设期贷款利息 $= q_1 + q_2 + q_3 = 18 + 74.16 + 143.06 = 235.22$（万元）

0.2.7　固定资产投资方向调节税

为了贯彻国家产业政策，控制投资规模，引导投资方向，调整投资结构，加强重点建设，促进国民经济持续、稳定、协调发展，对在我国境内进行固定资产投资的单位和个人开征或暂缓征收固定资产投资方向调节税。

投资方向调节税根据国家产业政策和项目经济规模实行差别税率，税率为 0%、5%、10%、15%、30% 五个档次。差别税率按两大类设计，一是基本建设项目投资，二是更新改造项目投资。对前者设计了四档税率，即 0%、5%、15%、30%；对后者设计了两档税率，即 0%、10%。

（1）基本建设项目投资适用的税率

① 国家急需发展的项目投资，如农业、林业、水利、能源、交通、通信、原材料、科教、地质、勘探、矿山开采等基础产业和薄弱环节的部门项目投资，适用零税率。

② 对国家鼓励发展但受能源、交通等制约的项目投资，如钢铁、化工、石油、水泥等部分重要原材料项目，以及一些重要机械、电子、轻工工业和新型建材的项目，实行 5% 税率。

③ 为配合住房制度改革，对城乡个人修建、购买住宅的投资实行零税率；对单位修建、购买一般性住宅投资，实行 5% 的低税率；对单位用公款修建、购买高标准独门独院、别墅式住宅投资，实行 30% 的高税率。

④ 对楼堂馆所以及国家严格限制发展的项目投资，课以重税，税率为 30%。

⑤ 对不属于上述四类的其他项目投资，实行中等税负政策，税率 15%。

（2）更新改造项目投资适用的税率

① 为了鼓励企事业单位进行设备更新和技术改造，促进技术进步，对国家急需发展的项目投资，予以扶持，适用零税率；对单纯工艺改造和设备更新的项目投资，适用零税率。

② 对不属于上述提到的其他更新改造项目投资，一律适用 10% 的税率。

（3）注意事项

为贯彻国家宏观调控政策，扩大内需，鼓励投资，根据国务院的决定，对《中华人民共和国固定资产投资方向调节税暂行条例》规定的纳税义务人，其固定资产投资应税项目自 2000 年 1 月 1 日起新发生的投资额，暂停征收固定资产投资方向调节税。但该税种并未取消。

0.3 建筑工程计价含义

0.3.1 建筑工程计价的概念

建筑工程计价就是计算和确定建筑工程的造价。具体是指工程造价人员在项目实施的各个阶段，根据各个阶段的不同要求，遵循计价原则和程序，采用科学的计价方法，对投资项目最可能实现的合理价格做出科学的计算，从而确定投资项目的工程造价，编制工程造价的经济文件。

工程造价有两层含义，第一层含义是指建设一项工程预期开支或实际开支的全部固定资产投资费用，包括设备工器具购置费、建筑安装工程费、工程建设其他费、预备费、建设期贷款利息和固定资产投资方向调节税费用。第二层含义是从发承包的角度来定义，工程造价是工程承发包价格。对于发包方和承包方来说，就是工程承发包范围以内的建造价格。建设项目总承发包有建设项目工程造价，某单项工程的建筑安装任务的承发包有该单项工程的建筑安装工程造价，某工程二次装饰分包有装饰工程造价等。

由于工程造价具有大额性、个别性和差异性、动态性、层次性及兼容性等特点，所以工程计价的内容、方法及表现形式也就各不相同。业主或其委托的咨询单位编制的建设项目的投资估算价、设计概算价、标底价、承包商或分包商提出的报价都是工程计价的不同表现形式。

0.3.2 建筑工程计价的特点

0.3.2.1 计价的单件性

建设工程产品的个别差异性决定了每项建设项目都必须单独计算造价。每项建设项目都有其特点、功能与用途，因而导致其结构不同。项目所在地的气象、地质、水文等自然条件不同，建设的地点、社会经济等都会直接或间接地影响建设项目的计价。因此，每一个建设项目都必须根据其具体情况进行单独计价，任何建设项目的计价都是按照特定空间一定时间来进行的。即便是完全相同的建设项目由于建设地点或建设时间不同，仍必须进行单独计价。

0.3.2.2 计价的多次性

建设项目建设周期长、规模大、造价高，这就要求在工程建设的各个阶段多次计价，并对其进行监督和控制，以保证工程造价计算的准确性和控制的有效性。多次性计价特点决定了工程造价不是固定、唯一的，而是随着工程的进行逐步接近实际造价的过程。对于大型建设项目，其计价过程如图 0-5 所示。

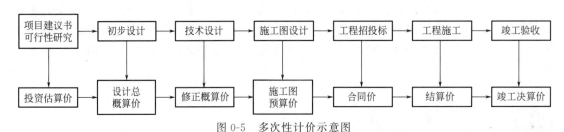

图 0-5 多次性计价示意图

（1）投资估算

它是指在编制项目建议书、进行可行性研究阶段，根据投资估算指标、类似工程的造价资料、现行的设备材料价格并结合工程的实际情况，对拟建项目的投资需要量进行估算。投资估算是可行性研究报告的重要组成部分，是判断项目可行性、进行项目决策、筹资、控制造价的主要依据之一。经批准的投资估算是工程造价的目标限额，是编制概预算的基础。

（2）设计总概算

它是指在初步设计阶段，根据初步设计的总体布置，采用概算定额或概算指标等编制项目的总概算。设计总概算是初步设计文件的重要组成部分。经批准的设计总概算是确定建设项目总造价、编制固定资产投资计划、签订建设项目承包合同和贷款合同的依据，是控制拟建项目投资的最高限额。概算造价可分为建设项目概算总造价、单项工程概算综合造价和单位工程概算造价三个层次。

（3）修正概算

当采用三阶段设计时，在技术设计阶段随着对初步设计的深化，建设规模、结构性质、设备类型等方面可能要进行必要的修改和变动，因此初步设计概算随之需要做必要的修正和调整。但一般情况下，修正概算造价不能超过概算造价。

（4）施工图预算

在施工图设计阶段，根据施工图纸以及各种计价依据和有关规定编制施工图预算，它是施工图设计文件的重要组成部分。经审查批准的施工图预算是签订建筑安装工程承包合同、办理建筑安装工程价款结算的依据，它比概算造价或修正概算造价更为详尽和准确，但不能超过设计概算造价。

（5）合同价

工程招投标阶段，在签订总承包合同、建筑安装工程施工承包合同、设备材料采购合同时，由发包方和承包方共同协商一致作为双方结算基础的工程合同价格。合同价属于市场价格的性质，它是由发承包双方根据市场行情共同议定和认可的成交价格，但并不等同于最终决算的实际工程造价。

（6）结算价

在合同实施阶段，以合同价为基础，同时考虑实际发生的工程量增减、设备材料价差等影响工程造价的因素，按合同规定的调价范围和调价方法对合同价进行必要的修正和调整，确定结算价。结算价是该单项工程的实际造价。

（7）竣工决算

在竣工验收阶段，根据工程建设过程中实际发生的全部费用，由建设单位编制竣工决算，反映工程的实际造价和建成交付使用的资产情况，作为财产交接、考核交付使用财产和登记新增财产价值的依据，它才是建设项目的最终实际造价。

以上说明，工程的计价过程是一个由粗到细、由浅入深、由粗略到精确，多次计价最后达到实际造价的过程。各计价过程之间是相互联系、相互补充、相互制约的关系，前者制约后者，后者补充前者。

0.3.2.3　计价的组合性

工程造价的计算是逐步组合而成的，一个建设项目总造价由各个单项工程造价组成，一个单项工程造价由各个单位工程造价组成，一个单位工程造价按分部分项工程计算得出，这充分体现了计价组合的特点。可见，工程计价过程是：分部分项工程造价—单位工程造价—单项工程造价—建设项目总造价。

0.3.2.4　计价方法的多样性

工程造价在各个阶段具有不同的作用，而且各个阶段对建设项目的研究深度也有很大的差异，因而工程造价的计价方法是多种多样的。在可行性研究阶段，工程造价的计价多采用设备系数法、生产能力指数估算法等。在设计阶段，尤其是施工图设计阶段，设计图纸完整，细部构造及做法均有大样图，工程量已能准确计算，施工方案比较明确，则多采用定额法或实物法计算。

0.3.2.5　计价依据的复杂性

由于工程造价的构成复杂、影响因素多，且计价方法也多种多样，因此计价依据的种类也很多，主要可分为以下七类：

① 设备和工程量的计算依据，包括项目建议书、可行性研究报告、设计文件等。

② 计算人工、材料、机械等实物消耗量的依据，包括各种定额。

③ 计算工程资源单价的依据，包括人工单价、材料单价、机械台班单价等。

④ 计算设备单价的依据。

⑤ 计算各种费用的依据。

⑥ 政府规定的税、费依据。

⑦ 调整工程造价的依据，如造价文件规定、物价指数、工程造价指数等。

0.3.3 建设工程计价的类型及其作用

由于建筑产品价格的特殊性，与一般工业产品价格的计价方法相比，采取了特殊的计价模式，即定额计价模式和工程量清单计价模式。

0.3.3.1 定额计价模式

建设工程定额计价模式是我国长期以来在工程价格形成中采用的计价模式，是国家通过颁布统一的估价指标、概算定额、预算定额和相应的费用定额对建筑产品价格有计划管理的一种方式。在计价中以定额为依据，按定额规定的分部分项子目逐项计算工程量，套用定额单价（或单位估价表）确定直接费，然后按规定取费标准确定构成工程价格的其他费用和利税，最后汇总即可获得建筑安装工程造价。

建设工程概预算书就是根据不同设计阶段设计图纸和国家规定的定额、指标及各项费用取费标准等资料，预先计算的新建、扩建、改建工程的投资额的技术经济文件。由建设工程概预算书所确定的每一个建设项目、单项工程或单位工程的建设费用实质上就是相应工程的计划价格。

工程造价定额模式计价的基本方法和程序如下。

每一计量单位建筑产品的基本构造要素（假定建筑产品）的直接工程费单价＝人工费＋材料费＋施工机械使用费。其中：

$$人工费＝\sum（人工工日数量×人工日工资标准） \tag{0-18}$$

$$材料费＝\sum（材料用量×材料基价）＋检验试验费 \tag{0-19}$$

$$施工机械使用费＝\sum（机械台班用量×台班单价） \tag{0-20}$$

$$单位工程直接费＝\sum（假定建筑产品工程量×直接工程费单价）＋措施费 \tag{0-21}$$

$$单位工程概预算造价＝单位工程直接费＋间接费＋利润＋税金 \tag{0-22}$$

$$单项工程概算造价＝\sum单位工程概预算造价＋设备、工器具购置费 \tag{0-23}$$

$$建设项目全部工程概算造价＝\sum单项工程概算造价＋预备费＋有关的其他费用 \tag{0-24}$$

长期以来，我国发承包计价以工程概预算定额为主要依据。因为工程概预算定额是我国几十年计价实践的总结，具有一定的科学性和实践性，所以用这种方法计算和确定工程造价过程简单、快速、比较准确，也有利于工程造价管理部门的管理。但预算定额是按照计划经济的要求制定、发布、贯彻执行的，定额中工、料、机的消耗量是根据"社会平均水平"综合测定的，费用标准是根据不同地区平均测算的，因此企业采用这种模式报价时就会表现为平均主义，企业不能结合项目具体情况、自身技术优势、管理水平和材料采购渠道价格进行自主报价，不能充分调动企业加强管理的积极性，也不能充分体现市场公平竞争的基本原则。

0.3.3.2 工程量清单计价模式

采用定额计价模式所确定的工程造价，是按照我国现行建设行政主管部门发布的工程预算定额消耗量和有关费用及相应价格编制的，反映的是社会平均水平，以此为依据形成的工程造价基本上属于社会平均价格。这种平均价格可作为市场竞争的参考价格，但不能充分反映参与竞争企业的实际消耗和技术管理水平，在一定程度上限制了企业的公平竞争。

而工程量清单计价模式是一种主要由市场定价的计价模式，是由建设产品的买方和卖方在建设市场上根据供求状况、信息状况进行自由竞价，从而最终能够签订工程合同价格的方法。

工程量清单计价模式是建设工程招投标中按照国家统一的工程量清单计价规范，招标人或其委托的有资质的咨询机构编制反映工程实体消耗和措施消耗的工程量清单，并作为招标文件的一部分提供给投标人，由投标人依据工程量清单，根据各种渠道所获得的工程造价信息和经验数据，结合企业个别消耗定额自主报价的计价方式。

工程量清单模式计价的基本方法和程序如下。

$$分部分项工程费 = \sum 分部分项工程量 \times 相应分部分项综合单价 \qquad (0\text{-}25)$$
$$措施项目费 = \sum 各措施项目费 \qquad (0\text{-}26)$$
$$其他项目费 = 暂列金额 + 暂估价 + 计日工 + 总承包服务费 \qquad (0\text{-}27)$$
$$单位工程报价 = 分部分项工程费 + 措施项目费 + 其他项目费 + 规费 + 税金 \qquad (0\text{-}28)$$
$$单项工程报价 = \sum 单位工程报价 \qquad (0\text{-}29)$$
$$建设项目总报价 = \sum 单项工程报价 \qquad (0\text{-}30)$$

0.3.4 影响工程造价的因素

影响工程造价的主要因素有两个，即基本构造要素的单位价格和基本构造要素的实物工程数量，可用下列基本计算式表达：

$$工程造价 = \sum(实物工程量 \times 单位价格) \qquad (0\text{-}31)$$

基本子项的单位价格高，工程造价就高；基本子项的实物工程量大，工程造价也就大。在进行工程造价计价时，实物工程量的计量单位是由单位价格的计量单位决定的。如果单位价格计量单位的对象取得较大，得到的工程估算就较粗略，反之则工程估算较细较准确。单位子项的实物工程量可以通过工程量计算规则和设计图纸计算而得，它可以直接反映工程项目的规模和内容。

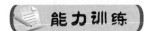

思考题

1. 什么是工程建设？

2. 简述工程建设程序。

3. 工程建设项目是如何划分的？

4. 简述我国现行建筑工程项目造价的构成。

习题

1. 已知某进口工程设备 FOB 价为 50 万美元，美元与人民币汇率为 1：8，银行财务费率为 0.2%，外贸手续费率为 1.5%，关税税率为 10%，增值税税率为 17%。求该进口设备抵岸价。

2. 某建设项目，经投资估算确定的工程费用与工程建设其他费用合计为 2000 万元，项目建设前期为 0 年，项目建设期为 2 年，每年各完成投资计划 50%，在基本预备费率为 5%，年均投资价格上涨率为 10% 的情况下，求该项目建设期的涨价预备费。

二维码 0.7

3. 某新建项目，建设期为 3 年，分年均衡进行贷款，第一年贷款 1000 万元，第二年贷款 1800 万元，第三年贷款 1200 万元。年利率为 10%，建设期内只计息不支付，求该项目建设期贷款利息。

上篇　建筑工程定额计价

项目1　建筑工程定额计价基本知识

任务1.1　建筑工程定额

二维码1.1

1.1.1　建筑工程定额概述

（1）定额的概念

所谓"定"，就是规定；"额"就是额度或限度。定额就是规定的额度或限度，是人们根据不同的需要，对某一事物规定的数量标准。就产品生产而言，定额反映生产成果与生产要素之间的数量关系。在某产品的生产过程中，定额反映在现有的社会生产力水平条件下，为完成一定计量单位质量合格的产品，所必须消耗一定数量的人工、材料、机械台班的数量标准。

（2）建筑工程定额的概念

建筑工程定额是指在正常的施工条件下，完成一定计量单位的合格建筑产品所必须消耗的人工、材料和机械台班的数量标准。

例如，某省建筑工程预算定额规定：用 M5 水泥砂浆砌筑 $10m^3$ 砖基础，所需人工 12.18 工日；M5 水泥砂浆 $2.36m^3$、标准砖 5.236 千块、水 $1.05m^3$；灰浆搅拌机（200L）0.3 台班。

（3）建筑工程定额分类

建筑工程定额是一个综合概念，包括的定额种类很多，根据不同的分类方法，可以分为不同的类别。具体的分类方法如图 1-1 所示。

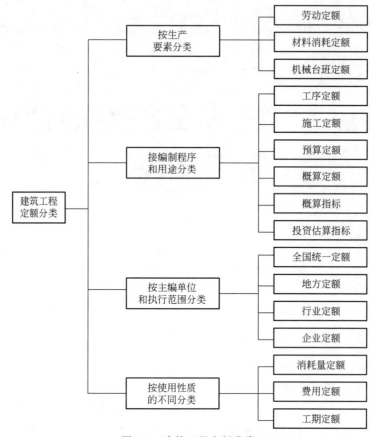

图 1-1　建筑工程定额分类

1.1.2 建筑工程人工、材料、机械台班消耗量定额的确定

建筑工程消耗量定额也就是施工定额，由人工消耗量定额、材料消耗量定额和机械台班消耗量定额组成，是最基本的定额，是施工企业直接用于建筑工程施工管理的一种定额。消耗量定额是以同一性质的施工过程或工序为测定对象，确定建筑安装工人在正常施工条件下，为完成单位合格产品所需的人工、材料 V、机械消耗和数量标准。

1.1.2.1　人工消耗量的确定

（1）人工消耗量定额的概念

人工消耗量定额也称劳动消耗定额，是建筑安装工程统一劳动定额的简

二维码 1.2

称。它是指完成施工分项工程所需消耗的人力资源量。也就是指在正常的施工条件下，某等级工人在单位时间内完成单位合格产品的数量或完成单位合格产品所需的劳动时间。这个标准是国家和企业对工人在单位时间内的劳动数量、质量的综合要求，也是建筑施工企业内部组织生产、编制施工作业计划、签发施工任务单、考核工效、计算超额奖或计算工资，以及承包中计算人工和进行经济核算等的依据。

（2）人工消耗量定额的分类及其关系

1）人工消耗量定额的分类

人工消耗量定额按其表现形式的不同，分为时间定额和产量定额。

① 时间定额。它是指某部工种某一等级的工人或工人小组在合理的劳动组织等施工条件下，完成单位合格产品所必须消耗的工作时间。定额时间包括准备与结束工作时间、基本作业时间、不可避免的中断时间及必需的休息时间等。

时间定额一般采用"工日"为计量单位，每一工日工作时间按8h计算，即工日/m³、工日/m²、工日/m……用公式表示如下：

$$单位产品时间定额（工日）=\frac{1}{每工产量} \tag{1-1}$$

或

$$单位产品时间定额（工日）=\frac{小组成员工日数总和}{小组台班产量} \tag{1-2}$$

② 产量定额。它是指某部工种某一等级的工人或工人小组在合理的劳动组织施工条件下，在单位时间内完成合格产品的数量。

产量定额的计量单位，通常以一个工日完成合格产品的数量标志，即m³/工日、m²/工日、m/工日……每一个工日工作时间按8h计算，用公式表示如下：

$$产量定额=\frac{产品数量}{劳动时间} \tag{1-3}$$

2）时间定额和产量定额的关系

$$时间定额×产量定额=1 \tag{1-4}$$

$$时间定额=\frac{1}{产量定额} \tag{1-5}$$

3）工人工作时间

研究施工中的工作时间，最主要的目的是确定施工的时间定额和产量定额，其前提是对工作时间按其消耗性质进行分类，以便研究工时消耗的数量及其特点。

工作时间指的是工作班延续时间。例如8h工作制的工作时间就是8h，午休时间不包括在内。对工作时间消耗的研究可以分为两个系统进行，即工人工作时间消耗和工人所使用的机器工作时间消耗。

① 定额时间。它是指工人在正常施工条件下，为完成一定数量的产品或任务所必须消耗的工作时间。内容包括以下几个方面：

a.有效工作时间。指从生产效果来看与产品生产直接有关的时间消耗，其中包括基本工作时间、辅助工作时间、准备与结束工作时间的消耗。

• 基本工作时间，指工人完成能生产一定产品的施工工艺过程所消耗的时间。通过这些工艺过程可以使材料改变外形，如钢筋煨弯等；可以改变材料的结构与性质，如混凝土制品的养护干燥等；可以使预制构配件安装组合成型；也可以改变产品外部及表面的性质，如粉刷、油漆等。基本工作时间所包括的内容依工作性质各不相同。基本工作时间的长短与工作量大小成正比。

•辅助工作时间，指为保证基本工作能顺利完成所消耗的时间。在辅助工作时间里，不能使产品的形状大小、性质或位置发生变化。辅助工作时间的结束，往往就是基本工作时间的开始。辅助工作一般是手工操作。但如果在机手并动的情况下，辅助工作是在机械运转过程中进行的，为避免重复则不应再计辅助工作时间的消耗。辅助工作时间的长短与工作量大小有关。

•准备与结束工作时间，指执行任务前或任务完成后所消耗的工作时间。如工作地点、劳动工具和劳动对象的准备工作时间，工作结束后的整理工作时间等。准备和结束工作时间的长短与所担负的工作量大小无关，但往往和工作内容有关。这项时间消耗可以分为班内的准备与结束工作时间和任务的准备与结束工作时间。其中，任务的准备和结束时间是在一批任务的开始与结束时产生的，如熟悉图纸、准备相应的工具、事后清理场地等，通常不反映在每一个工作班里。

b.休息时间。指工人在工作过程中为恢复体力所必需的短暂休息和生理需要的时间消耗。这种时间是为了保证工人精力充沛地进行工作，所以在定额时间中必须进行计算。休息时间的长短与劳动条件、劳动强度有关，劳动越繁重、紧张，劳动条件越差（如高温），则休息时间越长。

c.不可避免的中断所消耗的时间。指由于施工工艺特点引起的工作中断所必需的时间。与施工过程工艺特点有关的工作中断时间，应包括在定额时间内，但应尽量缩短此项时间消耗。

② 非定额时间。具体内容包括以下几个方面：

a.多余和偶然工作时间。多余工作指工人进行了任务以外而又不能增加产品数量的工作，如重砌质量不合格的墙体。多余工作的工时损失一般都是由工程技术人员和工人的差错而引起的，因此不应计入定额时间。偶然工作也是工人在任务外进行的工作，但能够获得一定产品，如抹灰工不得不补上偶然遗留的墙洞等。由于偶然工作能获得一定产品，拟定定额时要适当考虑它的影响。

b.停工时间。指工作班内停止工作造成的工时损失。停工时间按其性质可分为施工本身造成的停工时间和非施工本身造成的停工时间两种。施工本身造成的停工时间是施工组织不善、材料供应不及时、工作面准备工作做得不好、工作地点组织不良等情况引起的停工时间。非施工本身造成的停工时间是水源、电源中断引起的停工时间。前一种情况在拟定定额时不应该计算，后一种情况定额中则应给予合理的考虑。

c.违背劳动纪律造成的工作时间损失。指工人在工作班开始和午休后的迟到、午饭前和工作班结束前的早退、擅自离开工作岗位、工作时间内聊天或办私事等造成的工时损失。由于个别工人违背劳动纪律而影响其他工人无法工作的时间损失也包括在内。

4）机器工作时间

它是由机械本身的特点所决定的，因此机械工作时间的分类与工人工作时间的分类有所不同，例如在必须消耗的时间中所包含的有效工作时间的内容不同。

① 定额时间。

a.有效工作时间。包括正常负荷下的工作时间、有根据地降低负荷下的工作时间。

b.不可避免的无负荷工作时间。指由施工过程的特点和机械结构的特点所造成的机械无负荷工作时间，例如筑路机在工作区末端调头等就属于此项工作时间的消耗。

c.不可避免的中断时间。指与工艺过程的特点、机器的使用和保养、工人休息有关的中断时间，例如汽车装卸货物时的停车时间，工人休息时的停机时间等。

② 非定额时间。

a.机器的多余工作时间。包括两种：一是机器进行任务内和工艺过程内未包括的工作而延续的时间，如工人没有及时供料而使机器空运转的时间；二是机械在负荷下所做的多余工作，如混凝土搅拌机搅拌混凝土时超过规定的搅拌时间即属于多余工作时间。

b.机器的停工时间。按其性质也可分为施工本身造成和非施工本身造成的停工。前者是施工组织得不好而引起的停工现象，如由于未及时供给机器燃料而引起的停工；后者是气候条件所引起的停工现象，如暴雨时压路机的停工。上述停工中延续的时间均为机器的停工时间。

c.违反劳动纪律的停工时间。由工人迟到早退或擅离岗位等原因引起的机器停工时间。

(3) 人工定额消耗量的确定

时间定额和产量定额是人工定额的两种表现形式。拟定出时间定额，也就可以计算出产量定额。

在全面分析了各种影响因素的基础上，通过计时观察资料可以获得定额的各种必需消耗时间。将这些时间进行归纳，根据不同的工时规范经过换算，最后把各种定额时间加以综合和类比就可得到整个工作过程的人工消耗的时间定额。

① 确定工序作业时间。通过计时观察资料的分析和选择可以获得各种产品的基本工作时间和辅助工作时间，将这两种时间合并，称之为工序作业时间。它是产品主要的必须消耗的工作时间，是各种因素的集中反映，决定着整个产品的定额时间。

a.拟定基本工作时间。基本工作时间在必须消耗的工作时间中占的比重最大。在确定基本工作时间时必须细致、精确。基本工作时间消耗一般应根据计时观察资料来确定。其做法是，首先确定工作过程每一组成部分的工时消耗，然后再综合出工作过程的工时消耗。如果组成部分的产品计量单位和工作过程的产品计量单位不符，就需先求出不同计量单位的换算系数，进行产品计量单位的换算，然后再相加，求得工作过程的工时消耗。

案例 1-1 砌砖墙勾缝的计量单位是 m^2，但若将勾缝作为砌砖墙施工过程的一个组成部分对待，即将勾缝时间按砌墙厚度和砌体体积计算，设每平方米墙面所需的勾缝时间为 10min，试求各种不同墙厚每立方米砌体所需的勾缝时间。

解 ① 1 砖厚 (240mm) 的砖墙，其每立方米砌体墙面面积的换算系数为 $\frac{1}{0.24} = 4.17$，则每立方米砌体所需的勾缝时间是

$$4.17 \times 10 = 41.7 (min)$$

② 一砖半厚 (365mm) 的砖墙，其每立方米砌体墙面面积的换算系数为 $\frac{1}{0.365} = 2.74$，则每立方米砌体所需的勾缝时间是

$$2.74 \times 10 = 27.4 (min)$$

b.拟定辅助工作时间。辅助工作时间的确定方法与基本工作时间相同。如果在计时观察时不能取得足够的资料，也可采用工时规范或经验数据来确定。如具有现行的工时规范，可以直接利用工时规范中规定的辅助工作时间的百分比来计算。

② 确定规范时间。规范时间包括工序作业时间以外的准备与结束时间、不可避免的中断时间以及休息时间。

a.确定准备与结束时间。准备与结束工作时间分为工作日和任务两种。任务的准备与结束时间通常不能集中在某一个工作日中，而要采取分摊计算的方法分摊在单位产品的时间定额里。如果在计时观察资料中不能取得足够的准备与结束时间的资料，也可根据工时规范或经验数据来确定。

b. 确定不可避免的中断时间。在确定不可避免的中断时间的定额时必须注意，由工艺特点所引起的不可避免的中断才可列入工作过程的时间定额。不可避免中断时间也需要根据测时资料通过整理分析获得，也可以根据经验数据或工时规范以占工作日的百分比表示此项工时消耗的时间定额。

c. 确定休息时间。休息时间应根据工作班作息制度、经验资料、计时观察资料以及对工作的疲劳程度作全面分析来确定，同时应考虑尽可能利用不可避免中断时间作为休息时间。规范时间均可利用工时规范或经验数据确定。

③ 拟定定额时间。确定的基本工作时间、辅助工作时间、准备与结束工作时间、不可避免中断时间与休息时间之和就是劳动定额的时间定额。根据时间定额可计算出产量定额，时间定额和产量定额互成倒数。

利用工时规范可以计算劳动定额的时间定额，计算公式为

$$工序作业时间 = 基本工作时间 + 辅助工作时间 \tag{1-6}$$

$$规范时间 = 准备与结束工作时间 + 不可避免的中断时间 + 休息时间 \tag{1-7}$$

$$工序作业时间 = 基本工作时间 + 辅助工作时间 \tag{1-8}$$

$$= 基本工作时间/[1 - 辅助工作时间(\%)]$$

辅助工作时间（％）是指占工序作业时间的百分比。

$$定额时间 = \frac{工序作业时间}{1 - 规范时间(\%)} \tag{1-9}$$

规范时间（％）是指占定额时间（工作日）的百分比。

案例 1-2 通过计时观察资料得知，人工挖二类土 1m³ 的基本工作时间为 6h，辅助工作时间占工序作业时间的 2%。准备与结束工作时间、不可避免的中断时间、休息时间分别占工作日的 3%、2%、18%，问：该人工挖二类土的时间定额是多少？

解
$$基本工作时间 = 6h = 0.75(工日/m^3)$$
$$工序作业时间 = 0.75/(1 - 2\%) = 0.765(工日/m^3)$$
$$时间定额 = 0.765/(1 - 3\% - 2\% - 18\%) = 0.994(工日/m^3)$$

1.1.2.2 材料消耗量的确定

（1）材料消耗量定额的概念

材料消耗量定额是指在先进合理的施工条件下和合理使用材料的情况下，生产质量合格的单位产品所必须消耗的建筑安装材料的数量标准。

在工程建设中，建筑材料品种繁多，耗用量大，占工程费用的比例较大，在一般工业与民用建筑工程中，其材料费占整个工程费用的 60%～70%。因此，用科学的方法正确地制订材料消耗定额，可以保证合理地供应和使用材料，减少材料的积压和浪费，这对于保证施工顺利进行、降低产品价格和工程成本有着极其重要的意义。

（2）施工中材料消耗的组成

施工中材料的消耗可分为必须消耗的材料和损失的材料两类。必须消耗的材料是指在合理用料的条件下生产合格产品所需消耗的材料，它包括直接用于建筑和安装工程的材料、不可避免的施工废料和不可避免的材料损耗。

必须消耗的材料属于施工正常消耗，是确定材料消耗定额的基本数据。其中，直接用于建筑和安装工程的材料编制材料净用量定额，不可避免的施工废料和材料损耗编制材料损耗定额。

材料各种类型的损耗量之和称为材料损耗量，除去损耗量之后净用于工程实体上的数量

称为材料净用量，材料净用量与材料损耗量之和称为材料总消耗量，损耗量与总消耗量之比称为材料损耗率，它们的关系用公式表示就是

$$损耗率 = \frac{损耗量}{总消耗量} \times 100\% \tag{1-10}$$

$$总消耗量 = \frac{净用量}{1-损耗率} \tag{1-11}$$

或 $$总消耗量 = 净用量 + 损耗量 \tag{1-12}$$

为了简便，通常将损耗量与净用量之比，作为损耗率，即

$$损耗率 = \frac{损耗量}{净用量} \times 100\% \tag{1-13}$$

$$总消耗量 = 净用量 \times (1+损耗率) \tag{1-14}$$

(3) 材料消耗量的确定

确定实体材料的净用量定额和材料损耗定额的计算数据是通过现场技术测定、实验室试验、现场统计和理论计算等方法获得的。

① 现场技术测定法，又称为观测法，是根据对材料消耗过程的测定与观察，通过完成产品数量和材料消耗量的计算而确定各种材料消耗定额的一种方法。现场技术测定法主要适用于确定材料损耗量，因为该部分数值用统计法或其他方法较难得到。通过现场观察还可以区别出哪些是可以避免的损耗，哪些属于难以避免的损耗，明确定额中不应列入可以避免的损耗。

② 实验室试验法，主要用于编制材料净用量定额。通过试验，能够对材料的结构、化学成分和物理性能以及按强度等级控制的混凝土、砂浆、沥青、油漆等配比做出科学的结论，给编制材料消耗定额提供出有技术根据的、比较精确的计算数据。但其缺点在于无法估计到施工现场某些因素对材料消耗量的影响。

③ 现场统计法，是以施工现场积累的分部分项工程使用材料数量、完成产品数量、完成工作原材料的剩余数量等统计资料为基础，经过整理分析获得材料消耗的数据的方法。这种方法由于不能分清材料消耗的性质，因而不能作为确定材料净用量定额和材料损耗定额的依据，只能作为编制定额的辅助性方法使用。

上述三种方法的选择必须符合国家有关标准规范，即材料的产品标准，计量要使用标准容器和称量设备，质量符合施工验收规范要求，以保证获得可靠的定额编制依据。

④ 理论计算法，是运用一定的数学公式计算材料消耗定额的方法。

📌 **案例 1-3** 用 1:1 水泥砂浆贴 150mm × 150mm × 5mm 瓷砖墙面，结合层厚度为 10mm，试计算每 100m² 瓷砖墙面中瓷砖和砂浆的消耗量（灰缝宽为 2mm）。假设瓷砖损耗率为 1.5%，砂浆损耗率为 1%。

解 每 100m² 瓷砖墙面中瓷砖的净用量 $= \dfrac{100}{(0.15+0.002) \times (0.15+0.002)}$
$$= 4328.25(块)$$

每 100m² 瓷砖墙面中瓷砖的总消耗量 $= 4328.25 \times (1+1.5\%) = 4393.17(块)$

每 100m² 瓷砖墙面中结合层砂浆净用量 $= 100 \times 0.01 = 1(m^3)$

每 100m² 瓷砖墙面中灰缝砂浆净用量 $= [100 - (4328.25 \times 0.15 \times 0.15)] \times 0.005 = 0.013(m^3)$

每 100m² 瓷砖墙面中水泥砂浆总消耗量 $= (1+0.013) \times (1+1\%) = 1.02(m^3)$

1.1.2.3 机械台班消耗量的确定

(1) 机械台班消耗定额的概念

机械台班消耗定额，或称机械台班使用定额，是指在正常的施工机械生产条件下，为生

产单位合格工程施工产品或某项工作所必须消耗的机械工作时间标准，或者在单位时间内使用施工机械所应完成的合格工程施工产品的数量。

（2）机械台班消耗量定额的分类及其关系

机械台班定额以台班为单位，每一台班按 8h 计算，其表达式有机械时间定额和机械产量定额两种。

① 机械时间定额。它是指在合理劳动组织与合理使用机械条件下，完成单位合格产品所必需的工作时间，包括有效工作时间、不可避免的中断时间、不可避免的无负荷工作时间。机械时间定额以"台班"表示，即一台机械工作一个作业班时间，一个作业班时间为 8h。

$$单位产品机械时间定额（台班）= \frac{1}{台班产量} \tag{1-15}$$

由于机械必须由工人小组配合，所以完成单位合格产品的时间定额，同时应列入人工时间定额，即

$$单位产品人工时间定额（工日）= \frac{小组成员总人数}{台班产量} \tag{1-16}$$

② 机械产量定额。它是指在合理劳动组织与合理使用机械条件下，机械在每个台班时间内完成合格产品的数量。

$$机械产量定额 = \frac{1}{机械时间定额（台班）} \tag{1-17}$$

机械时间定额和机械产量定额互为倒数关系。

（3）机械台班消耗量的确定

① 确定机械纯工作 1h 正常生产率。机械纯工作时间就是指机械的必需消耗时间。机械纯工作 1h 正常生产率就是在正常施工组织条件下具有必需的知识和技能的技术工人操纵机械一小时的生产率。

机械工作特点不同，机械纯工作 1h 正常生产率的确定方法也有所不同。

a. 对于循环动作机械，确定机械纯工作 1h 正常生产率的计算公式为

$$机械一次循环的正常延续时间 = \sum（循环各组成部分正常延续时间）- 交叠时间 \tag{1-18}$$

$$机械纯工作 1h 循环次数 = \frac{60 \times 60（s）}{一次循环的正常延续时间} \tag{1-19}$$

机械纯工作 1h 正常生产率 = 机械纯工作 1h 正常循环次数 × 一次循环生产的产品数量

$$\tag{1-20}$$

b. 对于连续动作机械，进行机械纯工作 1h 正常生产率要根据机械的类型、结构特征以及工作过程的特点来确定。计算公式为

$$连续动作机械纯工作 1h 正常生产率 = \frac{工作时间内生产的产品数量}{工作时间（h）} \tag{1-21}$$

工作时间内的产品数量和工作时间的消耗要通过多次现场观察和机械说明书来取得数据。

② 确定施工机械的正常利用系数。施工机械的正常利用系数是指机械在工作班内对工作时间的利用率。机械的利用系数和机械在工作班内的工作状况有着密切的关系，所以要确定机械台班定额消耗量，就要确定机械的正常利用系数。首先要拟定机械工作班的正常工作状况，保证合理利用工时。机械正常利用系数的计算公式为

$$机械正常利用系数 = \frac{机械在一个工作班内纯工作时间}{一个工作班延续时间（8h）} \tag{1-22}$$

③ 计算施工机械台班产量定额。它是编制机械定额工作的最后一步。在确定了机械工作正常条件、机械纯工作 1h 正常生产率和机械正常利用系数之后,采用下列公式计算施工机械的产量定额,即

$$施工机械台班产量定额 = 机械纯工作 1h 正常生产率 \times 工作班纯工作时间 \quad (1-23)$$

或

$$施工机械台班产量定额 = 机械纯工作 1h 正常生产率 \times \\ 工作班延续时间 \times 机械正常利用系数 \quad (1-24)$$

$$施工机械时间定额 = \frac{1}{机械台班产量定额} \quad (1-25)$$

案例 1-4 某工程现场采用出料容量 500L 的混凝土搅拌机,每一次循环中装料、搅拌、卸料、中断需要的时间分别为 1min、3min、1min、1min,机械正常利用系数为 0.9,求该机械的台班产量定额。

解 该搅拌机一次循环的正常延续时间 = 1+3+1+1 = 6(min) = 0.1(h)

该搅拌机纯工作 1h 循环次数 = 10 次

该搅拌机纯工作 1h 正常生产率 = 10×500 = 5000(L) = 5(m³)

该搅拌机台班产量定额 = 5×8×0.9 = 36(m³/台班)

1.1.3 建筑工程人工、材料、施工机械台班单价的确定

1.1.3.1 人工单价的确定

(1) 人工单价的概念及其组成

① 人工单价的概念。人工单价又称人工工日单价,是指一个建筑安装生产工人一个工作日在计价时应计入的全部人工费用,它基本上反映了建筑安装生产工人的工资水平和一个工人在一个工作日中可以得到的报酬。合理确定人工工日单价是正确计算人工费和工程造价的前提和基础。

② 人工单价的组成。人工单价的构成在各地区、各部门不完全相同,目前,我国现行规定生产工人的人工工日单价组成如图 1-2 所示。

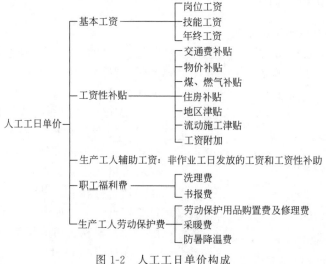

图 1-2 人工工日单价构成

（2）人工单价的确定

根据"国家宏观调控、市场竞争形成价格"的现行工程造价的确定原则，人工单价由市场形成，国家或地方不再定级定价。人工单价与当地平均工资水平、劳动力市场供需变化、政府推行的社会保障和福利政策等有直接关系。不同地区、不同时间的人工单价均有不同。

人工单价即日工资单价，其计算公式如下：

$$人工费 = \sum (工日消耗量 \times 日工资单价) \tag{1-26}$$

$$日工资单价(G) = G_1 + G_2 + G_3 + G_4 + G_5 \tag{1-27}$$

① 基本工资。它是指发放给工人的基本工资，其计算公式为

$$基本工资(G_1) = \frac{生产工人平均月工资}{年平均每月法定工作日} \tag{1-28}$$

② 工资性补贴。它是指按规定标准发放的物价补贴，如煤和燃气补贴、交通补贴、住房补贴、流动施工津贴等，其计算公式为

$$工资性补贴(G_2) = \sum \frac{年发放标准}{全年日历日-法定工作日} + \sum \frac{月发放标准}{年平均每月法定工作日} + 每工作日发放标准 \tag{1-29}$$

③ 生产工人辅助工资。它是指生产工人年有效施工天数以外非作业天数的工资，包括职工学习、培训期间的工资，调动工作、探亲、休假期间的工资，因气候影响的停工工资，女工哺乳期间的工资，病假在六个月以内的工资及产、婚、丧假期的工资。其计算公式为

$$生产工人辅助工资(G_3) = \frac{全年无效工作日 \times (G_1 + G_2)}{全年日历日-法定工作日} \tag{1-30}$$

④ 职工福利费。它是指按规定标准计提的职工福利费。其计算公式为

$$职工福利费(G_4) = (G_1 + G_2 + G_3) \times 福利费计提比例(\%) \tag{1-31}$$

⑤ 生产工人劳动保护费。它是指按规定标准发放的劳动保护用品的购置费及修理费，徒工服装补贴，防暑降温费，在有碍身体健康环境中施工的保健费用等。其计算公式为

$$生产工人劳动保护费(G_5) = \frac{生产工人平均支出劳动保护费}{全年日历日-法定工作日} \tag{1-32}$$

1.1.3.2 材料价格的确定

（1）材料价格的概念及其组成

① 材料价格的概念。指材料由其来源地（或交货地点）运至工地仓库（或指定堆放地点）的出库价格，包括货源地至工地仓库之间的所有费用。这里的材料包括构件、半成品及成品。

② 材料价格的组成。材料价格是指施工过程中耗费的构成工程实体的原材料、辅助材料、构配件、零件、半成品的费用的总和。材料价格包括材料原价（或供应价格）、材料运杂费、运输损耗费、采购及保管费、检验试验费五部分，如图1-3所示。

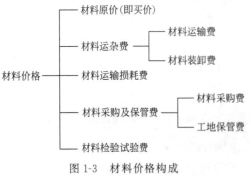

图1-3　材料价格构成

（2）材料价格的确定

在确定材料价格时，同一种材料若购买

地及单价不同，应根据不同的供货数量及单价，采取加权平均的方法确定其材料价格。

① 材料原价（或供应价格）。指材料的出厂价格，进口材料指抵岸价或销售部门的批发牌价和市场采购价格（或信息价）。

② 材料运杂费。指材料自来源地运至工地仓库或指定堆放地点所发生的全部费用，包括调车和驳船费、装卸费、运费及附加工作费等。同一品种的材料有若干个来源地，应采用加权平均的方法计算材料运杂费。

③ 运输损耗费。在材料的运输中应考虑一定的场外运输损耗费用，这是指材料在运输装卸过程中不可避免的损耗。运输损耗的计算公式是：

$$运输损耗费＝（材料原价＋运杂费）×运输损耗率 \qquad (1-33)$$

材料运输损耗率按照国家有关部门和地方政府交通运输部门的规定计算，若无规定可参考表 1-1 确定。

表 1-1 各类建筑材料运输损耗率

材料类别	损耗率
机砖、空心砖、砂、水泥、陶粒、水泥地面砖、白瓷砖、卫生洁具、玻璃灯罩	1%
机制瓦、脊瓦、水泥瓦	3%
石棉瓦、石子、黄土、耐火砖、玻璃、大理石板、水磨石板、混凝土管、缸瓦管	0.5%
砌块	1.5%

④ 采购及保管费。指材料供应部门（包括工地仓库及其以上各级材料主管部门）在组织采购、供应和保管材料过程中所需的各项费用，包括采购费、仓储费、工地管理费和仓储损耗。采购及保管费的计算公式为

$$采购及保管费＝（材料原价＋运杂费＋运输损耗费）×采购及保管费率 \qquad (1-34)$$

上述四项之和又称为材料的基价，材料基价的一般计算公式为

$$材料基价＝\{（供应价格＋运杂费）×[1＋运输损耗率（\%）]\}×[1＋采购及保管费率（\%）]$$
$$(1-35)$$

⑤ 检验试验费。指对建筑材料、构件和建筑安装物进行一般鉴定、检查所发生的费用，包括自设试验室进行试验所耗用的材料和化学药品等费用，不包括新结构、新材料的试验费和建设单位对具有出厂合格证明的材料进行检验、对构件做破坏性试验及其他特殊要求检验试验的费用。其计算公式为

$$检验试验费＝材料原价×检验试验费 \qquad (1-36)$$

由于我国幅员辽阔，建筑材料产地与使用地点的距离各地差异很大，同时采购、保管、运输方式也不尽相同，因此材料价格原则上按地区范围编制。

⑥ 材料价格。它的计算公式如下：

$$材料价格＝\sum（材料消耗量×材料基价）＋检验试验费 \qquad (1-37)$$

1.1.3.3 施工机械台班单价的确定

（1）施工机械台班单价的概念与组成

① 施工机械台班单价的概念。施工机械台班单价亦称施工机械台班使用费，是指一台施工机械在正常运转条件下 个工作班中所发生的全部费用。

施工机械台班单价以"台班"为计量单位。一台机械工作一班（按 8h 计）就为一个台班。一个台班中为使机械正常运转所支出和分摊的各种费用之和，就是施工机械台班单价，或称台班使用费。机械台班费的比重，将随着施工机械化水平的提高而增加，所以，正确计

算施工机械台班单价具有重要意义。

② 施工机械台班单价的组成。根据《全国统一施工机械台班费用编制规则》(2001)的规定，施工机械台班单价由七项费用组成，这类费用按其性质分类，划分为第一类费用、第二类费用和其他费用三大类。

a.第一类费用（又称固定费用或不变费用）。这类费用不因施工地点、条件的不同而发生大的变化。内容包括折旧费、大修理费、经常修理费、安拆费及场外运输费。

b.第二类费用（又称变动费用或可变费用）。这类费用常因施工地点和条件的不同而有较大变化。内容包括机上人员工资、动力燃料费。

c.其他费用。其他费用指上述两类费用以外的其他费用。内容包括车船使用税、牌照费、保险费等。

(2) 施工机械台班单价的确定

① 折旧费。它是指施工机械在规定使用期限内陆续收回其原值及购置资金的时间价值，计算公式为

$$台班折旧费=\frac{施工机械预算价格\times(1-残值率)\times时间价值系数}{耐用总台班} \quad (1-38)$$

$$施工机械预算价格=原价\times(1+购置附加费率)+手续费+运杂费 \quad (1-39)$$

残值率按目前有关规定执行：运输机械 5%，掘进机械 5%，特大型机械 3%，中小型机械 4%。

$$时间价值系数=1+\frac{折旧年限+1}{2}\times年折现率(\%) \quad (1-40)$$

$$耐用总台班(即施工机械从开始投入使用到报废前所使用的总台班数)=修理间隔台班\times修理周期 \quad (1-41)$$

② 大修理费。它是指机械设备按规定的大修间隔台班进行必要的大修理，以恢复机械正常功能所需的费用。台班大修理费是机械使用期限内全部大修理费之和在台班费用中的分摊额，它取决于一次大修理费用、大修理次数和耐用总台班的数量。其计算公式为

$$台班大修理费=\frac{一次大修理费\times(大修理周期-1)}{耐用总台班} \quad (1-42)$$

③ 经常修理费。它是指施工机械除大修理以外的各级保养和临时故障排除所需的费用，包括为保障机械正常运转所需替换与随机配备工具的摊销和维护费用、机械运转及日常保养所需润滑与擦拭的材料费用和机械停滞期间的维护与保养费用等。各项费用分摊到台班中即为台班经修费。其计算公式为

$$台班经常修理费=台班大修理费\times经常修理费系数 \quad (1-43)$$

④ 安拆费及场外运费。安拆费是指施工机械在现场进行安装与拆卸所需的人工、材料、机械和试运转费用以及机械辅助设施的折旧、搭设、拆除等费用。

场外运费是指施工机械整体或分体自停放地点运至施工现场或由一施工地点运至另一施工地点的运输、装卸、辅助材料及架线等费用。

$$安拆费及场外运费=机械一次安拆的费用\times年平均安拆的次数\div年工作台班+台班辅助设施费 \quad (1-44)$$

$$辅助设施摊销费=(一次运输及装卸费+辅助材料一次摊销费+一次架线费)\times机械年工作台班 \quad (1-45)$$

⑤ 燃料动力费。施工机械在运转作业中所耗用的固体燃料（煤、木柴）、液体燃料（汽油、柴油）及水、电等费用，计算公式为

$$台班燃料动力费＝台班燃料动力消耗量×相应单价 \tag{1-46}$$

⑥ 人工费。机上司机（司炉）和其他操作人员的工作日人工费及上述人员在施工机械规定的年工作台班以外的人工费，按下列公式计算，即

$$台班人工费＝人工消耗量×\left(1+\frac{年度工作日－年工作台班}{年工作台班}\right)×人工单价 \tag{1-47}$$

⑦ 其他费用。指按照国家和有关部门规定机械应缴纳的养路费、车船使用税、保险费及年检费等。其计算公式为

$$台班其他费用＝\frac{年养路费＋年车船使用税＋年保险费＋年检费用}{年工作台班} \tag{1-48}$$

确定施工机械台班费的原理与确定人工费、材料费的原理相同，都是以定额中的各量分别乘以相应的工资标准及材料、燃料动力预算价格，计算出各项费用。但施工机械台班定额具有与其他定额不同的特点，在计算台班费时应加以注意。

1.1.4　预算定额及使用

1.1.4.1　预算定额手册的内容

预算定额手册的内容有文字说明、分项工程定额项目表、附录三大部分。

二维码 1.3

（1）文字说明

① 预算定额的总说明。概述了定额的用途、编制依据、适用范围以及有关问题的说明和使用方法等。

② 分部分项定额说明。包括：分部工程的定额项目工作内容；分部工程定额项目工程量计算规则；分部工程定额综合的内容及允许换算和不得换算的界限。

（2）分项工程定额项目表

① 分项工程表头说明：此说明一般放在每节的表头，即工作内容。是定额的重要组成部分之一，如表头说明不准确、明了，就会造成定额项目的错套、重套和漏套。

② 定额项目表：当为有量无价的定额时，定额项目表就是各个分项工程定额的人工、材料和机械台班的消耗量指标；当为量价合一的定额时，定额项目表所反映的就是定额分项工程的工、料、机价格。定额项目表是定额的核心内容，表头标有分项工程名称、规格和幅度范围、定额计量单位，有统一编排的项目编号，表后有的列有附注，说明调整的范围和方法，有些附注还带有补充定额的性质。

工作内容如下所述：

a. 调制砂浆（包括筛沙子及淋灰膏）、砌砖。基础包括清理基槽。

b. 砌窗台虎头砖、腰线、门窗套。

c. 安放木砖、铁件。

（3）附录

附录放在定额手册的最后，供定额换算之用，是定额应用的重要补充资料。《全国统一建筑工程基础定额河北省消耗量定额》附录包括以下内容。

附录一：配合比。

附录二：材料、成品、半成品损耗率表。

附录三：材料、成品、半成品价格取定表。

附录四：建筑施工机械台班价格取定表。

A.3.1 砌砖

A.3.1.1 基础及实砌内外墙

单位：10m³

定额编号			A3-1	A3-2	A3-3	A3-4
项目名称			砖基础	砖砌内外墙（墙厚）		
				一砖以内	一砖	一砖以上
基价/元			1726.47	2083.57	1909.94	1912.60
其中	人工费/元		438.40	738.80	599.20	581.60
	材料费/元		1258.81	1320.01	1282.23	1300.99
	机械费/元		29.26	24.76	28.51	30.01
名称	单位	单价/元	数量			
人工	综合用工二类	工日	40.00	10.960	18.470	14.980	14.540
材料	水泥砂浆 M5（中砂）	m³	—	(2.360)	—	—	—
	水泥石灰砂浆 M5（中砂）	m³	—	—	(1.920)	(2.250)	(2.382)
	标准砖 240×115×53	千块	200.00	5.236	5.661	5.314	5.345
	水泥 32.5	t	220.00	0.505	0.411	0.482	0.510
	中砂	t	25.16	3.783	3.078	3.607	3.818
	生石灰	t	85.00	—	0.157	0.185	0.195
	水	m³	3.03	1.760	2.180	2.280	2.360
机械	灰浆搅拌机 200L	台班	75.03	0.390	0.330	0.380	0.400

1.1.4.2 预算定额手册的应用

在使用预算定额手册，套用定额基价时，由于施工环境复杂多变，施工方案多种多样，实际施工方案与定额规定的情况可能一致，也可能不一致，因此套定额的方法也要随着施工的具体情况而定。

（1）设计要求与定额项目完全一致

当设计要求与定额项目完全一致时，可直接套用预算定额。

二维码 1.4

案例 1-5 某工程采用标准砖砖墙，外墙为 370 墙，M5 水泥石灰砂浆，工程量为 200m³，计算该分项工程的直接工程费。

解 查预算定额编号为 A3-4，基价为 1912.6 元/10m³，故

$$砖墙直接工程费 = 1912.6/10 × 200 = 38252（元）$$

（2）设计要求与定额项目不完全一致

① 定额规定不允许换算时，直接套用定额的预算基价

② 定额允许换算时，对定额进行相应的调整，再套用换算后的基价。

a. 混凝土（砂浆）的换算：

换算后的基价＝原定基价＋定额混凝土（砂浆）用量×[换入混凝土（砂浆）的预算单价－换出混凝土（砂浆）的预算单价]

案例 1-6 某工程基础，采用标准砖、M5.0 水泥石灰砂浆砌筑，砖基础工程量为

$200m^3$，计算完成该项工程的直接工程费。

解 确定换算定额编号：A3-1，查得基价为 1726.47 元/$10m^3$

确定换入换出单价：

查配合比表：M5.0 水泥砂浆 88.32 元/m^3，M5.0 水泥石灰砂浆 96.03 元/m^3

计算换算基价：

$$A3\text{-}1_换 = 1726.47 + (96.03 - 88.32) \times 2.36 = 1744.67(元/10m^3)$$

分项工程直接工程费：

$$砖基础直接工程费 = 1744.67/10 \times 200 = 34893.4(元)$$

b. 木材的换算：

$$换算后的基价 = 换算前的基价 + \left(\frac{设计框料断面面积}{定额框料断面面积} - 1\right) \times 烘干木材定额消耗量 \times$$

烘干木材预算单价

案例 1-7 某工程，普通木门框（单裁口）制作，根据定额规定普通木门框断面单裁口以 $57.00cm^2$ 为准，根据施工图纸设计要求框料立边断面面积为 $48cm^2$。普通木门框（单裁口）制作定额子目相关内容：定额编号 B4-55，定额单位 100m，基价 2032.96 元，求换算定额基价。

解 查预算定额 B4-55，普通木门框（单裁口）制作 100m，耗烘干木材 $0.662m^3$，单价是 2700 元/m^3

$$B4\text{-}55_换 = 2032.96 + \left(\frac{48}{57} - 1\right) \times 0.662 \times 2700 = 1750.739(元/100m)$$

c. 系数调整。在定额文字说明或定额表下方的附注中，经常会说明当出现哪些情况应乘以相应系数，计算公式如下：

$$换算后的基价 = 原定额基价 + (规定系数 - 1) \times 说明项目费用$$

案例 1-8 楼地面分部工程说明中规定，垫层项目如用于基础垫层时，人工、机械乘以 1.20 系数。已知 3∶7 灰土定额基价 380.67 元/$10m^3$，其中人工费 135.72 元/$10m^3$，机械费 51.06 元/$10m^3$。求 3∶7 灰土用于基础的定额基价。

解 基础 3∶7 灰土基价 = $380.67 + (1.2 - 1) \times (135.72 + 51.06) = 418.03(元/10m^3)$

(3) 设计要求与定额完全不一致

当设计要求与定额完全不一致时，对施工图预算造价中的分项工程费用应做如下处理：

① 对分项工程费用进行实际发生额的估算。这种方法要求操作者具备一定的实践经验，适用于那些数量相对较少、价值水平不高的分项工程。

② 对于预算定额中未涉及的新工艺、新材料、新结构，可以由一线施工人员编制补充定额，对此类缺项进行弥补，补充定额必须经造价管理部门审批后方可使用。

1.1.4.3 工料分析

(1) 工料分析的概念

对单位工程所需的人工工日数及各种材料需要量进行的分析计算，就称为工料分析。用分项工程中某种材料（或某工种，或某种机械台班）的定额消耗量乘以其工程量，就是该分项工程中某种材料（或某工种，或某种机械台班）的消耗量。消耗量定额中有的项目只列出半成品消耗量（例如砂浆、混凝土等），为此，在进行工料分析时，除按定额计算出半成品消耗量外，还必须依据配合比进行二次分析，计算出水泥、砂、石等材料用量。

工料分析汇总时应按不同工种的人工和不同品种、规格的材料分别进行汇总。计算公式表述如下：

$$某工种人工工日数 = \sum(分项工程量 \times 相应分项定额人工消耗量)$$
$$某种材料需要量 = \sum(分项工程量 \times 相应分项该材料的定额消耗量)$$

（2）工料分析的作用

在单价法施工图预算中，在直接费计算后进行工料分析，工料分析主要是为计算人工、材料价差提供所需的数据。在实物法施工图预算中，在直接费计算之前进行工料分析，工料分析主要是为了计算直接费，用分析得出的工料机用量分别乘以相应的人工单价、材料预算价格、施工机械台班费就可得出相应的人工费、材料费和施工机械费。

工料分析的结果也是施工单位安排劳动力以及制订材料采购计划与供应计划，进行成本核算的依据。

任务1.2 建筑工程定额计价程序

1.2.1 建筑安装工程费用组成

河北省建筑安装工程费由直接费、间接费、利润、税金四部分组成。

1.2.1.1 直接费

它由直接工程费和措施费组成。

二维码 1.5

（1）直接工程费

它是指施工过程中耗费的构成工程实体的各项费用，包括人工费、材料费、施工机械使用费。

① 人工费：指直接从事建筑安装工程施工的生产工人开支的各项费用，内容包括：

a. 基本工资：发放给生产工人的基本工资。

b. 工资性补贴：按规定标准发放的物价补贴，煤、燃气补贴，交通补贴，住房补贴，流动施工津贴等。

c. 生产工人辅助工资：指生产工人年有效施工天数以外非作业天数的工资，包括职工学习、培训期间的工资，调动工作、探亲、休假期间的工资，因气候影响的停工工资，女工哺乳时间的工资，病假在六个月以内的工资及产、婚、丧假期的工资。

d. 职工福利费：按规定标准计提的职工福利费。

e. 生产工人劳动保护费：按规定标准发放的劳动保护用品的购置费及修理费，徒工服装补贴，防暑降温费，在有碍身体健康环境中施工的保健费用等。

② 材料费：施工过程中耗费的构成工程实体的原材料、辅助材料、构配件、零件、半成品的费用。内容包括：材料原价；材料供销综合费；材料包装费；材料运输费；材料采保费。

③ 施工机械使用费：施工机械作业所发生的机械使用费以及机械安拆费和场外运费。内容包括：折旧费；大修理费；经常修理费；安拆费及场外运费；人工费；燃料动力费；其他费用。

（2）措施费

为完成工程项目施工，发生于该工程施工前和施工过程中非工程实体项目的费用。分为可竞争措施项目、不可竞争措施项目。具体见各专业消耗量定额相关章、节、项目。

① 土建工程

a. 可竞争措施项目：脚手架工程费、模板工程费、处置运输工程费、建筑物超高费、大型机械一次安拆及场外运输费、其他可竞争措施项目费。

b. 不可竞争措施项目：安全防护、文明施工（安全生产、环境保护、临时设施、文明施工费）（土建和桩基础工程费率不同）。

② 装饰装修工程

a. 可竞争措施项目：脚手架工程费、垂直运输及超高增加费、其他可竞争措施项目费。

b. 不可竞争措施项目：安全防护、文明施工费（安全生产、环境保护、临时设施、文明施工费）。

1.2.1.2 间接费

它由规费、企业管理费组成。

（1）规费

指省级以上政府和有关权力部门规定必须缴纳和计提的费用（简称规费）。内容包括：

① 社会保障费：

a. 养老保险费：企业按规定标准为职工缴纳的基本养老保险费。

b. 医疗保险费：企业按照规定标准为职工缴纳的基本医疗保险费。

c. 失业保险费：企业按照规定标准为职工缴纳的失业保险费。

d. 生育保险：企业按照规定标准为职工缴纳的生育保险费。

e. 工伤保险：企业按照规定标准为职工缴纳的工伤保险费。

② 住房公积金：企业按照规定标准为职工缴纳的住房公积金。

③ 职工教育经费：企业为职工学习先进技术和提高文化水平，按职工工资总额计提的费用。

（2）企业管理费

它是指建筑安装企业组织施工生产和经营管理所需费用。

内容包括：

① 管理人员工资：管理人员的基本工资、工资性补贴、职工福利费、劳动保护费等。

② 办公费：企业管理办公用的文具、纸张、账表、印刷、邮电、书报、会议、水电、烧水和集体取暖（包括现场临时宿舍取暖）用煤等费用。

③ 差旅交通费：职工因公出差、调动工作的差旅费、住勤补助费，市内交通费和误餐补助费，职工探亲路费，劳动力招募费，职工离退休、退职一次性路费，工伤人员就医路费，工地转移费以及管理部门使用的交通工具的油料、燃料、养路费及牌照费。

④ 固定资产使用费：管理和试验部门及附属生产单位使用的属于固定资产的房屋、设备仪器等的折旧、大修、维修或租赁费。

⑤ 工具用具使用费：管理使用的不属于固定资产的生产工具、器具、家具、交通工具和检验、试验、测绘、消防用具等的购置、维修和摊销费。

⑥ 劳动保险费：由企业支付离退休的易地安家补助费、职工退职金、六个月以上的病

假人员工资、职工死亡丧葬补助费、抚恤费、按规定支付给离休干部的各项经费。

⑦ 工会经费：企业按职工工资总额计提的工会经费。

⑧ 财产保险费：施工管理用财产、车辆保险。

⑨ 财务费：企业为筹集资金而发生的各种费用。

⑩ 税金：企业按规定缴纳的房产税、车船使用税、土地使用税、印花税等。

⑪ 其他：包括技术转让费、技术开发费、业务执行费、绿化费、广告费、公证费、法律顾问费、审计费、咨询费、服务费等。

1.2.1.3 利润

它是指施工企业完成所承包工程获得的盈利。

1.2.1.4 税金

它是指国家税法规定的应计入建筑安装工程造价内的营业税、城市维护建设税及教育费附加等。

1.2.2 取费标准与计取方法

1.2.2.1 工程类别的划分

建筑工程造价中费用、利润是依据工程类别进行计算的，现就《河北省建筑、安装、市政、装饰装修工程费率》中规定的"建筑工程"的类别划分做一介绍。

二维码 1.6

（1）划分标准

① 一般建筑工程类别划分如表 1-2 所示。

表 1-2　一般建筑工程类别划分

项　目				一类	二类	三类
工业建筑	钢结构		跨度	≥30m	≥15m	<15m
			建筑面积	≥12000m²	≥8000m²	<8000m²
	其他结构	单层	檐高	≥20m	≥12m	<12m
			跨度	≥24m	≥15m	<15m
		多层	檐高	≥24m	≥15m	<15m
			建筑面积	≥8000m²	≥4000m²	<4000m²
民用建筑	公共建筑		檐高	≥36m	≥20m	<20m
			建筑面积	≥7000m²	≥4000m²	<4000m²
			跨度	≥30m	≥15m	<15m
	住宅及其他民用建筑		檐高	≥43m	≥20m	<20m
			层数	≥15 层	≥7 层	<7 层
构筑物	水塔（水箱）		高度	≥75m	≥35m	<35m
			吨位	≥150m³	≥75m³	<75m³
	烟囱		高度	≥100m	≥50m	<50m

项　目		一类	二类	三类
构筑物	储仓　高度	≥30m	≥15m	<15m
	储仓　容积	≥600m³	≥300m³	<300m³
	储水(油)池　容积	≥3000m³	≥1500m³	<1500m³
	沉井、沉箱	执行一类	—	—
	围墙、砖地沟、室外建筑工程	—	—	执行三类

② 桩基础工程类别划分标准

a. 现场灌注桩为桩基础一类工程。

b. 预制桩为桩基础二类工程。

③ 接层工程的工程类别划分：在计算檐口高度和层数时，连同原建筑物一并计算。

④ 斜通廊以最高檐口高度，按单层厂房标准划分。

(2) 工程类别使用说明

① 以单位工程为类别划分单位，在同一类别工程中有几个特征时，凡符合其中之一者，即为该类工程。

② 一个单位工程有几种工程类型组成时，符合其中较高工程类别指标部分的面积若不低于工程总面积的50%，该工程可全部按该指标确定工程类别；若低于50%，但该部分面积又大于1500m²，则可按其不同工程类别分别计算。

③ 高度系指从设计室外地面标高至檐口滴水的高度(有女儿墙的算至女儿墙顶面标高)。

④ 跨度系指结构设计定位轴线的距离，多跨建筑物按主跨的跨度划分工程类别。

⑤ 面积系指按《建筑工程建筑面积计算规范》(GB/T 50353—2013)计算的建筑面积。

⑥ 面积小于标准层30%的顶层及建筑物内的设备管道夹层，不计算层数。

⑦ 超出屋面封闭的楼梯出口间、电梯间、水箱间、塔楼、瞭望台，面积小于标准层30%的，不计算高度、层数。

⑧ 面积大于标准层50%且层高在2.2m及以上的地下室，计算层数。面积小于标准层50%或层高不足2.2m的地下室，不计算层数。

⑨ 公共建筑指为满足人们物质文化生活需要和进行社会活动而设置的非生产性建筑物，如综合楼、办公楼、教学楼、实验楼、图书馆、医院、商店、车站、影剧院、礼堂、体育馆、纪念馆、独立车库等以及相类似的工程，除此以外均为其他民用建筑。

⑩ 对有声、光、超净、恒温、无菌等特殊要求的工程，其面积超过总建筑面积的50%时，建筑工程类别可按对应标准提高一类核定。

1.2.2.2 建筑工程费用计算

根据《河北省建筑、安装、市政、装饰装修工程费用标准》(HEBGFB-1—2012)规定：建筑工程、安装工程、装饰装修工程、市政工程以直接费中的人工和机械费为取费基数，计价程序如表1-3所示。

表1-3　工程计价程序表(营改增前)

序号	费用项目	计算方法
1	直接费	—
2	直接费中的人工费+机械费	—

序号	费用项目	计算方法
3	企业管理费	2×费率
4	利润	2×费率
5	规费	2×费率
6	价款调整	按合同确认的方式、方法计算
7	税金	(1+3+4+5+6)×费率
8	工程造价	(1+3+4+5+6+7)

根据《关于做好建筑业营改增建设工程计价依据调整准备工作的通知》(建办标〔2016〕4 号),关于印发《建筑业营改增河北省建筑工程计价依据调整办法》的通知(冀建市〔2016〕10 号文)等相关规定,河北省将计价程序按照增值税计税方法调整为一般计税方法和简易计税方法。

(1) 一般计税方法

税金=应纳税额+附加税费(包括城市维护建设税、教育费附加和地方教育附加)

① 增值税应纳税额和附加税费计算:

$$增值税应纳税额=销项税额-进项税额$$

$$销项税额=(税前工程造价-进项税额)×11\%$$

增值税应纳税额小于 0 时,按 0 计算。

$$附加税费=增值税应纳税额×附加税费计取费率$$

附加税费计取费率如表 1-4 所示。

表 1-4 附加税费计取费率

项目名称	计算基数	费率		
		市区	县城、镇	不在市区、县城、镇
费率	应纳税额	13.50%	11.23%	6.71%

② 进项税额计算:

$$进项税额=含税价格×除税系数$$

各费用含税价格组成内容及计算方法与营业税下相同,除税系数即各项费用扣除所包含进项税额的计算系数。

a. 人工费、规费、利润、总承包服务费进项税额均为 0。

b. 材料费、设备费按表 1-5 "材料、设备除税系数表"中的除税系数计算进项税额。

表 1-5 材料、设备除税系数表

材料名称	依据文件	税率/%	除税系数/%
建筑用和生产建筑材料所用的砂、土、石料、自来水、商品混凝土(仅限于以水泥为原料生产的水泥混凝土) 以自己采掘的砂、土、石料或其他矿物连续生产的砖、瓦、石灰(不含黏土实心砖、瓦)	《关于简并增值税征收率政策的通知》(财税〔2014〕57 号)	3	2.86

续表

材料名称	依据文件	税率/%	除税系数/%
农膜、草皮、麦秸(糠)、稻草(壳)、暖气、冷气、热水、煤气、石油液化气、天然气、沼气、居民用煤炭制品	《关于部分货物适用增值税低税率和简易办法征收增值税政策的通知》(财税〔2009〕9号)、《财政部国家税务总局关于印发〈农业产品征税范围注释〉的通知》(财税字〔1995〕52号)	13	11.28
其余材料(含租赁材料)	《关于部分货物适用增值税低税率和简易办法征收增值税政策的通知》(财税〔2009〕9号)、《关于全面推开营业税改征增值税试点的通知》(财税〔2016〕36号)	17	14.25
以"元"为单位的专项材料费			4
以费率计算的措施费中材料费			6
设备		17	14.34

③ 机械费：施工机械台班单价除税系数按表1-6计算，以费率计算的措施费中机械费除税系数为4%。

表 1-6 机械台班单价调整方法及适用税率

序号	台班单价	调整方法及适用税率
1	机械	各组成内容按以下方法分别扣减
1.1	折旧费	以购进货物适用的税率17%扣减
1.2	大修费	考虑全部委外维修，以接受修理修配劳务适用的税率17%扣减
1.3	经常修理费	考虑委外维修费用占70%，以接受修理修配劳务适用的税率17%扣减
1.4	安拆费及场外运输费	按自行安拆运考虑，一般不予扣减
1.5	人工费	组成内容为工资总额，不予扣减
1.6	燃料动力费	以购进货物适用的相应税率或征收率扣减
1.7	车船税费	税收费率，不予扣减
2	租赁机械	以接受租赁有形动产适用的税率扣减
3	仪器仪表	按以下方法分别扣减
3.1	摊销费	以购进货物适用的税率扣减
3.2	维修费	以接受修理修配劳务适用的税率扣减

④ 企业管理费除税系数为2.5%。

⑤ 安全生产、文明施工费除税系数为3%。

⑥ 暂列金额、专业工程暂估价在编制最高投标限价及投标报价时按除税系数3%计算，结算时据实调整。

⑦ 在计算甲供材料、甲供设备费用的销项税额和进项税额时，其对应的销项税额和进项税额均为0。采用工料单价法计价的，甲供材料、甲供设备的采保费按规定另行计算，并计取销项税额。

(2) 计价程序

工程造价计价程序表如表1-7所示，增值税进项税额计算汇总表如表1-8所示，材料、机械、设备增值税计算表如表1-9所示。调整表1-7，增加表1-8、表1-9。

表1-7 工程造价计价程序表（营改增后）

序号	费用项目	计算方法
1	直接费	1.1＋1.2＋1.3
1.1	人工费	
1.2	材料费	
1.3	机械费	
2	企业管理费	（1.1＋1.3）×费率
3	规费	（1.1＋1.3）×费率
4	利润	（1.1＋1.3）×费率
5	价款调整	按合同约定的方式、方法计算
6	安全生产、文明施工费	（1＋2＋3＋4＋5）×费率
7	税前工程造价	1＋2＋3＋4＋5＋6
7.1	其中：进项税额	见增值税进项税额计算汇总表
8	销项税额	（7－7.1）×11%
9	应纳税额	8－7.1
10	附加税费	9×费率
11	税金	9＋10
12	工程造价	7＋11

表1-8 增值税进项税额计算汇总表

序号	项目名称	金额/元
1	材料费进项税额	
2	机械费进项税额	
3	设备费进项税额	
4	安全生产、文明施工费进项税额	
5	其他以费率计算的措施费进项税额	
6	企业管理费进项税额	
	合计	

表1-9 材料、机械、设备增值税计算表

编码	名称及型号规格	单位	数量	除税系数	含税价格/元	含税价格合计/元	除税价格/元	除税价格合计/元	进项税额合计/元	销项税额合计/元
合计	—	—	—	—	—		—			

（3）简易计税方法

建筑工程造价除税金费率调整外，仍按营改增前的计价程序（如表1-3所示）和办法计算。调整后的税金费率如表1-10所示。

表1-10 税金费率

项目名称	计算基数	费率/%		
		市区	县城、镇	不在市区、县城、镇
税金	税前工程造价	3.38	3.31	3.19

1.2.2.3 费率适用范围

① 一般建筑工程费用标准：适用于工业与民用的新建、改建、扩建的各种建筑物、构筑物等建筑工程。

② 建筑工程土石方、建筑物超高、垂直运输、特大型机械场外运输及一次安拆费用标准：适用于工业与民用建筑工程的土石方（含厂区道路土方）、建筑物超高、垂直运输、特大型机械场外运输及一次安拆等工程项目。

③ 桩基础工程费用标准：适用于工业与民用建筑工程中现场灌注桩和预制桩的工程项目。

1.2.2.4 费用标准

（1）一般建筑工程费用标准（表1-11）

表1-11　一般建筑工程费用标准

序号	费用项目	计费基数	费用标准		
			一类工程	二类工程	三类工程
1	直接费	—	—		
2	企业管理费	直接费中人工费＋机械费	25％	20％	17％
3	利润		14％	12％	10％
4	规费	17％（投标报价、结算时按核准费率计取）			
5	价款调整	按合同确认方式、方法计算			

（2）建筑工程土石方、建筑物超高、垂直运输、特大型机械场外运输及一次安拆费用标准（表1-12）

表1-12　建筑工程土石方、建筑物超高、垂直运输、特大型机械场外运输及一次安拆费用标准

序号	费用项目	计费基数	费用标准
1	直接费	—	—
2	企业管理费	直接费中人工费＋机械费	4％
3	利润		4％
4	规费	7％（投标报价、结算时按核准费率计取）	
5	价款调整	按合同确认方式、方法计算	

（3）桩基础工程基础费用标准（表1-13）

表1-13　桩基础工程基础费用标准

序号	费用项目	计费基数	费用标准	
			一类工程	二类工程
1	直接费	—	—	
2	企业管理费	直接费中人工费＋机械费	9％	8％
3	利润		8％	7％
4	规费	17％（投标报价、结算时按核准费率计取）		
5	价款调整	按合同确认方式、方法计算		

（4）装饰装修工程费用标准（表 1-14）

表 1-14　装饰装修工程费用标准

序号	费用项目	计费基数	费用标准
1	直接费	—	—
2	企业管理费	直接费中人工费＋机械费	18％
3	利润		13％
4	规费		20％（投标报价、结算时按核准费率计取）
5	价款调整	按合同确认方式、方法计算	

1.2.3 定额计价模式下某建设项目计价表格（部分）

如表 1-15～表 1-17 所示。

表 1-15　单位工程造价汇总表

序号	项目名称	计算基础	费用金额/元
1	直接费		1356092.31
2	其中：人工费	各专业合计	371333.90
3	其中：材料费	各专业合计	944866.47
4	其中：机械费	各专业合计	39891.94
5	其中：未计价材料费	各专业合计	
6	其中：设备费		
7	直接费中的人工费＋机械费		411225.84
8	企业管理费	各专业合计	69624.96
9	规费	各专业合计	82309.00
10	利润	各专业合计	44158.65
11	价款调整		
12	其中：价差		
13	其中：独立费		
14	安全生产、文明施工费		67344.49
15	税前工程造价		1619529.41
16	其中：进项税额		131358.47
17	材料费、机械费、设备费价差进项税额		
18	甲供材料、甲供设备的采保费		
19	销项税额		163698.80
20	增值税应纳税额		32340.33
21	附加税费		4365.95
22	税金		36706.28
23	工程造价		1656235.69

表 1-16　增值税进项税额计算汇总表

序号	项目名称	金额/元
1	材料费进项税额	123622.08
2	机械费进项税额	3012.95

序号	项目名称	金额/元
3	设备费进项税额	
4	安全生产、文明施工费进项税额	2020.33
5	其他以费率计算的措施费进项税额	962.47
6	企业管理费进项税额	1740.62

表 1-17 材料、机械、设备增值税计算表（部分）

编码	名称及型号规格	单位	数量	除税系数/%	含税价格/元	含税价格合计/元	除税价/元	除税价格合计/元	进项税额合计/元	销项税额合计/元
AA1C0001	钢筋 φ10mm 以内	t	28.4182	14.25	4290.00	121914.08	3678.67	104541.32	17372.76	11499.55
AA1C0002	钢筋 φ20mm 以内	t	21.6425	14.25	4500.00	97391.25	3858.75	83513	13878.25	9186.43
AA1C0003	钢筋 φ20mm 以外	t	28.3795	14.25	4450.00	126288.78	3815.88	108292.63	17996.15	11912.19
BA2C1016	木模板	m³	2.9008	14.25	2300.00	6671.84	1972.25	5721.1	950.74	629.32
BA2C1018	木脚手板	m³	2.8685	14.25	2200.00	6310.7	1886.50	5411.43	899.27	595.26
BA2C1023	支撑方木	m³	22.2325	14.25	2300.00	51134.75	1972.25	43848.05	7286.70	4823.29
BA2C1027	木材	m³	0.0919	14.25	1800.00	165.42	1543.53	141.85	23.57	15.60
BB1-0101	水泥 32.5	t	56.2115	14.25	360.00	20236.14	308.70	17352.49	2883.65	1908.77
BB1-0102	水泥 42.5	t	131.7728	14.25	390.00	51391.39	334.43	44068.12	7323.27	4847.49
BB3-0129	白水泥	kg	202.6273	14.25	0.66	133.73	0.57	114.67	19.06	12.61
BB9-0002	预拌混凝土 C15	m³	33.3000	2.86	230.00	7659	223.42	7439.95	219.05	818.39
BB9-0003	预拌混凝土 C20	m³	59.3480	2.86	240.00	14243.52	233.14	13836.16	407.36	1521.98
BC1-0002	生石灰	t	39.5587	14.25	290.00	11472.02	248.68	9837.26	1634.76	1082.10
BC3-0030	碎石	t	691.3047	2.86	42.00	29034.8	40.80	28204.4	830.40	3102.48
BC4-0013	中砂	t	629.8344	2.86	30.00	18895.03	29.14	18354.63	540.40	2019.01
BD1-0001	标准砖 240mm× 115mm×53mm	千块	12.6165	14.25	380.00	4794.27	325.85	4111.09	683.18	452.22
BD8-0420	加气混凝土砌块	m³	341.6936	14.25	170.00	58087.91	145.77	49810.38	8277.53	5479.14
BF1-0003	方整石	m³	7.3528	2.86	90.00	661.75	87.43	642.82	18.93	70.71

1.2.4 ▶ 建筑工程定额计价的步骤

① 熟悉设计文件和资料。熟悉施工图纸及有关的标准图集，是进行定额计价的首要环节。其目的是了解建设工程全貌和设计意图，这样才能准确、及时地计算工程量和正确地选套定额项目。

② 收集有关文件和资料。定额计价需要收集有关文件和资料，主要包括施工组织设计、概预算定额、费用定额、材料价格信息、建设工程施工合同、预算计算手册等。这些文件和资料是定额计价必不可少的依据。

③ 列项。即写出组成该工程的各分项工程的名称。对于初搞预算的人员，可以根据概预算定额手册中的各分项工程项目从前到后逐一筛选，以防漏项。列项的正确与否，直接关系到工程计价的准确性。

④ 计算工程量。工程量是编制预算的基本数据，其计算的准确程度直接影响到工程造价，加之计算工程量的工作量很大，而且将影响到与之关联的一系列数据，如计划、统计、劳动力、材料等，因此必须认真细致地进行这项工作。

⑤ 套用定额单价计算直接工程费和措施费。工程量计算经核对无误，且无重复和缺漏，即可进行套用定额单价。

⑥ 工料分析及汇总。根据已经填写好的预算表中的所有分项工程，按分项工程在定额中的编号顺序，逐项从建筑工程消耗量定额中查出各分项工程计量单位对应的各种材料和人工、机械的数量，然后分别乘以该分项工程的工程量，计算出各分项工程的各种材料、人工和机械消耗数量，再按各种不同的材料规格、工种、机械型号，分别汇总，计算出该单位工程所需要的各种材料、人工和机械的总数量。工料分析，一般均以表格形式进行。

⑦ 计算工程造价及计算技术经济指标。在项目工程量、单价经复查均无误后，即可进行各项费用的计算，经逐步汇总即可得单位工程造价。

⑧ 编写编制说明，填计价书封皮、整理计价书。工程造价计算完成后，要写好编制说明，以使各有关方面了解计价依据、编制情况以及存在的问题，考虑处理的办法。另外，根据计价结果填好计价书封皮，并依据定额计价书的一般顺序格式装订成册。

实训项目

对附图进行取费并计算总造价。

项目2 建筑面积计算

任务 2.1 建筑面积的概念及作用

二维码 2.1

2.1.1 建筑面积的概念

建筑面积是指建筑物外墙勒脚以上结构的各层外围水平面积之和。它包括有效面积和结构面积。有效面积是指建筑物各层平面中的净面积之和，例如住宅中的客厅、教学楼中教室的实用面积等；结构面积是指建筑物中墙、柱等所占用的面积之和。

2.1.2 建筑面积的作用

① 它是确定建筑、装饰工程技术经济指针的重要依据。

② 它是计算建筑相关分部分项工程量与有关费用项目的依据。

③ 它是编制、控制与调整施工进度计划和竣工验收的重要指标。

④ 它的计算对于建筑施工企业实行内部经济承包责任制、投标报价编制施工组织设计、配备施工力量、成本核算及物资供应等，都具有重要的意义。

任务 2.2 建筑面积计算规则

根据《建筑工程建筑面积计算规范》（GB/T 50353—2013），计算建筑面积的规定如下。

2.2.1 计算建筑面积的范围

2.2.1.1 单层建筑物建筑面积计算规则

① 单层建筑物建筑面积应按建筑物外墙勒脚以上结构的外围水平面积计算，并符合以下规定：

a. 单层建筑物高度在 2.2m 及以上者应计算全面积，高度不足 2.2m 的应计算 $\frac{1}{2}$ 的面积。

b. 利用坡屋顶空间时，净高超过 2.10m 的部位应计算全面积，净高在 1.20m 至 2.10m 的部位应计算 $\frac{1}{2}$ 的面积，净高不足 1.20m 的部位不应计算建筑面积。

① 单层建筑物的高度指设计室内地面的标高至屋面板板面结构标高之间的垂直距离。当有以屋面板找坡的平屋顶单层建筑物时，其高度指室内地面标高至屋面板最低处板面结构标高之间的垂直距离。

② 净高指楼面或地面至上部楼板底面或吊顶底面之间的垂直距离。

② 单层建筑物内设有部分楼层者，首层建筑面积已包括在单层建筑物内，二层及二层以上的楼层有围护结构的按其结构外围水平面积计算，无围护结构的应按其结构底板水平面积计算。层高在 2.20m 及以上者应计算全面积，层高不足 2.20m 者应计算 $\frac{1}{2}$ 面积。

单层建筑物内设有部分楼层者示意图如图 2-1 所示。

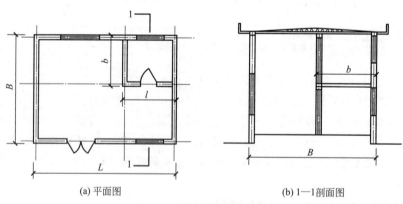

(a) 平面图 (b) 1—1剖面图

图 2-1 单层建筑物示意图

单层建筑物建筑面积计算公式：

$$单层建筑物建筑面积＝一层建筑面积＋局部楼层建筑面积＝LB＋lb \tag{2-1}$$

③ 高低联跨的单层建筑物，需分别计算建筑面积时，应以结构外边线为界分别计算。高低跨单层建筑物示意图如图 2-2 所示。

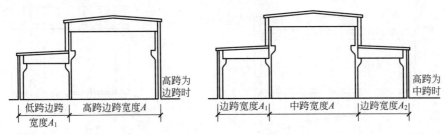

图 2-2　高低跨单层建筑物示意图

2.2.1.2　多层建筑物建筑面积计算规则

① 多层建筑物建筑面积，按各层建筑面积之和计算，其首层建筑面积按外墙勒脚以上结构的外围水平面积计算，2 层及 2 层以上按外墙结构的外围水平面积计算。层高在 2.20m 及以上者应计算全面积，层高不足 2.20m 者应计算 $\frac{1}{2}$ 面积。

② 同一建筑物如结构、层数不同时，应分别计算建筑面积。例如某房屋 1～2 层为框架结构，3～5 层为砖混结构，则 1 层、2 层和 3 层、4 层、5 层建筑面积应分别计算。

2.2.1.3　地下建筑物（图 2-3）建筑面积计算规则

地下室、半地下室（地下车间、仓库、商店、车站，地下指挥部等），包括相应的有永久性顶盖的入口，按其外墙上口（不包括采光井、防潮层及其保护墙）外边线所围水平面积计算。层高在 2.20m 及以上者应计算全面积，层高不足 2.20m 者应计算 $\frac{1}{2}$ 面积。

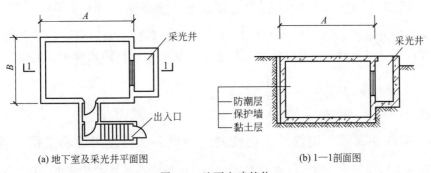

(a) 地下室及采光井平面图　　　　　　(b) 1—1 剖面图

图 2-3　地下室建筑物

注：各种地下室的建筑面积均按露出地面的外墙所围水平面积计算，采光井、外墙防潮层及其保护墙不计算建筑面积。

2.2.1.4　坡地建筑物的吊脚架空层和深基础地下架空层（图 2-4）建筑面积计算规则

① 建于坡地的建筑物利用吊脚空间设置架空层和深基础地下架空层有围护结构并设计加以利用时，其层高超过 2.2m 及以上者，按围护结构外围水平面积计算建筑面积。

② 层高≤2.2m 的架空层计算 $\frac{1}{2}$ 外围水平面积。

③ 设计加以利用但无围护结构的坡地的建筑物利用吊脚空间设置架空层和深基础地下

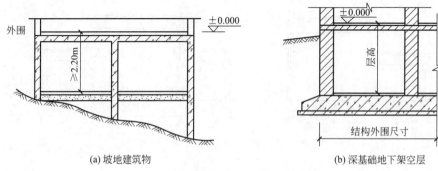

(a) 坡地建筑物　　　　　　　　　　　　(b) 深基础地下架空层

图 2-4　坡地建筑物及深基础地下架空层

架空层，应按其利用部位水平面积计算 $\frac{1}{2}$ 面积。

④ 加以利用的架空层计算建筑面积，不利用的架空层不计算建筑面积。

注：坡地建筑物的吊脚架空层和深基础地下架空层指建筑物深基础。

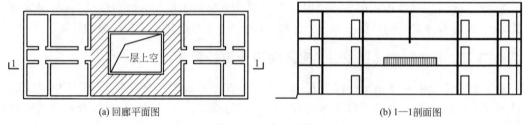

(a) 回廊平面图　　　　　　　　　　　　(b) 1—1剖面图

图 2-5　回廊示意图

2.2.1.5　通道、门厅、大厅、回廊（图2-5）建筑面积计算规则

穿过建筑物的通道，建筑物内的门厅、大厅，不论其高度如何均按一层建筑面积计算。门厅、大厅内设有回廊时，按其结构底板的水平投影面积计算建筑面积。层高在 2.20m 及以上者应计算全面积，层高不足 2.20m 者应计算 $\frac{1}{2}$ 面积。

注：回廊指在建筑物 2 层及以上的层次沿大厅内四周布置的环行走廊。

2.2.1.6　室内楼梯间、电梯井、提物井、垃圾道、管道井建筑面积计算规则

建筑物室内楼梯间、电梯井、提物井、垃圾道、管道井等均按建筑物的自然层（自然层指楼层的楼层数）计算建筑面积。

注：商场内滚动电梯不能按自然层计算建筑面积。

2.2.1.7　立体书库、立体仓库、立体车库建筑面积计算规则

① 立体书库、立体仓库、立体车库无结构的应按一层计算。

② 立体书库、立体仓库设有结构层的，按结构层计算建筑面积。层高在 2.20m 及以上者应计算全面积，层高不足 2.20m 者应计算 $\frac{1}{2}$ 面积。

二维码 2.2

2.2.1.8　舞台灯光控制室建筑面积计算规则

有围护结构的舞台灯光控制室，按其围护结构外围水平面积乘以层数计算建筑面积。层

高在 2.20m 及以上者应计算全面积，层高不足 2.20m 者应计算 $\frac{1}{2}$ 面积。

2.2.1.9　雨篷建筑面积计算规则

有柱雨篷应按其结构板水平投影面积的 1/2 计算建筑面积；无柱雨篷的结构外边线至外墙结构外边线的宽度在 2.10m 及以上的，应按雨篷结构板的水平投影面积的 1/2 计算建筑面积。

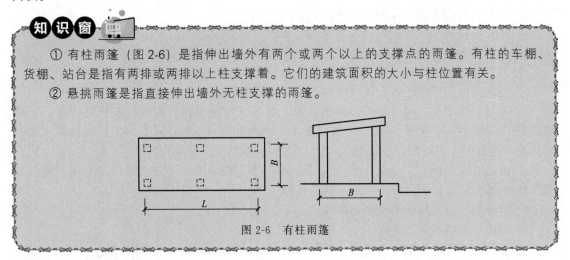

知识窗

① 有柱雨篷（图 2-6）是指伸出墙外有两个或两个以上的支撑点的雨篷。有柱的车棚、货棚、站台是指有两排或两排以上柱支撑着。它们的建筑面积的大小与柱位置有关。

② 悬挑雨篷是指直接伸出墙外无柱支撑的雨篷。

图 2-6　有柱雨篷

2.2.1.10　楼梯间、水箱间、电梯机房建筑面积计算规则

建筑物屋面上部有围护结构的楼梯间、水箱间、电梯机房等，按围护结构外围水平面积计算建筑面积。层高在 2.20m 及以上者应计算全面积，层高不足 2.20m 者应计算 $\frac{1}{2}$ 面积。

2.2.1.11　有永久性顶盖室外楼梯建筑面积计算规则

① 应按建筑物自然层的水平投影面积的 $\frac{1}{2}$ 计算。

② 若最上一层无永久性顶盖，或不能完全遮盖楼梯的雨篷，最上一层不计算建筑面积，上层楼梯可视为下层楼梯的永久性顶盖，下层楼梯应计算建筑面积。

2.2.1.12　门斗、眺望间、观望电梯间、阳台、橱窗、挑廊、走廊、飘窗等建筑面积计算规则

① 建筑物外有围护结构的门斗、眺望间、观望电梯间、阳台、橱窗、挑廊、走廊等，按其围护结构外围水平面积计算建筑面积。

② 建筑物外有柱和顶盖走廊、檐廊，按柱外围水平面积计算建筑面积。

③ 有盖无柱的走廊、檐廊挑出墙外宽度在 1.5m 以上时，按其顶盖投影面积的 1/2 计算建筑面积。

④ 在主体结构内的阳台，应按其结构外围水平面积计算全面积；在主体结构外的阳台，应按其结构底板水平投影面积计算 1/2 面积。

⑤ 建筑物间有顶盖的架空走廊，按其顶盖水平投影面积计算建筑面积。

⑥ 建筑物内变形缝、沉降缝等，凡缝宽在300mm以内者，均依其缝宽按自然层计算建筑面积，并入建筑物建筑面积之内计算。

⑦ 窗台与室内楼地面高差在0.45m以下且结构净高在2.10m及以上的凸（飘）窗，应按其围护结构外围水平面积计算1/2面积。

2.2.2 不计算建筑面积的范围

① 与建筑物内不相连通的建筑部件。

② 骑楼、过街楼底层的开放公共空间和建筑物通道。

③ 舞台及后台悬挂幕布和布景的天桥、挑台等。

④ 露台、露天游泳池、花架、屋顶的水箱及装饰性结构构件。

⑤ 建筑物内的操作平台、上料平台、安装箱和罐体的平台。

⑥ 勒脚、附墙柱、垛、台阶、抹灰墙面、装饰面、镶贴块料面层、装饰性幕墙，主体结构外的空调室外机搁板（箱）、构件、配件，挑出宽度在2.1m以下的无柱雨篷和顶盖高度达到或超过两个楼层的无柱雨篷。

⑦ 窗台与室内地面高差在0.45m以下且结构净高在2.10m以下的凸（飘）窗，窗台与室内地面高差在0.45m及以上的凸（飘）窗。

⑧ 室外爬梯、室外专用消防钢楼梯。

⑨ 无围护结构的观光电梯。

⑩ 建筑物以下的地下人防通道，独立的烟囱、烟道、地沟、油（水）罐、气柜、水塔、贮油（水）池、贮仓、栈桥等构筑物。

任务2.3 技能训练

案例 2-1 某住宅楼平面图如图2-7所示。已知内外墙厚均为240mm，层高3m，设有悬挑雨篷及非封闭阳台，试计算其建筑面积。

分析

① 建筑物的建筑面积应按自然层外墙结构外围水平面积之和计算。结构层高在2.20m及以上的，应计算全面积；结构层高在2.20m以下的，应计算1/2面积。

② 有柱雨篷应按其结构板水平投影面积的1/2计算建筑面积；无柱雨篷的结构外边线至外墙结构外边线的宽度在2.10m及以上的，应按雨篷结构板的水平投影面积的1/2计算建筑面积。此图中雨篷悬挑长度为1.5m，因此不计算建筑面积。

③ 在主体结构内的阳台，应按其结构外围水平面积计算全面积；在主体结构外的阳台，应按其结构底板水平投影面积计算1/2面积。此图中阳台为结构外阳台，因此计算1/2面积。

解

① 房屋建筑面积 S_1。

S_1 按照外墙勒脚以上结构外围水平面积计算，则有：

$$S_1 = (3 + 3.6 \times 2 + 0.12 \times 2) \times (4.8 \times 2 + 0.12 \times 2) + (1.5 + 0.12 - 0.12) \times (2.4 + 0.12 \times 2)$$

$$= 102.73 + 3.96 = 106.69(\text{m}^2)$$

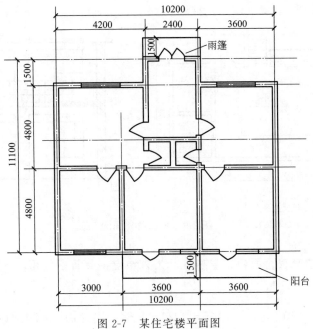

图 2-7　某住宅楼平面图

② 非封闭阳台建筑面积 S_2。

S_2 按水平投影面积的 1/2 计算，则有：

$$S_2 = \frac{1}{2} \times (3.6 + 3.6) \times 1.5 = 5.4 (\text{m}^2)$$

③ 雨篷悬挑长度小于 2.1m，不计算建筑面积。

④ 则该住宅楼的总建筑面积 S：

$$S = S_1 + S_2 = 106.69 + 5.4 = 112.09 (\text{m}^2)$$

> **案例 2-2**　某单层建筑物墙厚 240mm，坡屋顶的平面及立体图如图 2-8 所示，计算其建筑面积。

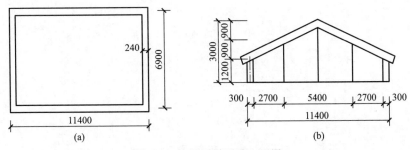

图 2-8　坡屋顶平面及立面图

分析　利用坡屋顶空间时，净高超过 2.10m 的部位应计算全面积，净高为 1.20～2.10m 的部位应计算 $\frac{1}{2}$ 的面积，净高不足 1.20m 的部位不应计算建筑面积。

解　$S = 5.4 \times (6.9 + 0.24) + (2.7 + 0.3) \times (6.9 + 0.24) \times 0.5 \times 2 = 59.98 (\text{m}^2)$

> **案例 2-3**　计算图 2-9 所示建筑物的建筑面积。

分析　门厅、大厅内设有回廊时，按其结构底板的水平投影面积计算建筑面积。层高

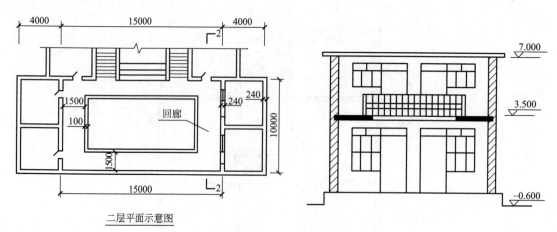

二层平面示意图

图 2-9　平面及立面图

在 2.20m 及以上者应计算全面积，层高不足 2.20m 者应计算 $\frac{1}{2}$ 面积。

解
$$S_{大厅} = (15 - 0.24) \times (10 - 0.24)$$

$S_{回廊} = (15 - 0.24) \times (10 - 0.24) - (15 - 0.24 - 1.6 \times 2) \times (10 - 0.24 - 1.6 \times 2) = 68.22(\text{m}^2)$

或　$S = (15 - 0.24) \times 1.6 \times 2 + (10 - 0.24 - 1.6 \times 2) \times 1.6 \times 2 = 68.22(\text{m}^2)$

注：1.6m = 1.5m + 0.1(墙厚)

实训项目

计算附图的建筑面积。

项目3 土石方工程

任务 3.1 土石方工程量计算

土石方工程主要包括平整场地、挖土、填土、运土、地基钎探等项目。

3.1.1 平整场地

平整场地工程量按建筑物（或构筑物）的底面积计算，包括有基础的底层阳台面积。围墙按中心线每边各增加 1m 计算。道路及室外管道沟不计算平整场地。平整场地示意图如图 3-1 所示。

工程量计算公式：

$$\text{平整场地工程量} = ab \tag{3-1}$$

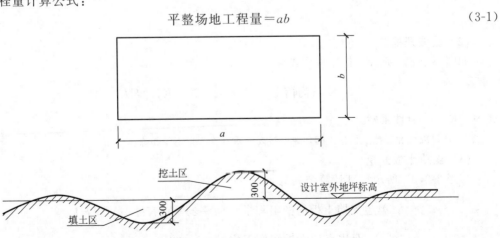

图 3-1　平整场地示意图

平整场地是指厚度在±30cm以内的就地挖、填找平。

3.1.2 挖土方

挖土方可划分为沟槽、地坑、土方。

3.1.2.1 沟槽开挖工程量计算

（1）不放坡不支挡土板开挖

指沟槽的开挖深度不超过表2-1放坡起点深度，如图3-2(a) 所示，其计算公式为：

$$沟槽挖土方量=(a+2c)HL \tag{3-2}$$

式中 a——图示基础垫层的宽度；

c——每边各增加工作面宽度；

H——所挖沟槽的深度，沟槽、基坑深度，按图3-2(a) 所示槽、坑底面至室外地坪深度计算；

L——所挖沟槽的长度。

挖沟槽长度L，外墙沟槽长度按图3-2(a) 所示尺寸的中心线计算；内墙沟槽长度按图3-2(a) 所示尺寸的沟槽净长线计算。其突出部分应并入沟槽工程量内计算。

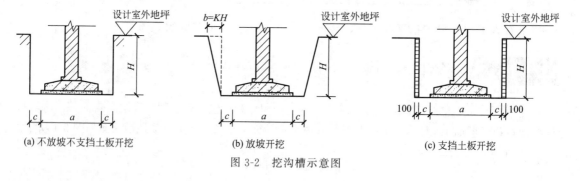

(a) 不放坡不支挡土板开挖　　(b) 放坡开挖　　(c) 支挡土板开挖

图 3-2　挖沟槽示意图

（2）放坡开挖

如图3-2(b) 所示，其计算公式为：

$$放坡沟槽工程量=(a+2c+KH)HL \tag{3-3}$$

式中 K——放坡系数。

注：计算放坡和支挡土板挖土时，在交接处的重复工程量不予扣除。

（3）支挡土板开挖

如图3-2(c) 所示，其计算公式为：

$$单边支挡土板沟槽工程量=\left(a+2c+\frac{1}{2}KH+0.1\right)HL \tag{3-4}$$

$$双边支挡土板沟槽工程量=(a+2c+0.2)HL \tag{3-5}$$

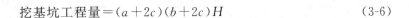

3.1.2.2　地坑开挖工程量计算

（1）不放坡不支挡土板开挖

此时所挖基坑是一长方体或圆柱体。

二维码 3.2

当为长方体时：

$$挖基坑工程量 = (a+2c)(b+2c)H \tag{3-6}$$

当为圆柱体时：

$$挖基坑工程量 = \pi r^2 H \tag{3-7}$$

（2）放坡开挖

当为棱台时：

$$挖基坑工程量 = (a+2c+KH)(b+2c+KH)H + \frac{1}{3}K^2 H^3 \tag{3-8}$$

当为圆台时：

$$挖基坑工程量 = \frac{1}{3}\pi H(r^2+rR+R^2) \tag{3-9}$$

式中　a——垫层的长度；

　　　b——垫层的宽度；

　　　c——工作面宽度；

　　　H——挖土的深度，同挖沟槽确定方法相同；

　　　R——圆台坑上口半径，$R =$ 圆台半径 $+c+KH$；

　　　r——圆台坑底半径，$r =$ 圆台半径 $+c$。

3.1.2.3　土方开挖工程量计算

计算公式与挖基坑相同。

① 术语解释。

a. 土方：凡挖土厚度在 30cm 以上，坑底宽度在 3m 以上及坑底面积在 20m² 以上的挖土为挖土方。

b. 沟槽：凡槽底宽度在 3m 以内，且槽长大于槽宽三倍的为沟槽。

c. 地坑：凡图示底面积在 20m² 以内的挖土为挖地坑。

d. 挡土板：挖沟槽、地坑需支挡土板时，其宽度按图示沟槽、地坑底宽，单面加 10cm、双面加 20cm 计算。支挡土板不再计算放坡。

② 放坡系数的确定。土石方工程施工时，如果挖土较深，为了防止土壁坍塌，保持边壁稳定，一般土壁要放坡或支挡土板。

放坡系数用 K 表示：

$$K = D/H \tag{3-10}$$

式中　H——挖土深度；

　　　D——边坡上口一侧放坡宽度。

挖沟槽、地坑、土方需放坡者，可按表 3-1 规定的放坡起点及放坡系数计算工程量。

表 3-1　土方工程放坡系数表

土壤类别	放坡起点/m	人工挖土	机械挖土	
			在坑内作业	在坑上作业
一、二类土	1.20	1：0.50	1：0.33	1：0.75
三类土	1.50	1：0.33	1：0.25	1：0.67
四类土	2.00	1：0.25	1：0.10	1：0.33

　　放坡起点，混凝土垫层由垫层底面开始放坡，灰土垫层由垫层上表面开始放坡，无垫层的由底面开始放坡。计算放坡时，在交接处的重复工程量不予扣除。因土质不好，地基处理采用挖土、换土时，其放坡点应从实际挖深开始。

　　③ 挖土工作面的确定。基础工程施工中需要增加的工作面，可按表 3-2 中的规定计算。

表 3-2　基础施工所需工作面宽度

基 础 材 料	每边各增加工作面宽度/mm
砖基础	200
浆砌毛石、条石基础	300
混凝土基础垫层支模板	300
混凝土基础支模板	300
基础垂直面做防水层	800（防水层面）
搭设脚手架	1200

注：以上多种情况同时存在时按较大值计算。

　　④ 机械挖土中需人工辅助开挖（包括切边、修整底边），人工挖土按批准的施工组织设计确定的厚度计算，无施工组织设计的人工挖土厚度按 30cm 计算，套用人工挖土相应项目乘以系数 1.50。

　　⑤ 人工挖沟槽、地坑深超过 3m 时应分层开挖，底分层按深 2m、层间每侧留工作台 0.8m 计算。

3.1.3　回填土

　　回填分为基础回填和房心回填。

3.1.3.1　基础回填

　　指基础工程完成后，将槽、坑四周未做基础部分进行回填至设计地坪标高。基础回填土必须夯填密实，工程量计算公式为：

二维码 3.3

基础回填土工程量＝挖土体积－室外地坪以下埋设的基础、垫层等所占的体积　　（3-11）

3.1.3.2 房心回填

$$房心回填土工程量＝主墙间净面积×回填土厚度 \qquad (3-12)$$

主墙是指混凝土墙厚≥100mm，砌体墙厚≥180mm 的墙体。

$$回填土厚度＝设计室内外标高差－地面垫层、找平层、面层的厚度 \qquad (3-13)$$

3.1.4 运土

$$余土（或取土）外运体积＝挖土总体积－回填土总体积 \qquad (3-14)$$

计算结果为正值时为余土外运体积，负值时为取土体积。

注：挖出的土如部分用于灰土垫层时，这部分土的体积在余土外运工程量中不予扣除。

土方运距，按以下规定计算：

① 推土机推土运距按挖方区重心至回填区重心之间的直线距离计算。

② 铲运机运土运距按挖方区重心至卸土区重心加转向距离45m计算。

③ 自卸汽车运土运距按挖方区重心至填土区（或堆放地点）重心的最短距离计算。

3.1.5 地基钎探

钎探工程量按槽底面积以"m^2"计。

任务3.2 土石方工程计价

3.2.1 人工土石方

① 人工挖土方、沟槽、基坑项目深度最深为 6m，超过 6m 时，超过部分土方量套用 6m 以内项目乘以系数 1.25。

② 人工挖淤泥、流沙深度超过 1.5m 时，超过部分工程量按垂直深度每 1m 折合成水平运距 7m 计算，深度按坑底至地面的全高计算。

③ 在挡土板支撑下挖土方时，按实际挖土体积（扣除桩所占体积），人工乘以系数 1.43。

④ 人工挖桩间土方时，按实际挖土体积（扣除桩所占体积），人工乘以系数 1.50。

⑤ 场地竖向布置挖、填、找平土方时，不再计算平整场地工程量。

⑥ 回填灰土适用于地下室墙身外侧的回填、夯实。

3.2.2 机械土石方

① 土石方机械按单种机械不同规格划分。

② 编制标底、最高限价时，机械土石方按常用机械规格考虑。

③ 推土机推土、推石渣，铲运机铲运土重车上坡时，如果坡度在 5% 以上，人力及人力车运土、石方上坡坡度在 15% 以上，其运距按坡度区段斜长乘以表 3-3 中的系数计算。

表 3-3　系数

项目	推土机、铲运机				人力及人力车
坡度	5%以上、10%以内	15%以内	20%以内	25%以内	15%以内
系数	1.75	2.00	2.25	2.50	5.00

④ 土石方运输中机具上坡（坡度在 5% 以内）降效因素，已综合在相应的运输项目中，不再另行计算。

⑤ 机械挖土中需人工辅助开挖（包括切边、修整底边），人工挖土按批准的施工组织设计确定的厚度计算，无施工组织设计的人工挖土厚度按 30cm 计算，套用人工挖土相应项目乘以系数 1.50。

⑥ 挖掘机挖松散土时，套用挖土方一、二类土相应项目乘以系数 0.70。

⑦ 机械挖桩间土时，按实际挖土体积（扣除桩所占体积），相应项目乘以系数 1.50。

⑧ 自卸汽车运土，使用反铲挖掘机装车，自卸汽车运土台班数量乘以系数 1.10。

⑨ 装载机装淤泥、流沙套用装载机装土方相应项目乘以系数 1.50。

⑩ 机械运淤泥、流沙套用机械运土方相应项目乘以系数 1.50。

⑪ 建筑垃圾装运仅适用于掺有砖、瓦、砂、石等的垃圾装运，其工程量以自然堆积方乘以系数 0.80 计算。

⑫ 装载机装石渣套用装载机装建筑垃圾相应项目乘以系数 1.80。

⑬ 灰土碾压适用于地基处理工程。

⑭ 推土机推土或铲运机铲运土土层平均厚度小于 300mm 时，推土机台班用量乘以系数 1.25；铲运机台班用量乘以系数 1.17。

⑮ 挖掘机在垫板上进行作业时，人工、机械乘以系数 1.25，项目中不包括垫板铺设所需的工料、机械消耗，发生时另行计算。

⑯ 推土机、铲运机推、铲未经压实的堆积土时，套用相应项目乘以系数 0.73。

任务 3.3 技能训练

案例 3-1 某建筑物基础平面图如图 3-3 所示，外墙为 370 墙，内墙为 240 墙，三类土，C10 混凝土垫层，人工挖土，计算平整场地及挖沟槽的工程量并计算分项工程价格。

分析 平整场地工程量按建筑物底面积计算。挖沟槽工程量的计算，先确定是否需要放坡，根据土的类别和挖土深度可以确定需要放坡，放坡系数为 0.33；根据基础材料确定工作面宽度为 20cm；计算外墙下挖沟槽工程量用公式，放坡沟槽工程量 $=(a+2c+KH)HL$，注意外墙中心线长度与轴线没有重合，轴线需向外偏 0.06m 才是外墙中心线的位置，内墙一共 5 道要分别计算。

解

① 平整场地工程量：$(12+0.24\times2)\times(10.2+0.24\times2)=133.29(m^2)$

② 挖沟槽工程量：

二维码 3.4

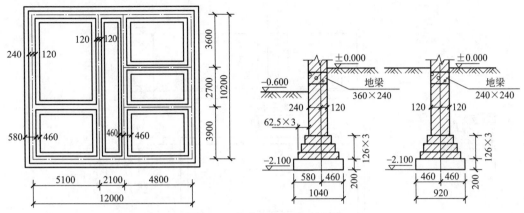

图 3-3　某建筑物基础平面图

外墙下沟槽长度 L 外 $= (12 + 0.06 \times 2 + 10.2 + 0.06 \times 2) \times 2 = 44.88(\text{m})$

内墙下沟槽长度：

$$L_内 = (10.2 - 0.46 \times 2 - 0.2 \times 2) \times 2 + (5.1 - 0.46 \times 2 - 0.2 \times 2) +$$
$$(4.8 - 0.46 \times 2 - 0.2 \times 2) \times 2 = 28.5(\text{m})$$

外墙挖沟槽工程量 $= (1.04 + 2 \times 0.2 + 0.33 \times 1.5) \times 1.5 \times 44.88 = 130.26(\text{m}^3)$

内墙挖沟槽工程量 $= (0.92 + 2 \times 0.2 + 0.33 \times 1.5) \times 1.5 \times 28.5 = 77.59(\text{m}^3)$

挖沟槽工程量 $= 130.26 + 77.59 = 207.85(\text{m}^3)$

③ 分项工程价格计算如表 3-4 所示。

表 3-4　土方工程计价表

序号	定额编码	项目名称	单位	工程量	单价/元	合价/元
1	A1-15	人工挖沟槽（2m 以内）三类土	100m³	2.08	2435.07	5064.95
2	A1-39	平整场地	100m³	1.33	142.88	190.03
6		合计				5254.98

案例 3-2　如图 3-4 所示，柱基础图 J-1，已知设计室外地坪标高为 − 0.300m，三类干土（按河北省土壤分类表），反铲挖掘机（斗容量 1.0）坑上开挖，机械钎探。因场地狭窄，挖土全部装车用自卸汽车（载重 12t）运走，运距 2300m，施工组织设计未注明人工挖土深度，根据 2012 年《全国统一建筑工程基础定额河北省消耗量定额》计算挖土工程量、运土工程量、钎探工程量并套定额。

分析

① 2012 年《全国统一建筑工程基础定额河北省消耗量定额》规定基础需要增加的工作面和挖沟槽、地坑、土方需放坡增加的土方量并入土方工程量。

② 机械挖土中需人工辅助开挖（包括切边、修整底边），套用人工挖土相应项目乘以系数 1.50。挖土深度按挖土全高计算。施工组织设计未明确人工挖土厚度，人工挖土按 30cm 计算。

③ 自卸汽车运上，使用反铲挖掘机装车，自卸汽车运土（起步子目）台班乘以系数 1.10。

④ 钎探工程量按槽底面积以 "m²" 计。

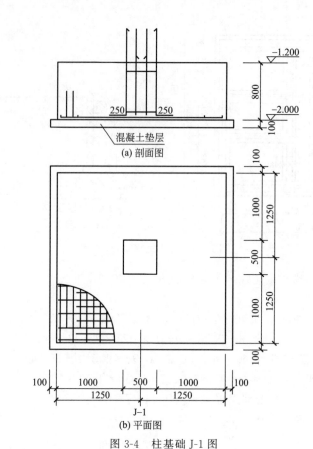

图 3-4　柱基础 J-1 图

解

① 坑底边长 $L = 1.25 \times 2 + 0.1 \times 2 + 0.3 \times 2 = 3.3$（m）

② 上口边长：

$$L = 1.25 \times 2 + 0.1 \times 2 + 0.3 \times 2 + (2.1 - 0.3) \times 0.67 \times 2 = 5.712 (\text{m})$$

③ 距坑底 30cm 处边长：

$$L = 1.25 \times 2 + 0.1 \times 2 + 0.3 \times 2 + 0.3 \times 0.67 \times 2 = 3.702 (\text{m})$$

④ 机械挖土量：

$$V = 1.5/3 \times (3.702^2 + 5.712^2 + 3.702 \times 5.712) = 33.74 (\text{m}^3)$$

⑤ 人工挖地坑量：

$$V = 0.3/3 \times (3.3^2 + 3.702^2 + 3.3 \times 3.702) = 3.68 (\text{m}^3)$$

⑥ 机械钎探工程量：

$$S = 2.5 \times 2.5 = 6.25 (\text{m}^2)$$

套定额如表 3-5 所示。

表 3-5　土方工程计价表

序号	定额编码	项目名称	单位	工程量	单价/元	合价/元
1	A1-126	反铲挖掘机（斗容量 1.0m³）装车三类土	1000m³	0.034	4037.73	136.23
2	A1-27×1.5	人工挖地坑三类土深度（2m 以内）	100m³	0.037	4301.91	159.17
3	A1-167×1.1	自卸汽车（载重 12t）运距 1km 以内	1000m³	0.037	8921.57	330.10

序号	定额编码	项目名称	单位	工程量	单价/元	合价/元
4	A1-168×2	自卸汽车(载重 12t)20km 以内每增加 1km	1000m³	0.037	3715.02	137.46
5	A1-241	机械钎探	100m²	0.063	345.22	21.58
6		合计				784.53

实训项目

计算附图中的土石方项目工程量及价格。

项目4 桩与地基基础工程

知识目标

- 掌握桩与地基基础的工程量计算规则
- 掌握桩与地基基础的定额套用

技能目标

- 会计算预制桩及灌注桩的工程量
- 会计算预制桩及灌注桩的价格

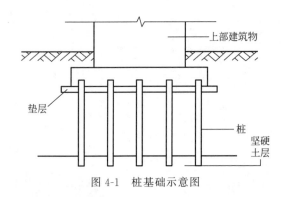

图 4-1　桩基础示意图

桩基础是一种常见的基础形式，当荷载较大不能在天然地基上做基础时，往往采用桩基础。桩基础由桩身和承台组成，其形式见图 4-1。

桩基础按施工方法分为预制桩和灌注桩。预制桩是把预制好的钢筋混凝土桩，用打桩机打入地下，作为基础承重结构。灌注桩是先从地面钻孔或挖孔成型，成型孔内放入钢筋并灌注混凝土制成桩。

任务 4.1　桩基工程量计算

二维码 4.1

4.1.1　预制钢筋混凝土桩工程量的计算

（1）打桩

打预制钢筋混凝土桩按设计桩长（包括桩尖）以延长米计算。如管桩的空心部分按设计要求灌注混凝土或其他填充材料时，应另行计算。桩示意图见图 4-2。

计算公式：

$$预制混凝土方桩的工程量 = abLN \tag{4-1}$$

$$预制混凝土管桩的工程量 = \pi(R^2 - r^2)LN \tag{4-2}$$

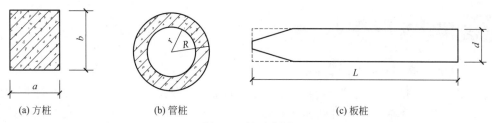

(a) 方桩	(b) 管桩	(c) 板桩

图 4-2　桩示意图

$$预制混凝土板桩的工程量 = dtLN \qquad (4\text{-}3)$$

式中　L——桩长；

N——桩的根数；

a——方桩截面的长；

b——方桩截面的宽；

R——管桩截面外半径；

r——管桩截面内半径；

d——板桩截面的长；

t——板桩截面的厚。

（2）送桩

按送桩长度以延长米计算（即打桩架底至桩顶面高度或自桩顶面至自然地坪面另加 0.50m 计算）。送桩后孔洞如需回填时，按"土石方工程"相应项目计算。

计算公式：

$$送桩工程量 = 桩的断面面积 \times 送桩长度 \qquad (4\text{-}4)$$

（3）接桩

电焊接桩按设计接头，以个计算。

在打桩过程中有时要求将桩顶面打到低于桩架操作平台以下，或由于某种原因要求将桩顶面打入自然地面以下，这时桩锤就不能直接触击到桩头，因而需要用送桩器加在桩帽上以传递桩锤的力量，使桩锤将桩打到要求的位置，最后将送桩器拔出，这一过程叫送桩（图 4-3）。

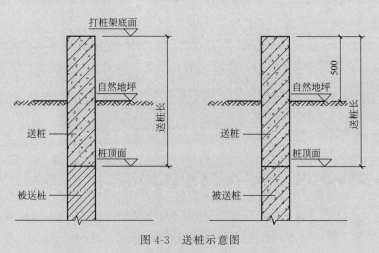

图 4-3　送桩示意图

4.1.2 灌注桩工程量的计算

① 钻孔灌注混凝土桩工程量按下列规定计算：

a.钻孔按实钻孔深以"m"计算，灌注混凝土按设计桩长（包括桩尖，不扣除桩尖虚体积）与超灌长度之和乘以设计桩断面面积以"m³"计算。超灌长度设计有规定的，按设计规定；设计无规定的，按0.25m计算。

b.泥浆制作及运输按成孔体积以"m³"计算。

c.注浆管按打桩前的自然地坪标高至设计桩底标高的长度另加0.25m计算。

d.注浆按设计注入水泥用量计算。

e.锯桩头按个计算，凿桩头按剔除截断长度乘以桩截面面积以"m³"计算。

② 人工挖孔混凝土桩按下列规定计算。

a.挖土按实挖深度乘以设计桩截面面积以"m³"计算：

b.护壁混凝土按设计图示尺寸以"m³"计算。

c.扩大头如需锚杆支护时，另行计算。

d.人工挖孔混凝土桩从桩承台以下，按设计图示尺寸以"m³"计算。

③ 打孔（沉管）灌注桩按下列规定计算：

a.混凝土桩、砂桩、砂石桩、碎石桩的体积，按设计的桩长（包括桩尖，不扣除桩尖虚体积）乘以设计规定桩断面面积以"m³"计算；设计无规定时，桩径按钢管管箍外径计算。

b.打孔后先埋入预制混凝土桩尖，再灌注混凝土者，桩尖按"混凝土及钢筋混凝土工程"相应项目计算。

c.桩按设计长度（自桩尖顶面至桩顶面高度）乘以钢管管箍外径截面面积以"m³"计算。

④ 深层搅拌桩、喷粉桩、振冲碎石桩、夯扩灌注桩按设计桩长乘以设计断面面积以"m³"计算。振冲碎石桩填料调整量项目，按下列公式计算：

$$填料调整量＝实际桩口填料量体积－1.35×设计振冲桩体积 \qquad (4-5)$$

碎石密度取定为1.48t/m³。

⑤ 钢护筒的工程量按护筒的设计质量计算（护筒长度按施工规范或施工组织设计计算）。设计质量为加工后的成品质量。设计无明确规定，按表4-1所示质量计算。

表4-1 不同桩径对应的每米护筒质量

桩径/cm	60	80	100	120	150
每米护筒质量/(kg/m)	112.29	136.94	167.00	231.39	280.10

⑥ 钢筋笼制作按图示尺寸及施工规范并考虑搭接以"t"计算。接头数量按设计规定计算，设计图纸未作规定的，直径10mm以内按每12m一个接头；直径10mm以上至25mm以内按每10m一个接头；直径25mm以上按每9m一个接头计算。搭接长度按规范及设计规定计算。钢筋笼安装区别不同长度按相应项目计算。

知识窗

① 各种灌注桩材料用量中均已包括表 4-2 中规定的充盈系数和材料损耗。其中灌注砂石桩除上述充盈系数和损耗率外，还包括级配密实度系数 1.334。

② 泥浆制作是按普通泥浆考虑的，若需采用膨润土制作泥浆时，可按施工组织设计据实结算。

表 4-2　充盈系数和损耗率

项目名称	充盈系数	损耗率/%	项目名称	充盈系数	损耗率/%
打孔灌注混凝土桩	1.25	1.5	打孔灌注碎石桩	1.30	3
钻孔灌注混凝土桩	1.30	1.5	打孔灌注砂石桩	1.30	3
打孔灌注砂桩	1.30	3	振冲碎石桩	1.35	2

任务 4.2　桩基工程计价

① 本任务打预制管桩项目均未包括接桩，接桩按设计要求另套相应项目。

② 单位工程打桩或灌注桩成孔工程量在表 4-3 规定数量以内时，其人工、机械按相应项目乘以系数 1.25。

表 4-3　单位工程打（灌注）桩工程量

项　　目	单位工程的工程量/m³
钢筋混凝土管桩	300
钢筋混凝土板桩	50
各类灌注桩	80

③ 焊接桩接头钢材用量设计与项目不同时，可按设计用量换算。

④ 试验桩（含锚桩）按相应项目的人工、机械乘以系数 2.00 计算。

⑤ 打桩、成孔桩间净距小于 4 倍桩径的，项目中的人工、机械乘以系数 1.13。

⑥ 本任务打预制桩是按垂直桩编制的，如打斜桩，斜度在 1∶6 以内者，项目人工、机械乘以系数 1.20，如斜度大于 1∶6 者，项目人工、机械乘以系数 1.30。

⑦ 本任务以平地（坡度小于 15°）打桩为准，如在堤坡上（坡度大于 15°）打桩，项目人工、机械乘以系数 1.15。如在基坑内（基坑深度大于 1.50m）打桩，或者在地坪上打坑槽内桩（坑槽深度大于 1m），项目人工、机械乘以系数 1.11。如铺设坡道其费用另行计算。

⑧ 注浆管埋设定额按桩底注浆考虑，如设计采用侧向注浆时，则人工、机械乘以系数 1.20。

⑨ 送桩时，按打桩相应项目人工、机械乘表 4-4 规定的系数计算。

表 4-4　送桩深度系数表

送桩深度	2m 以内	4m 以内	4m 以上
系数	1.25	1.43	1.67

任务 4.3 技能训练

案例 4-1 图 4-4 为预制钢筋混凝土桩，现浇承台基础示意图，计算桩基的打桩和送桩 (30 个)。

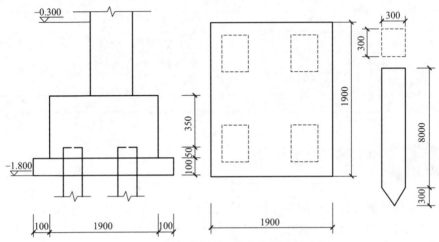

图 4-4 预制钢筋混凝土桩现浇承台基础图

分析 打预制钢筋混凝土桩按设计桩长（包括桩尖）以延长米计算。

解

① 预制桩图示工程量：

$$V_{图} = (8.0 + 0.3) \times 0.3 \times 0.3(m^3) \times 4(根) \times 30(个) = 89.64(m^3)$$

② 打桩工程量：$V_{打} = V_{图} = 89.64 m^3$

③ 送桩工程量：$V_{送} = (1.8 - 0.3 - 0.15 + 0.5) \times 0.3 \times 0.3 \times 4 \times 30(m^3) = 19.98(m^3)$

二维码 4.2

项目5 砌筑工程

任务 5.1 砌筑工程量计算

砌筑工程划分为砌砖、砌石和砖石砌的构筑物，包含了砖石基础、砖石墙、砌块墙、围墙、砖柱、砖过梁、零星砌体及砌体加筋等定额项目。

5.1.1 砖基础

砖基础工程量按体积以立方米计算，其计算公式为：

条形基础的工程量＝基础断面积×基础的长度＋增加的体积－扣除的体积

$$(5-1)$$

二维码 5.1

基础长度：外墙墙基长度按外墙中心线长度计算；内墙墙基长度按内墙净长线计算。

$$基础断面积＝基础墙墙厚×基础厚度＋大放脚增加面积 \quad (5-2)$$
$$＝基础墙墙厚×（基础厚度＋折加高度）$$

增加的体积：附墙垛、基础宽出部分应并入基础的工程量。

扣除的体积：通过地基面积在 $0.3m^2$ 以上的孔洞，伸入墙体的混凝土构件（梁、柱）应扣除。

不扣除的体积：基础大放脚 T 形接头处的重叠部分以及嵌入基础的钢筋、铁件、管道、基础防潮层及单个面积在 $0.3m^2$ 以内孔洞所占体积不予扣除。

不增加的体积：基础大放脚 T 形接头处的重叠部分以及嵌入基础的钢筋、铁件、管道、基础防潮层及单个面积在 $0.3m^2$ 以内孔洞、砖平碹所占体积不予扣除，但靠墙暖气沟的挑檐亦不增加。

由于基础与墙身所套用的定额项目不同，所以基础和墙身要划分，划分时应遵守以下规定（见图5-1）：

① 基础与墙身使用同一种材料时，以设计室内地面为界（有地下室者，以地下室室内设计地面为界），以下为基础，以上为墙身。

② 基础与墙身使用不同材料时，位于设计室内地面±300mm以内时，以不同材料为分界线，超过±300mm时，以设计室内地面为分界线。

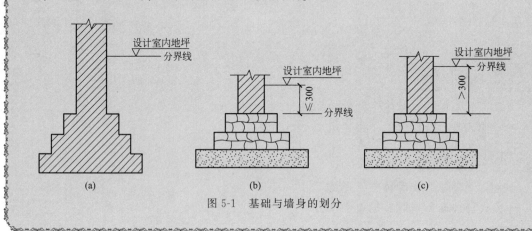

图 5-1　基础与墙身的划分

5.1.2　墙体

墙体按体积以立方米计算，其计算公式如下：

二维码 5.2

$$墙体工程量＝（墙体的长度×墙体的高度）×墙体的厚度－ \quad (5-3)$$
$$应扣除嵌入墙身的体积＋应增加的突出墙面的体积$$

（1）墙体的长度　外墙长度按外墙中心线长度计算，内墙长度按内墙净长线计算。女儿墙长度按女儿墙中心线长度计算。

（2）墙身高度按下列规定计算

① 外墙墙身高度（见图5-2）：斜（坡）屋面无檐口天棚者算至屋面板底；有屋架、有檐口天棚者，算至屋架下弦底面另加200mm；无天棚者算至屋架下弦底加300mm；出檐宽度超过600mm时，应按实砌高度计算；平屋面算至钢筋混凝土板底。

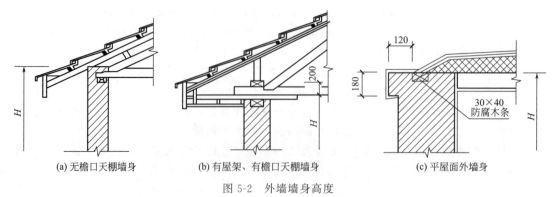

(a) 无檐口天棚墙身　　　(b) 有屋架、有檐口天棚墙身　　　(c) 平屋面外墙身

图 5-2　外墙墙身高度

② 内墙墙身高度（见图 5-3）：位于屋架下弦者，其高度算至屋架底；无屋架者算至天棚底另加 100mm；有钢筋混凝土楼板隔层者算至板底；有框架梁时算至梁底面；如同一墙上板高不同时，可按平均高度计算。

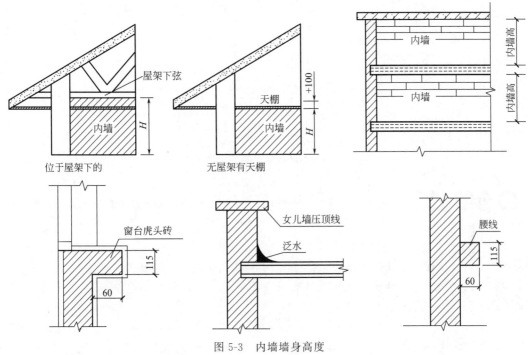

图 5-3　内墙墙身高度

③ 内外山墙墙身高度按其平均高度计算。

应扣除的体积：应扣除门窗洞口、过人洞、空圈、嵌入墙身的钢筋混凝土柱、梁、过梁、圈梁、板头、砖过梁和暖气包壁龛的体积（见图 5-4）。

应增加的体积：突出墙面的附墙垛，按实际体积并入所依附的墙体内。

不扣除的体积：每个面积在 0.3m² 以内的孔洞、梁头、梁垫、檩头、垫木、木楞头、沿椽木、木砖、门窗走头、墙内的加固钢筋、木筋、铁件、钢管等所占的体积。

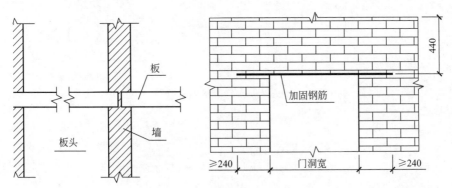

图 5-4　应扣除体积的各构件示意

不增加的体积：凸出砖墙面的窗台虎头砖、压顶线、山墙泛水、烟囱根、门窗套、三皮砖以下挑檐和腰线等体积不增加（见图 5-5）。

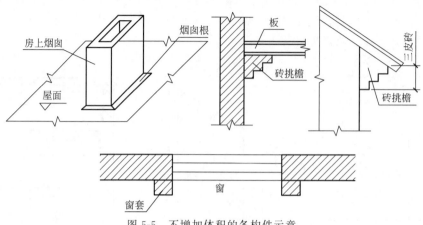

图 5-5　不增加体积的各构件示意

（1）术语解释

① 大放脚：砖基础砌筑在垫层之上，一般砌筑在混凝土砖基础的下部为大放脚，上部为基础墙，大放脚的宽度为半砖长的整数倍。大放脚有等高式和间隔式（见图5-6）。等高式大放脚是每砌两皮砖，两边各收进 1/4 砖长（60mm）；间隔式大放脚是每砌两皮砖及一皮砖，轮流两边各收进 1/4 砖长（60mm）。

② 板头：建筑工程上计算墙体砌筑工程量时，嵌入墙体那部分的板。

③ 梁头：指支承和搁置于墙上的梁的端头部分。

④ 砌体加筋。

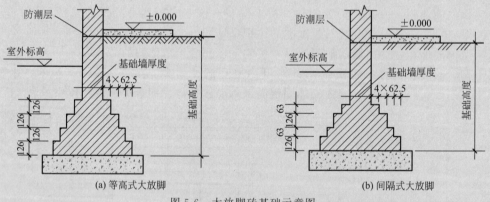

图 5-6　大放脚砖基础示意图

（2）墙体说明

① 女儿墙高度，应自顶板面算至图示高度，区别不同墙厚按相应项目计算。

② 框架间砌墙，以框架间的净空面积乘以墙厚按相应的项目计算。框架外表面镶贴砖部分亦并入框架间墙的工程量内一并计算。

③ 砖砌围墙区别不同厚度以立方米计算，按相应项目计算。砖垛和砖墙压顶等并入墙身内计算。

④ 砖砌地下室内、外墙身及基础，应扣除门窗洞口、0.3m² 以上的孔洞、嵌入墙身的钢筋混凝土柱、梁、过梁、圈梁和板头等体积，但不扣除梁头、梁垫以及砖墙内加固的钢筋、铁件等所占体积。内、外墙与基础的工程量合并计算。墙身外面防潮的贴砖应另列项目计算。

⑤ 多孔砖、空心砖墙按外形体积以立方米计算。扣除门窗洞口、钢筋混凝土过梁、圈梁所占的体积。

⑥ 填充墙按外形体积以立方米计算。扣除门窗洞口、钢筋混凝土过梁、圈梁所占的体积。其实砌部分已包括在项目内，不再另行计算。

⑦ 空花墙按空花部分外形体积以立方米计算，不扣除空花部分。实砌部分以立方米计算，按相应项目计算。

⑧ 加气混凝土砌块墙、硅酸盐砌块墙、轻骨料混凝土小型空心砌块墙按图示尺寸以立方米计算。按设计规定需要镶嵌砖砌体部分，已包括在相应项目内，不另计算。

5.1.3　其他砌体

① 钢筋砖过梁按图示尺寸以立方米计算；若图纸无规定按门窗洞口宽度两端共加 500mm，高度按 440mm 计算。

② 砖柱不分柱身和柱基，其工程量合并计算，按砖柱定额执行。

③ 零星砌体指厕所蹲台、小便槽、污水池、水槽腿、煤箱、垃圾箱、阳台栏板、花台、花池、房上烟囱、毛石墙的门窗口立边、三皮砖以上的挑檐和腰线、锅台、炉灶等砌体。零星砌体工程量按实体积计算。

砖砌围墙区别不同厚度以立方米计算，按相应项目计算。砖垛和砖墙压顶等并入墙身内计算。

任务 5.2　砌筑工程计价

① 本任务中标准尺寸为 240mm×115mm×53mm。

② 本任务中多孔砖、空心砖、砌砖按常用规格编制，如规格不同时，可按实际换算。

③ 本任务中砂浆按常用强度等级列出，设计不同时可以换算。

④ 砌筑弧形墙、基础按相应项目人工乘以系数 1.10。

⑤ 砌墙项目中已包括先立门窗框的调直用工以及腰线、窗台线、挑檐线等一般出线用工。

⑥ 轻骨料混凝土小型空心砌块是以浮石、火山渣、煤渣、煤矸石、陶粒等为粗骨料制作的混凝土小型空心砌块。

⑦ 陶粒空心砌块、炉渣砌块、粉煤灰砌块等均按轻骨料混凝土小型空心砌块执行。砌块内填充保温板，按轻骨料混凝土填充保温板砌块项目执行。

⑧ 硅酸盐砌块、加气混凝土砌块、轻骨料混凝土小型空心砌块墙，是按水泥石灰砂浆、干混砂浆编制的，如设计使用水玻璃矿渣等黏结剂为胶合料的，应按设计要求进行换算。

⑨ 砖砌挡土墙，厚度在二砖以内按砖墙计算；二砖以上按砖基础计算。

⑩ 明沟、散水、台阶等项目均按综合项目，包括挖土、填土、垫层、基层、沟壁及面层等全部工序。除砖砌石阶未包括面层抹面，其面层可按设计规定套用楼地面工程相应项目外，其余项目不予换算。散水、台阶垫层为 3:7 灰土，如涉及垫层与项目不同时可以换算。

⑪ 沟箅子中的塑料、不锈钢、铸铁箅子均是按成品考虑的，钢筋箅子是按现场制作考虑的。

⑫ 构筑物中所设爬梯按施工图计算，另加 1% 损耗，按项目 7 下任务 7.2 金属结构工程相应项目计算。

任务 5.3 技能训练

案例 5-1 试计算图 5-7 所示的砖基础工程量。已知钢筋混凝土地梁体积为 5.88m³。

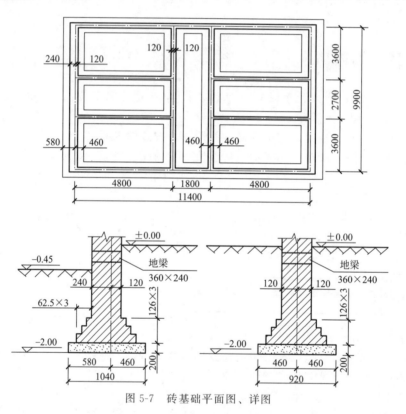

图 5-7 砖基础平面图、详图

※分析 由于基础与墙均采用黏土砖材料，因此 ±0.00 以下为基础，±0.00 以上为砖墙。在室内地面以下有地圈梁（混凝土构件），因此，在计算基础体积时应把地圈梁的体积扣除。

外墙基础工程量 = 按外墙中心线长度 × 砖墙厚度 × (基础高度 + 折加高度) - 地圈梁体积

内墙基础工程量 = 内墙净长线 × 砖墙厚度 × (基础高度 + 折加高度) - 地圈梁体积

※解 砖基础高度 $H = 2.0 - 0.2 = 1.8(m)$

外墙厚 = 0.365m，外墙中心线长度 = 43.08m

砖基础采用的是三层等高式放脚砌筑，查表折算高度为 0.259m

外墙基础体积 = 43.08 × 0.365 × (1.8 + 0.259) = 32.38(m³)

内墙厚 = 0.24m，内墙净长 = 37.56m

砖基础采用的是三层等高式放脚砌筑，查表折算高度为 0.394m

内墙基础体积 = 37.56 × 0.24 × (1.8 + 0.394) = 19.78(m³)

基础体积 = 32.38 + 19.78 − 5.88 = 46.28(m³)

分项工程价格计算：

定额编号	项目名称	单位	工程量	单价/元	其中		合计/元	其中	
					人工费/元	机械费/元		人工费/元	机械费/元
A3-1	砖基础	10m³	4.648	2918.52	584.40	40.35	13565.28	2716.29	187.55

案例 5-2　某单层建筑物平面图如图 5-8 所示，已知层高 3.6m，内外墙厚均为 240mm，所有墙身上均设圈梁，且圈梁与现浇板顶平。板厚 100mm。门窗尺寸及墙体埋件体积分别见表 5-1 及表 5-2。试计算砖墙体工程量。

表 5-1　墙体埋件体积表

构件名称	构件所在部位体积/m³	
	外墙	内墙
构造柱	0.81	
过梁	0.39	0.06
圈梁	1.13	0.22

表 5-2　门窗尺寸表

门窗名称	洞口尺寸/mm	数量
C1	1000×1500	1
C2	1500×1500	3
M1	1000×2500	2

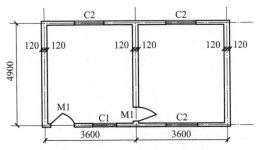

图 5-8　某单层建筑物平面图

分析　墙体工程量按墙体体积计算，扣除门窗洞口和嵌入墙体中的混凝土构件。

解

(1) 基数计算

由前面分析可知：计算工程量时，除了要用 $L_中$、$L_内$，门窗洞口所占面积及墙体埋件所占体积也是重复使用数据。因此，在工程量计算之前，应首先计算基数。

由图 5-8 可知：$L_{中} = (3.6 \times 2 + 4.9) \times 2 = 24.2(m)$

$L_{内} = 4.9 - 0.24 = 4.66(m)$

门窗洞口面积计算：

① 外墙上：$1 \times 1.5 + 1.5 \times 1.5 \times 3 + 1 \times 2.5 = 10.75(m^2)$

② 内墙上：$1 \times 2.5 = 2.5(m^2)$

（2）砖墙工程量计算

外墙：$0.24 \times [24.2 \times (3.6 - 0.1) - 10.75] - 0.81 - 0.39 - 1.13 = 15.42(m^3)$

内墙：$0.24 \times [4.66 \times (3.6 - 0.1) - 2.5] - 0.22 - 0.06 = 3.03(m^3)$

砖墙工程量：$15.42 + 3.03 = 18.45(m^3)$

（3）分项工程价格计算

定额编号	项目名称	单位	工程量	单价/元	其中		合计/元	其中	
					人工费/元	机械费/元		人工费/元	机械费/元
A3-3	一砖墙	10m³	1.845	3204.01	798.60	39.31	5911.40	1473.42	72.53

实训项目

计算附图中的砌体工程量及价格。

项目6　混凝土及钢筋混凝土工程

二维码 6.1

　　混凝土及钢筋混凝土工程主要包括现浇、预制的各种构件及钢筋的安装，如基础、柱、梁、板、墙等结构构件。

任务6.1　混凝土构件工程量计算

6.1.1　混凝土基础构件工程量的计算

　　混凝土及钢筋混凝土基础一般常用形式有带基础、独立基础、杯形基础、满堂基础。

二维码 6.2

6.1.1.1　带形基础

$$带形基础混凝土工程量＝基础断面面积×基础长度 \qquad (6-1)$$

式中　基础长度——外墙基础以外墙基中心线计算，内墙基以内墙基础净长线计算；

　　　基础断面面积——按图纸设计截面计算。

　　① 凡有梁式带形基础，其梁高（指基础扩大顶面至梁顶面的高）超过 1.2m 时，其基础底板按带形基础计算，扩大顶面以上部分按混凝土墙项目计算。
　　② 若基础断面形式为梯形，则需计算基础与基础的搭接工程量。

如图 6-1 所示，内墙基础搭在外墙基础上：

$$搭接工程量 = \frac{1}{6} Lh_1 (2b + B) \tag{6-2}$$

式中，L、h_1、b、B 取值如图 6-1 所示。

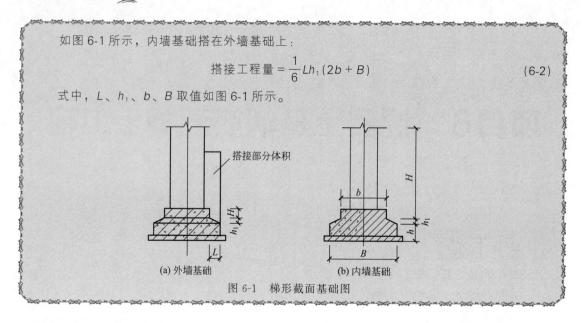

图 6-1　梯形截面基础图

6.1.1.2　独立基础

独立基础应分别按毛石混凝土和混凝土独立基础，以设计图示尺寸的实体积计算，其高度从垫层上表面算至柱基上表面。现浇独立柱基与柱的划分如图 6-2 所示：高度（H）为相邻下一个高度（H_1）2 倍以内者为柱基，2 倍以上者为柱身，套用相应柱的项目。

6.1.1.3　杯形基础

杯形基础如图 6-3 所示，连接预制柱的杯口底面至基础扩大顶面（H）高度在 0.50m 以内的按杯形基础项目计算，在 0.50m 以上 H 部分按现浇柱项目计算；其余部分套用杯形基础项目。

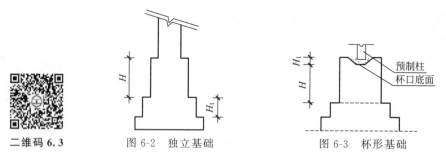

二维码 6.3　　图 6-2　独立基础　　　　　图 6-3　杯形基础

6.1.1.4　满堂基础

满堂基础不分有梁式与无梁式，均按满堂基础项目计算。满堂基础有扩大或角锥形柱墩时，应并入满堂基础内计算。满堂基础梁高超过 1.2m 时，底板按满堂基础项目计算，梁按混凝土墙项目计算。箱式满堂基础应分别按满堂基础、柱、墙、梁、板的有关规定计算。

6.1.2　混凝土柱构件工程量的计算

现浇混凝土柱在预算定额中分为矩形柱、圆形柱和异形柱。

6.1.2.1 框架柱工程量计算

工程量按图示尺寸以体积计算，计算公式如下：

$$柱工程量＝柱高×柱截面面积 \quad (6-3)$$

式中，柱截面面积按图纸设计尺寸计算，柱高按下列规定确定。

二维码 6.4

① 密肋板的柱高，应自柱基上表面（或楼板上表面）至上一层楼板上表面之间的高度计算。

② 无梁板的柱高，应自柱基上表面（或楼板上表面）至柱帽（头）下表面之间的高度计算（如图 6-4 所示）。

③ 有楼隔层的框架柱高，按基础上表面（或楼板上表面）至上一层楼板上表面的高度计算（如图 6-5 所示）。

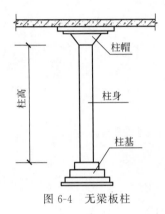

图 6-4　无梁板柱

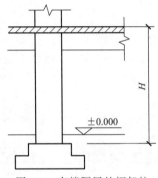

图 6-5　有楼隔层的框架柱

6.1.2.2 构造柱工程量计算

构造柱的体积按柱截面面积乘以柱高计算。

构造柱处的墙体砌成锯齿形，俗称马牙槎。马牙槎伸出的体积并入柱内计算。一般马牙槎间距净距为 300mm，伸出高度为 300mm，宽度为 60mm。在计算断面时，咬接边的尺寸应增加 60mm 的一半，如图 6-6 所示。

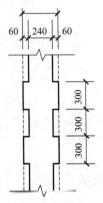

图 6-6　构造柱马牙槎示意图

马牙槎断面面积计算如图 6-7 所示。

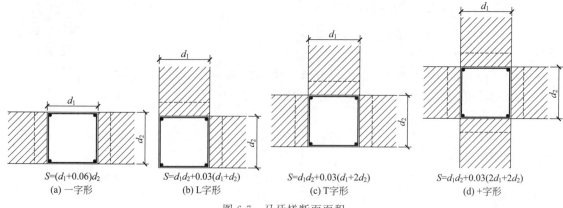

$S=(d_1+0.06)d_2$
(a) 一字形

$S=d_1d_2+0.03(d_1+d_2)$
(b) L字形

$S=d_1d_2+0.03(d_1+2d_2)$
(c) T字形

$S=d_1d_2+0.03(2d_1+2d_2)$
(d) +字形

图 6-7　马牙槎断面面积

　　① 依附于柱上的牛腿应并入柱身体积内计算。

　　② 空心砌块内的混凝土芯柱，按实灌体积计算，套用构造柱项目（砌体体积不扣除芯柱体积）。

6.1.3　混凝土梁构件工程量的计算

　　现浇梁分为基础梁、单梁和连续梁、异形梁、圈梁、过梁等。

　　计算公式如下：

$$梁混凝土体积＝梁断面面积×梁长 \qquad (6-4)$$

　　梁长按下列规定确定：

　　① 梁与柱交接时，梁长应按柱与柱之间的净距计算。

　　② 主梁与次梁连接时，次梁长算至主梁侧面。

　　③ 圈梁与过梁连接者，分别套用圈梁、过梁定额；圈梁与过梁不易划分时，其过梁长度按门窗洞口外围两端共加 500mm 计算，其他按圈梁计算。

二维码 6.5

　　① 基础梁：凡在柱基础之间承受墙身荷载而下部无其他承托者为基础梁。

　　② 伸入墙内的梁头、梁垫层并入梁体积计算。"伸入墙内"中的"墙"指的是砖墙或砌块墙，而非钢筋混凝土墙。

　　③ 叠合梁按设计图示的二次浇灌部分的实体积计算。

6.1.4　混凝土板构件工程量的计算

　　现浇板包括无梁板、平板、拱形板等。

　　板混凝土工程量按图示面积乘以板厚以立方米计算。

二维码 6.6

①凡带有梁的楼板，梁和板的工程量分别计算，套用相应梁、平板定额，梁的高度算至板顶。

②无梁板系指不带梁、直接用柱头支承的板，其体积按板与柱帽体积之和计算。

③钢筋混凝土板伸入墙砌体内的板头应并入板体积内计算。

④钢筋混凝土板与钢筋混凝土墙交接时，板的工程量算至墙内侧，板中的预留孔洞在 0.3m² 以内者不扣除。

⑤叠合板是指在预制板上二次浇灌混凝土结构层面层，按平板项目计算。

⑥现浇空心楼板执行现浇混凝土平板项目，扣除空心体积，人工乘以系数 1.1。管芯分不同直径按长度计算。

6.1.5 混凝土墙构件工程量的计算

按图示墙长度乘以墙高及厚度以立方米计算。计算各种墙体积时，应扣除门窗洞口及 0.3m² 以上的孔洞体积。墙垛及突出部分并入墙体积内计算。

剪力墙中的暗柱、暗梁并入墙体积计算；剪力墙带明柱（一端或两端突出的柱子）一次浇筑成型的，应按结构分开计算工程量，分别套用墙子目和柱子目。

6.1.6 其他混凝土构件工程量的计算

6.1.6.1 楼梯

整体楼梯（包括板式、单梁式或双梁式楼梯）、整体螺旋楼梯、柱式螺旋楼梯以设计图示尺寸的实体积计算。楼梯与楼板的划分以楼梯梁的外边缘为界，该楼梯梁已包括在楼梯体积内。伸入墙内部分的体积并入楼梯体积中。楼梯基础、室外楼梯的柱以及与地坪相连接的混凝土踏步等，项目内均未包括，应另行计算套用相应项目。楼梯与走道板分界以楼梯梁外边缘为界，该楼梯梁包括在楼梯水平投影面积内，如图 6-8 所示。

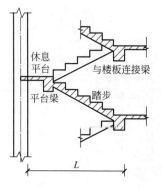
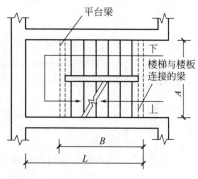

二维码 6.7

图 6-8 整体楼梯

6.1.6.2 螺旋楼梯

螺旋楼梯栏板、栏杆、扶手套用相应项目，其人工乘以系数1.3，材料、机械乘以系数1.1。

柱式螺旋楼梯扣除中心混凝土柱所占的体积。中间柱的工程量另按相应柱的项目计算，其人工及机械乘以系数1.5。柱式螺旋楼梯每一旋转层面积计算公式：

$$S=\pi(R-r) \tag{6-5}$$

式中　r——圆柱半径；

　　　R——螺旋楼梯半径。

6.1.6.3 悬挑板（阳台、雨篷）

阳台雨篷按图示尺寸以实体积计算。如图6-9所示，伸入墙内部分的梁及通过门窗口的过梁应合并按过梁项目另行计算。

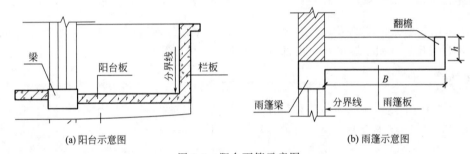

(a) 阳台示意图　　　　　　　　　　　　(b) 雨篷示意图

图6-9　阳台雨篷示意图

① 阳台、雨篷如伸出墙外超过1.50m时，梁、板分别计算，套用相应项目。

② 阳台、雨篷四周外边沿的弯起，如其高度［图6-9(b)中的 h 指板上表面至弯起顶面］超过6cm时，按全高计算套用栏板项目。

③ 凹进墙内的阳台按现浇平板计算。

④ 水平遮阳板按雨篷项目计算。

6.1.6.4 挑檐天沟

按实体积计算，如图6-10所示。

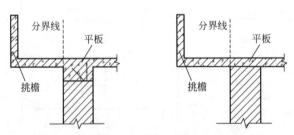

图6-10　挑檐天沟与板及圈梁分界线示意图

① 当与板（包括屋面板、楼板）连接时，以外墙身外边缘为分界线；当与圈梁（包括其他梁）连接时，以梁外边线为分界线。外墙外边缘以外或梁外边线以外为挑檐天沟。

② 挑檐天沟壁高度在 40cm 以内时，套用挑檐项目；挑檐天沟壁高度超过 40cm 时，按全高计算套用栏板项目。

③ 混凝土飘窗板、空调板执行挑檐项目，如单体小于 0.05m³ 执行零星构件项目。

6.1.6.5　栏板

按实体积以立方米计算。

6.1.6.6　散水

按设计图示尺寸以平方米计算，应扣除穿过散水的踏步、花台面积。

6.1.6.7　防滑坡道

按斜面积计算，坡道与台阶相连处，以台阶外围面积为界。与建筑物外门厅地面相连的混凝土斜坡道及块料面层按相应项目人工乘以系数 1.1 计算。

6.1.6.8　台阶

台阶基层（包括踏步及最上一层踏步沿 300mm）按水平投影面积计算，如图 6-11 所示。

6.1.6.9　明沟

按设计图示尺寸以延长米计算。净空断面面积在 0.2m² 以上的沟道，应分别按相应项目计算。

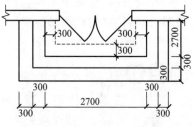

图 6-11　台阶平面图

① 明沟、散水、坡道、台阶等项目均为综合项目，包括挖土、填土、垫层、基层、沟壁及面层等全部工序，除混凝土台阶未包括面层抹面，其面层可按设计规定套用有关项目外，其余项目不予换算。

② 散水、台阶垫层为 3∶7 灰土，如设计垫层与项目不同时，可以换算。

6.1.6.10　池槽

混凝土池槽按实体积计算工程量，项目中未包括砖砌槽腿及抹灰，其砌体及抹灰应按相应项目另行计算。

6.1.6.11　零星构件

适用于现浇混凝土扶手、柱式栏杆及其他未列项目且单件体积在 0.05m³ 以内的小型构件，其工程量按实体积计算。

6.1.6.12　混凝土后浇带

混凝土后浇带按图示尺寸以实体积计算。

① 后浇带：是在建筑施工中为防止现浇钢筋混凝土结构由于自身收缩不均或沉降不均可能产生的有害裂缝，按照设计或施工规范要求，在基础底板、墙、梁相应位置留设的临时施工缝。

② 后浇带处的混凝土标号一般比其他地方高一个标号。

6.1.7　预制混凝土构件工程量的计算

预制构件要计算其安装、制作和运输的工程量，分别按以下规则计算。

（1）预制构件的安装工程量

按图示尺寸计算实体积，不扣除构件内钢筋、铁件所占体积。

（2）预制构件的制作工程量

$$预制构件的制作工程量＝安装工程量×（1＋损耗率） \tag{6-6}$$

不同的构件，损耗率不同，按定额规定执行。

（3）预制构件的运输工程量

$$预制构件的运输工程量＝预制构件的制作工程量＝安装工程量×（1＋损耗率） \tag{6-7}$$

① 预制桩尖按虚体积，即以桩尖全长乘以最大截面面积计算。

② 基础梁按相应断面形式梁的项目计算。

③ 大型屋面板之间的槽形嵌板，按大型屋面板项目计算。T形嵌板按檩条项目计算。

④ L形板按单肋板项目计算。

⑤ 楼梯休息平台板、女儿墙板、壁柜板、吊柜板、碗柜板等小型平板，按预制平板项目计算。

⑥ 预制大门框可分别按柱及过梁相应项目计算。

任务 6.2　混凝土构件的计价

① 混凝土构件套定额时分为现浇钢筋混凝土、预制钢筋混凝土、构筑物混凝土、预拌混凝土（现浇）、预拌混凝土（预制）及混凝土泵送等项目。

② 不同混凝土构件分别套取不同定额。

③ 定额中混凝土强度等级及粗骨料最大粒径是按通常情况编制的，如设计要求不同时，可以换算。

④ 毛石混凝土带形基础和毛石混凝土独立基础，是按毛石占混凝土体积15%计算的，如设计要求不同时，可以换算。

⑤ 现浇混凝土柱、墙项目，均按规定综合了底部灌注 1∶2 水泥砂浆用量。

⑥ 明沟、散水、坡道、台阶等项目均为综合项目，包括挖土、填土、垫层、基层、沟壁及面层等全部工序。其模板套用"模板工程"相应项目。除混凝土台阶未包括面层抹面，其面层可按设计规定套用有关项目，其余项目不予换算。散水、台阶垫层为 3∶7 灰土，如设计垫层与项目不同时，可以换算。散水 3∶7 灰土垫层厚度按 150mm 编制的，如果设计厚度超过 150mm，超过部分套用《全国统一建筑装饰装修工程消耗量定额河北省消耗量定额》灰土垫层项目。

⑦ 斜梁（板）是按坡度 30°以内综合取定的。坡度在 45°以内，按相应项目人工乘以 1.05 系数。坡度在 60°以内，按相应项目人工乘以 1.1 系数。

⑧ 现浇框架、框剪、剪力墙结构中混凝土条厚度在 100mm 以内按压顶相应项目套用，厚度在 100mm 以上时按圈梁相应项目套用。

⑨ 砌体墙根部素混凝土带套用圈梁相应项目。

二维码 6.8

任务 6.3 混凝土中钢筋工程量计算

钢筋按现浇构件钢筋、预制构件钢筋、预应力构件钢筋分别列项。钢筋工程量按设计图示尺寸并考虑搭接量、措施筋和预留量计算。计算公式如下：

$$钢筋工程量＝钢筋长度×钢筋每米长质量$$

16G101-1 图集的具体内容，可依据前言指示方法下载电子资料包查看。

6.3.1 钢筋长度的计算

水平、竖向钢筋长度按下式计算计算公式：

$$钢筋长度＝构件长度－两端保护层厚度＋弯起增加长度＋搭接长度＋弯钩长度$$

（1）保护层厚度的计算

钢筋保护层厚度按图示尺寸计算，如设计图纸无规定时，按表 6-1 计算。

表 6-1 纵向受力钢筋的混凝土保护层最小厚度　　　　　　　　　　　　mm

环境类别	板、墙	梁、柱	环境类别	板、墙	梁、柱
一	15	20	三 a	30	40
二 a	20	25	三 b	40	50
二 b	25	35			

注：1. 表中混凝土保护层厚度指最外层钢筋外边缘至混凝土表面的距离。
2. 混凝土强度等级不大于 C25 时，表中保护层厚度数值应增加 5mm。
3. 基础地面钢筋的保护层厚度，有混凝土垫层时应从垫层顶面算起，且不小于 40mm。

混凝土结构的环境类别见表 6-2。

表 6-2 混凝土结构的环境类别

环境类别	条件
一	室内正常环境
二 a	室内潮湿环境；非严寒和非寒冷的露天环境；与无侵蚀性的水或土壤直接接触的环境
二 b	干湿交替环境；严寒和寒冷地区的露天环境；与无侵蚀性的水或土壤直接接触的环境
三 a	受除冰盐作用环境；严寒和寒冷地区冬季水位变动的环境；海风环境

环境类别	条件
三 b	盐渍土环境；受除冰盐作用环境；海岸环境
四	海水环境
五	受人为或自然的侵蚀性物质影响的环境

注：严寒和寒冷地区的划分应符合国家现行标准《民用建筑热工设计规程（含光盘）》（GB 50176）的有关规定。

（2）弯起增加长度的计算

弯起钢筋的弯起角度一般有 30°、45°和 60° 3 种，常用的弯起角度为 30°和 45°，当梁高大于 80cm 时，宜用 60°弯起。

弯起钢筋增加长度按表 6-3 确定。

表 6-3 弯起钢筋弯起部分增加长度

弯起角度	$\alpha = 30°$	$\alpha = 45°$	$\alpha = 60°$
斜边长度 s	$2h$	$1.41h$	$1.15h$
底边长度 l	$1.73h$	h	$0.58h$
增加长度 $s-l$	$0.27h$	$0.41h$	$0.57h$

注：h 为弯起高度，$h=$构件断面高$-2\times$保护层厚度。

（3）钢筋锚固长度的计算

为满足受力需要，埋入支座的钢筋必须具有足够的长度，此长度称为钢筋的锚固长度。锚固长度的大小，应按实际设计内容及表 6-4、表 6-5 的规定确定。

表 6-4 受拉钢筋锚固长度 l_a

钢筋种类	混凝土强度等级																	
	C20	C25		C30		C35		C40		C45		C50		C55		≥C60		
	$d\leqslant25$	$d\leqslant25$	$d>25$	$d\leqslant25$	$d>25$	$d\leqslant25$	$d>25$	$d\leqslant25$	$d>25$	$d\leqslant25$	$d>25$	$d\leqslant25$	$d>25$	$d\leqslant25$	$d>25$	$d\leqslant25$	$d>25$	
HPB300	$39d$	$34d$	—	$30d$	—	$28d$	—	$25d$	—	$24d$	—	$23d$	—	$22d$	—	$21d$	—	
HRB335、HRBF335	$38d$	$33d$	—	$29d$	—	$27d$	—	$25d$	—	$23d$	—	$22d$	—	$21d$	—	$21d$	—	
HRB400、HRBF400、RRB400	—	$40d$	$44d$	$35d$	$39d$	$32d$	$35d$	$29d$	$32d$	$28d$	$31d$	$27d$	$30d$	$26d$	$29d$	$25d$	$28d$	
HRB500、HRBF500	—	$48d$	$53d$	$43d$	$47d$	$39d$	$43d$	$36d$	$40d$	$34d$	$37d$	$32d$	$35d$	$31d$	$34d$	$30d$	$33d$	

表 6-5 受拉钢筋抗震锚固长度 l_{aE}

钢筋种类及抗震等级		混凝土强度等级																	
		C20	C25		C30		C35		C40		C45		C50		C55		≥C60		
		$d\leqslant25$	$d\leqslant25$	$d>25$	$d\leqslant25$	$d>25$	$d\leqslant25$	$d>25$	$d\leqslant25$	$d>25$	$d\leqslant25$	$d>25$	$d\leqslant25$	$d>25$	$d\leqslant25$	$d>25$	$d\leqslant25$	$d>25$	
HPB300	一、二级	$45d$	$39d$	—	$35d$	—	$32d$	—	$29d$	—	$28d$	—	$26d$	—	$25d$	—	$24d$	—	
	三级	$41d$	$36d$	—	$32d$	—	$29d$	—	$26d$	—	$25d$	—	$24d$	—	$23d$	—	$22d$	—	
HRB335 HRBF335	一、二级	$44d$	$38d$	—	$33d$	—	$31d$	—	$29d$	—	$26d$	—	$25d$	—	$24d$	—	$24d$	—	
	三级	$40d$	$35d$	—	$30d$	—	$28d$	—	$26d$	—	$24d$	—	$23d$	—	$22d$	—	$22d$	—	
HRB400 HRBF400	一、二级	—	$46d$	$51d$	$40d$	$45d$	$37d$	$40d$	$33d$	$37d$	$32d$	$36d$	$31d$	$35d$	$30d$	$33d$	$29d$	$32d$	
	三级	$42d$	$46d$	$37d$	$41d$	$34d$	$37d$	$30d$	$34d$	$29d$	$33d$	$28d$	$32d$	$27d$	$30d$	$26d$	$29d$		

钢筋种类及抗震等级		混凝土强度等级															
		C20	C25		C30		C35		C40		C45		C50		C55		≥C60
		d≤25	d≤25	d>25	d≤25	d>25	d≤25	d>25	d≤25	d>25	d≤25	d>25	d≤25	d>25	d≤25	d>25	d≤25 d>25
HRB500 HRBF500	一、二级	—	55d	61d	49d	54d	45d	49d	41d	46d	39d	43d	37d	40d	36d	39d	35d 38d
	三级	—	50d	56d	45d	49d	41d	45d	38d	42d	36d	39d	34d	37d	33d	36d	32d 35d

注：1. 当为环氧树脂涂层带肋钢筋时，表中数据尚应乘以 1.25。

2. 当纵向受拉钢筋在施工过程中易受扰动时，表中数据尚应乘以 1.1。

3. 当锚固长度范围内纵向受力钢筋周边保护层厚度为 3d、5d（d 为锚固钢筋的直径）时，表中数据可分别乘以 0.8、0.7；中间时按内插值。

4. 当纵向受拉普通钢筋锚固长度修正系数（注 1～注 3）多于一项时，可按连乘计算。

5. 受拉钢筋的锚固长度 l_a、l_{aE} 计算值不应小于 200mm。

6. 四级抗震时，$l_{aE}=l_a$。

7. 当锚固钢筋的保护层厚度不大于 5d 时，锚固钢筋长度范围内应设置横向构造钢筋，其直径不应小于 $d/4$（d 为锚固钢筋的最大直径）；对梁、柱等构件间距不应大于 5d，对板、墙等构件间距不应大于 10d，且均不应大于 100mm（d 为锚固钢筋的最小直径）。

（4）钢筋弯钩长度的计算

钢筋弯钩长度的确定与弯钩形式有关。常见的弯钩形式有三种：半圆弯钩、直弯钩、斜弯钩。当一级钢筋的末端做 180°、90°、135°三种弯钩时，各弯钩长度如下（d 为钢筋直径）：

① 180°半圆弯钩每个长＝6.25d。

② 90°直弯钩每个长＝3.5d。

③ 135°斜弯钩每个长＝11.87d。

（5）钢筋的搭接长度

钢筋的接头方式有：绑扎连接、焊接和机械连接。施工规范规定：受力钢筋的接头应优先采用焊接或机械连接。焊接的方法有闪光对焊、电弧焊、电渣压力焊等；机械连接的方法有钢筋套筒挤压连接、锥螺纹套筒连接。

钢筋接头：设计图纸已规定的按设计图纸计算；设计图纸未作规定的，焊接或绑扎的混凝土水平钢筋搭接，直径 10mm 以内按每 12m 一个接头；直径 10mm 以上至 25mm 以内按每 10m 一个接头；直径 25mm 以上按每 9m 一个接头计算，搭接长度按规范及设计规定计算。焊接或绑扎的混凝土竖向通长钢筋（指墙、柱的竖向钢筋）亦按以上规定计算，但层高小于规定接头间距的竖向钢筋接头，按每自然层一个计算。绑扎搭接长度按表 6-6、表 6-7 计算。

表 6-6　纵向受拉钢筋搭接长度 l_1

钢筋种类及同一区段内搭接钢筋面积百分率		混凝土强度等级																
		C20		C25		C30		C35		C40		C45		C50		C55		C60
		d≤25	d>25	d≤25	d>25	d≤25	d>25	d≤25	d>25	d≤25	d>25	d≤25	d>25	d≤25	d>25	d≤25	d>25	d≤25 d>25
HPB300	≤25%	47d	41d	—	36d	—	34d	—	30d	—	29d	—	28d	—	26d	—	25d	—
	50%	55d	48d	—	42d	—	39d	—	35d	—	34d	—	32d	—	31d	—	29d	—
	100%	62d	54d	—	48d	—	45d	—	40d	—	38d	—	37d	—	35d	—	34d	—
HRB335 HRBF335	≤25%	46d	40d	—	35d	—	32d	—	30d	—	28d	—	26d	—	25d	—	25d	—
	50%	53d	46d	—	41d	—	38d	—	35d	—	32d	—	31d	—	29d	—	29d	—
	100%	61d	53d	—	46d	—	43d	—	40d	—	37d	—	35d	—	34d	—	34d	—

钢筋种类及同一区段内搭接钢筋面积百分率		C20	C25		C30		C35		C40		C45		C50		C55		C60	
		d≤25	d≤25	d>25	d≤25	d>25	d≤25	d>25	d≤25	d>25	d≤25	d>25	d≤25	d>25	d≤25	d>25	d≤25	d>25
HRB400 HRBF400 RRB400	≤25%	—	48d	53d	42d	47d	38d	42d	35d	38d	34d	37d	32d	36d	31d	35d	30d	34d
	50%	—	56d	62d	49d	55d	45d	49d	41d	45d	39d	43d	38d	42d	36d	41d	35d	39d
	100%	—	64d	70d	56d	62d	51d	56d	46d	51d	45d	50d	43d	48d	42d	46d	40d	45d
HRB500 HRBF500	≤25%	—	58d	64d	52d	56d	47d	52d	43d	48d	41d	44d	38d	42d	37d	41d	36d	40d
	50%	—	67d	74d	60d	66d	55d	60d	50d	56d	48d	52d	45d	49d	43d	48d	42d	46d
	100%	—	77d	85d	69d	75d	62d	69d	58d	64d	54d	59d	51d	56d	50d	54d	48d	53d

注：1. 表中数值为纵向受拉钢筋绑扎搭接接头的搭接长度。

2. 两根不同直径钢筋搭接时，表中 d 取较细钢筋直径。

3. 当为环氧树脂涂层带肋钢筋时，表中数据尚应乘以 1.25。

4. 当纵向受拉钢筋在施工过程中易受扰动时，表中数据尚应乘以 1.1。

5. 当搭接长度范围内纵向受力钢筋周边保护层厚度为 3d、5d（d 为搭接钢筋的直径）时，表中数据尚可分别乘以 0.8、0.7；中间时按内插值。

6. 当上述修正系数（注 3～注 5）多于一项时，可按连乘计算。

7. 任何情况下，搭接长度不应小于 300mm。

表 6-7 纵向受拉钢筋抗震搭接长度 l_{lE}

钢筋种类及同一区段内搭接钢筋面积百分率			C20	C25		C30		C35		C40		C45		C50		C55		C60	
			d≤25	d≤25	d>25	d≤25	d>25	d≤25	d>25	d≤25	d>25	d≤25	d>25	d≤25	d>25	d≤25	d>25	d≤25	d>25
一、二级抗震等级	HPB300	≤25%	54d	47d	—	42d	—	38d	—	35d	—	34d	—	31d	—	30d	—	29d	—
		50%	63d	55d	—	49d	—	45d	—	41d	—	39d	—	36d	—	35d	—	34d	—
	HRB335 HRBF335	≤25%	53d	46d	—	40d	—	37d	—	35d	—	31d	—	30d	—	29d	—	29d	—
		50%	62d	53d	—	46d	—	43d	—	41d	—	36d	—	35d	—	34d	—	34d	—
	HRB400 HRBF400	≤25%	—	55d	61d	48d	54d	44d	48d	40d	44d	38d	43d	37d	42d	36d	40d	35d	38d
		50%	—	64d	71d	56d	63d	52d	56d	46d	52d	45d	50d	43d	49d	42d	46d	41d	45d
	HRB500 HRBF500	≤25%	—	66d	73d	59d	65d	54d	59d	49d	55d	47d	52d	44d	48d	43d	47d	42d	46d
		50%	—	77d	85d	69d	76d	63d	69d	57d	64d	55d	60d	52d	56d	50d	55d	49d	53d
三级抗震等级	HPB300	≤25%	49d	43d	—	38d	—	35d	—	31d	—	30d	—	29d	—	28d	—	26d	—
		50%	57d	50d	—	45d	—	41d	—	36d	—	35d	—	34d	—	32d	—	31d	—
	HRB335 HRBF335	≤25%	48d	42d	—	36d	—	34d	—	31d	—	29d	—	28d	—	26d	—	26d	—
		50%	56d	49d	—	42d	—	39d	—	36d	—	34d	—	32d	—	31d	—	31d	—
	HRB400 HRBF400	≤25%	—	50d	55d	44d	49d	41d	44d	36d	41d	35d	40d	34d	38d	32d	36d	31d	35d
		50%	—	59d	64d	52d	57d	48d	52d	42d	48d	41d	46d	39d	45d	38d	42d	36d	41d
	HRB500 HRBF500	≤25%	—	60d	67d	53d	59d	49d	54d	46d	50d	43d	47d	41d	44d	40d	43d	38d	42d
		50%	—	70d	78d	63d	69d	57d	63d	53d	59d	50d	55d	48d	52d	46d	50d	45d	49d

注：1. 表中数值为纵向受拉钢筋绑扎搭接接头的搭接长度。

2. 两根不同直径钢筋搭接时，表中 d 取较细钢筋直径。

3. 当为环氧树脂涂层带肋钢筋时，表中数据尚应乘以 1.25。

4. 当纵向受拉钢筋在施工过程中易受扰动时，表中数据尚应乘以 1.1。

5. 当搭接长度范围内纵向受力钢筋周边保护层厚度为 3d、5d（d 为搭接钢筋的直径）时，表中数据尚可分别乘以 0.8、0.7；中间时按内插值。

6. 当上述修正系数（注 3～注 5）多于一项时，可按连乘计算。

7. 任何情况下，搭接长度不应小于 300。

8. 四级抗震等级时，$l_{lE} = l_l$。

6.3.2 箍筋

箍筋是钢筋混凝土构件中形成骨架，并与混凝土一起承担剪力的钢筋，在梁、柱构件中设置。其计算公式如下：

$$箍筋长度＝单根箍筋长度×箍筋个数 \qquad (6\text{-}8)$$

二维码 6.9

(1) 单根箍筋长度计算

单根箍筋长度，与箍筋的设置形式有关。箍筋常见的设置形式有双肢箍、四肢箍及螺旋箍。

① 双肢箍：

$$双肢箍长度＝构件周长－8×混凝土保护层厚度＋箍筋两个弯钩增加长度 \qquad (6\text{-}9)$$

箍筋每个弯钩长度计算表见表 6-8。

表 6-8 箍筋每个弯钩长度计算表

弯钩形式		180°	90°	135°
弯钩增加值	一般结构	$8.25d$	$5.5d$	$6.87d$
	有抗震等要求结构	—	—	$11.87d$

实际工作中，为简化计算，箍筋长度也可按构件周长计算，即不加弯钩长度，也不减混凝土保护层厚度。

② 四肢箍：四肢箍即两个双肢箍，其长度与构件纵向钢筋根数及其排列有关。如当纵向钢筋一侧为四根时，可按下式计算。

$$四肢箍长度＝一个双肢箍长度×2＝\{[(构件宽度－两端保护层厚度)×\frac{2}{3}+$$
$$构件高度－两端保护层厚度]×2＋箍筋两个弯钩增加长度\}×2 \qquad (6\text{-}10)$$

③ 螺旋箍：

$$螺旋箍长度＝\sqrt{(螺距)^2+(3.14×螺旋直径)^2}×螺旋圈数 \qquad (6\text{-}11)$$

(2) 箍筋根数的计算

箍筋根数的多少与构件的长短及箍筋的间距有关。箍筋既可等间距设置，也可在局部范围内加密。无论采用何种设置方式，计算方法是一样的，其计算式可表示为：

$$箍筋根数＝\frac{箍筋设置区域的长度}{箍筋设置间距}+1 \qquad (6\text{-}12)$$

当箍筋在构件中等间距设置时：

$$箍筋设置区域的长度＝构件长度－两端保护层厚度 \qquad (6\text{-}13)$$

钢筋每米长的重量可直接从表 6-9 中查出，也可按下式计算：

$$钢筋每米长重量＝0.006165d^2 \qquad (6\text{-}14)$$

式中，d 为以 mm 为单位的钢筋直径。

表 6-9 每米钢筋重量表

直径/mm	断面积/cm²	每米重量/kg	直径/mm	断面积/cm²	每米重量/kg
4	0.126	0.099	8	0.503	0.395
5	0.196	0.154	9	0.636	0.490
6	0.283	0.222	10	0.785	0.617

直径/mm	断面积/cm²	每米重量/kg	直径/mm	断面积/cm²	每米重量/kg
12	1.131	0.888	22	3.801	2.98
14	1.539	0.210	25	4.909	3.85
16	2.011	0.580	28	6.158	4.83
18	2.545	2.00	30	7.069	5.55
19	2.838	2.23	32	8.042	6.31
20	3.142	2.47			

任务 6.4 混凝土中钢筋的计价

① 钢筋按现浇构件钢筋、预制构件钢筋、预应力钢筋分别列项。

② 现浇构件和预制构件中钢筋分别按照不同钢筋直径进行定额的套取。

③ 钢筋接头按照不同的连接方式及直径分别套取不同定额。

④ 钢筋锚固长度及马凳筋，设计图纸有规定的按设计规定计算；设计图纸未规定的按规范或经批准的施工组织设计计算。

⑤ 固定钢筋的施工措施用筋，设计图纸有规定的按设计规定计算；设计图纸未规定的可参照表 6-10。结算时按经批准的施工组织设计计算，并入钢筋工程量。

表 6-10 构件措施用筋含量表　　　　　　　　　　kg/m³

序号	构件名称	含量
1	满堂基础	4.0
2	板、楼梯	2.0
3	阳台、雨篷、挑檐	3.0

⑥ 定额中钢筋以手工铁丝绑扎，部分电焊及点焊编制的，实际施工不同时，仍按项目规定计算。

任务 6.5 技能训练

案例 6-1 如图 6-12 所示是有梁式带形基础，试计算混凝土基础工程量并套定额。

分析 本案例在计算基础工程量时，将基础梁与基础分开计算，基础梁为矩形截面形式的条形构件以体积计算。外墙下基础按外墙中心线长度乘以外墙基础断面积（梯形＋矩形），内墙按内墙基础净长乘以内墙基础断面积，另外注意加内外墙的搭接体积。

解

（1）外墙基础体积

$$L_外 = (3.6 \times 2 + 4.8) \times 2 = 24(m)$$

下部矩形体体积：　　　　　　$1.2 \times 0.2 \times 24 = 5.76(m^3)$

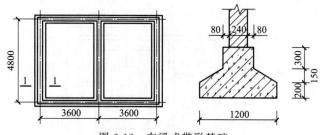

图 6-12　有梁式带形基础

梯形体体积：$[(0.24 + 0.08 \times 2) + 1.2] \times 0.15 \times 0.5 \times 24 = 2.88 (\text{m}^3)$

$$V_{外墙} = 5.76 + 2.88 = 8.64 (\text{m}^3)$$

（2）内墙基础体积

二维码 6.10

$$L_{内} = 4.8 - 1.2 = 3.6 (\text{m})$$

下部矩形体体积：$1.2 \times 0.2 \times 3.6 = 0.864 (\text{m}^3)$

梯形体体积：$[(0.24 + 0.08 \times 2) + 1.2] \times 0.15 \times 0.5 \times 3.6 = 0.432 (\text{m}^3)$

$$V_{内墙} = 0.864 + 0.432 = 1.296 (\text{m}^3)$$

（3）内外墙搭接体积

$$\frac{1}{6} \times \frac{1}{2} \times (1.2 - 0.24 - 0.16) \times 0.15 \times [2 \times (0.24 + 0.16) + 1.2] \times 2 = 0.04 \ (\text{m}^3)$$

（4）基础梁体积

$$V_{外} = (0.24 + 0.08 \times 2) \times 0.2 \times 24 = 1.92 (\text{m}^3)$$

$$V_{内} = (0.24 + 0.08 \times 2) \times 0.2 \times (4.8 - 0.24 - 0.16) = 0.352 (\text{m}^3)$$

混凝土基础工程量 $= 8.64 + 1.296 + 0.04 + 1.92 + 0.352 = 12.25 (\text{m}^3)$

套定额如表 6-11 所示。

表 6-11　混凝土基础

序号	定额编码	项目名称	单位	工程量	单价/元	合价/元
1	A4-3	带形基础	10m^3	1.225	2782.62	3408.71

案例 6-2　某高校机修实习车间基础工程，分别为混凝土垫层砖带形基础、混凝土垫层钢筋混凝土独立基础、土壤三类。由于工程较小，采用人工挖土，移挖夯填，余土场内堆放，不考虑场外运输。室外地坪标高为 -0.15m，室内地坪为 6cm 混凝土垫层、2cm 水泥砂浆面层。砖基础垫层、柱基础垫层与柱混凝土均为 C20 混凝土，基础垫层均考虑支模。基础平面图见图 6-13，基础剖面图见图 6-14。计算各分项工程的工程量（不计算钢筋）。

分析　本案例所含分项工程有：平整场地、挖沟槽、挖地坑、地圈梁、钢筋混凝土独立基础、钢筋混凝土基础垫层、砖带形基础、砖基础垫层、基础回填土、房心回填土、余土外运，因此应遵循合理的统筹顺序，逐项计算各分项工程的工程量。

解

（1）平整场地 $= 11.04 \times 8.34 - 92.07 (\text{m}^2)$

（2）人工挖基础土方

挖土深度 $= 1.85 - 0.15 = 1.7 (\text{m})$，因此需放坡，放坡系数为 0.33。

由于垫层需支模板，因此工作面取 300mm。

砖基础土方：

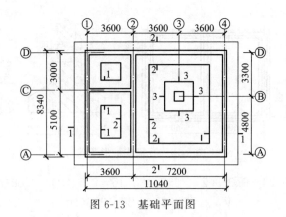

图 6-13　基础平面图

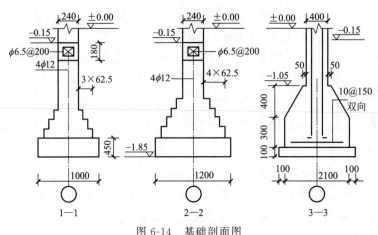

图 6-14　基础剖面图

$$L_{1-1} = 8.1 \times 2 + (3.6 - 0.6 - 0.5 - 0.3 \times 2) = 18.1(\text{m})$$

$$L_{2-2} = 10.8 \times 2 + (8.1 - 1.2 - 0.3 \times 2) = 27.9(\text{m})$$

$$V_{1-1} = (1 + 2 \times 0.3 + 0.33 \times 1.7) \times 18.1 \times 1.7 = 66.49(\text{m}^3)$$

$$V_{2-2} = (1.2 + 0.3 \times 2 + 0.33 \times 1.7) \times 27.9 \times 1.7 = 111.98(\text{m}^3)$$

$$V_{槽} = 66.49 + 111.98 = 178.47(\text{m}^3)$$

独立基础土方：

挖土深度 $= 1.85 - 0.15 = 1.7(\text{m})$，需放坡，放坡系数为 0.33。

$$V_{坑} = 1.7 \times (2.1 + 0.1 \times 2 + 2 \times 0.3 + 0.33 \times 1.7)^2 + \frac{1}{3} \times 0.33^2 \times 1.7^3 = 20.55(\text{m}^3)$$

基础土方工程量 $= 178.47 + 20.55 = 199.02(\text{m}^3)$

（3）地圈梁

地圈梁工程量 $= (L_{中} + L_{内}) \times$ 梁截面积

$$= [2 \times (10.8 + 8.1) + (8.1 - 0.24 + 3.6 - 0.24)] \times$$

$$0.18 \times 0.24 = 2.12(\text{m}^3)$$

（4）独立柱基础

独立柱基础工程量 $= 2.1 \times 2.1 \times 0.3 + \dfrac{0.4}{6} \times [2.1 \times 2.1 + 0.5 \times$

$$0.5 + (2.1 + 0.5)^2] = 2.084(\text{m}^3)$$

（5）独立基础混凝土垫层 $= 2.3 \times 2.3 \times 0.1 = 0.529$（$m^3$）

（6）砖带形基础：

$$L_{基础1-1} = 8.1 \times 2 + (3.6 - 0.24) = 19.56(m)$$
$$L_{基础2-2} = 10.8 \times 2 + (8.1 - 0.24) = 29.46(m)$$

$V_{砖基}$ ＝基础长×砖墙宽×（基础深度＋折加高度）－嵌入基础的混凝土构件体积

$= 19.56 \times 0.24 \times (1.4 + 0.394) + 29.46 \times 0.24 \times (1.4 + 0.656) - 2.12 = 20.84(m^3)$

（7）砖基础垫层

$$L_{垫层1-1} = 8.1 \times 2 + (3.6 - 0.6 - 0.5) = 18.7(m)$$
$$L_{垫层2-2} = 10.8 \times 2 + (8.1 - 1.2) = 28.5(m)$$

砖基础垫层工程量 $= 1.0 \times 0.45 \times 18.7 + 1.2 \times 0.45 \times 28.5 = 23.81(m^3)$

（8）基础回填土

基础回填土＝挖土体积－室外地坪标高以下埋设物的体积

埋设物体积中应加上室外地坪以下柱体积 $= 0.4 \times 0.4 \times (1.05 - 0.15) = 0.144(m^3)$

砖基础体积中应扣除室内外高差部分体积 $= 0.15 \times 0.24 \times (19.56 + 29.46) = 1.764(m^3)$

基础回填土体积

＝挖基础土方－（地圈梁＋独立柱基＋柱基层＋砖基础垫层＋部分砖基础＋部分柱体积）

$= 199.02 - [2.12 + 2.084 + 0.529 + (20.84 - 1.764) + 23.81 + 0.144] = 151.26(m^3)$

（9）房心回填

房心回填＝主墙间净面积×（室内外高差－地坪厚度）

$= [11.04 \times 8.34 - (19.56 + 29.46) \times 0.24] \times (0.15 - 0.08) = 5.62(m^3)$

（10）余土外运

由于挖土方体积大于基础回填和房心回填土体积之和，因此有余土：

余土外运体积＝挖土总体积－填土总体积

$= 199.02 - (151.26 + 5.62) = 42.14(m^3)$

计算结果列入工程量汇总表，见表6-12。

表 6-12　某高校机修实习车间工程量汇总表

序号	分项工程名称	计量单位	工程量
1	人工挖沟槽　三类土	m^3	178.47
2	人工挖地坑　三类土	m^3	20.55
3	平整场地	m^2	92.07
4	回填土	m^3	151.26
5	房心回填	m^3	5.62
6	人工运土方	m^3	42.14
7	砖带形基础	m^3	20.84
8	现浇独立柱基	m^3	2.084
9	现浇混凝土地圈梁	m^3	2.12
10	砖带形基础垫层	m^3	23.81
11	独立柱基础垫层	m^3	0.529

案例 6-3 某 4 层现浇混凝土框架结构办公楼，无地下室，局部平面、立面如图 6-15、图 6-16 所示，已知 KZ1 为 450mm×450mm，KL1 为 350mm×650mm，板厚 110mm，计算各层柱、梁、板混凝土体积并套定额。

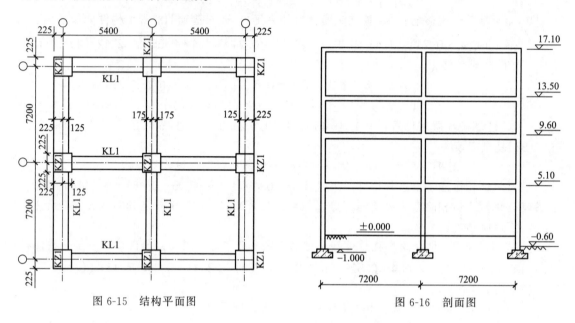

图 6-15 结构平面图　　　　　　图 6-16 剖面图

分析

① 柱按图示尺寸以体积计算工程量。柱高按柱基上表面或楼板上表面至柱顶上表面的高度计算。

② 梁按图示断面尺寸乘以梁长以 "m³" 计算。梁与柱交接时，梁长算至柱侧面。

③ 凡带有梁（包括主、次梁）的楼板，梁和板的工程量分别计算，板算至梁的侧面，梁、板分别套用相应项目。

解

二维码 **6.11**

$$V_{KZ1} = (1.0 + 17.1) \times 0.45 \times 0.45 \times 9 = 32.987(\text{m}^3)$$

KL1 每层净长 $L = (7.2 \times 2 - 0.45 \times 2) \times 3 + (5.4 \times 2 - 0.45 \times 2) \times 3 = 70.20(\text{m})$

$$V_{KL1} = 70.2 \times 0.35 \times 0.65 \times 4 = 63.882(\text{m}^3)$$

$$V_{\text{板}} = [(7.2 \times 2 + 0.225 \times 2) \times (5.4 \times 2 + 0.225 \times 2) - 0.45 \times 0.45 \times 9 - 0.35 \times 70.20] \times 0.11 \times 4 = 61.895(\text{m}^3)$$

混凝土工程量套定额见表 6-13。

表 6-13 梁板柱混凝土

序号	定额编码	项目名称	单位	工程量	单价/元	合价/元
1	A4-16	矩形柱	10m³	3.299	3423.78	11295.05
2	A4-24	单梁连续梁	10m³	6.388	3035.92	19393.46
3	A4-34	平板	10m³	6.190	3039.03	18811.60
4	合计/元					49500.11

案例 6-4 某 4 层砖混结构办公楼，层高 3.90m，墙厚均为 240mm，轴线居中，二层楼梯如图 6-17 所示，TB-1 示意图如图 6-18 所示，使用 C20 预拌混凝土，混凝土输送泵车

泵送。计算二层楼梯混凝土工程量并套定额。

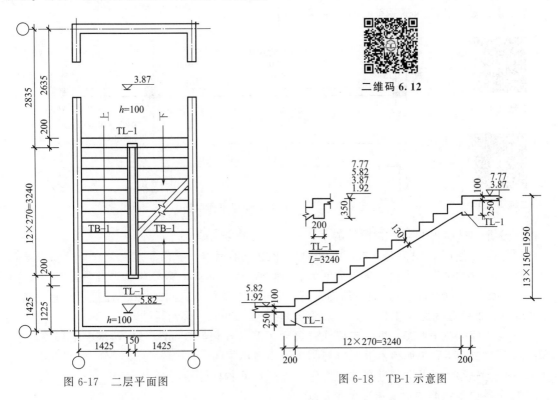

二维码 6.12

图 6-17 二层平面图

图 6-18 TB-1 示意图

※**分析** 整体楼梯（包括板式、单梁式或双梁式楼梯）以设计图示尺寸的体积计算。不扣除钢筋混凝土中的钢筋、预埋铁件、螺栓所占的体积。楼梯与楼板的划分以楼梯梁的外边缘为界，该楼梯梁包括在楼梯体积内。伸入墙内部分的体积并入楼梯体积中。

※**解**

① 标高 5.82m 处平台板：

$V_{平台板} = 0.1 \times 1.225 \times (1.425 \times 2 + 0.15) = 0.368 \ (m^3)$

② 标高 5.82m 和 7.77m 处 TL-1（标高 1.92m 和 3.87m 处 TL-1 并在一层楼梯内）：

$$V_{TL-1} = 0.2 \times 0.35 \times 3.24 \times 2 = 0.454 (m^3)$$

③ 标高 3.87～7.77m 处斜板及踏步：

$$V_{斜板} = 0.13 \times \sqrt{3.24^2 + 1.8^2} \times (1.425 - 0.12) \times 2 = 1.258 (m^3)$$

$V_{踏步} = 0.15 \times 0.27 \times 0.5 \times (1.425 - 0.12) \times 12 \times 2 = 0.634 \ (m^3)$

④ $V_{合计} = 0.368 + 0.454 + 1.258 + 0.634 = 2.714 \ (m^3)$

⑤ 定额套用如表 6-14 所示。

表 6.14 楼梯混凝土

序号	定额编码	项目名称	单位	工程量	单价/元	合价/元
1	A4-199	预拌混凝土整体楼梯	10m³	0.271	3684.51	998.50
2	A4-313	混凝土输送泵车檐高 60m 以内	10m³	0.271	272.52	73.85
3		合计/元				1072.35

案例 6-5 某框架结构房屋，抗震等级为二级，其框架梁的配筋如图 6-19 所示。已

知梁混凝土的强度等级为 C30，柱的断面尺寸为 450mm×450mm，板厚 100mm，正常室内环境使用，试计算梁内的钢筋工程量并套定额。

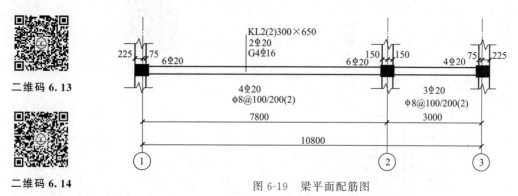

二维码 6.13

二维码 6.14

图 6-19　梁平面配筋图

✻分析　图 6-19 所示是梁配筋的平法表示。它的含义是：

①、②轴线间的 KL2（2）300×650 表示 KL2 共有两跨，截面宽度为 300mm，截面高度为 650mm；2Φ20 表示梁的上部贯通筋为 2 根Φ20mm；G4Φ16 表示按构造要求配置了 4 根Φ16mm 的腰筋；4Φ20 表示梁的下部贯通筋为 4 根Φ20mm；Φ8@100/200（2）表示箍筋直径为Φ8mm，加密区间距为 100mm，非加密区间距为 200mm，采用两肢箍。

①轴支座处的 6Φ20，表示支座处的负弯矩筋为 6 根Φ20mm，其中两根为上部贯通筋；②轴及③轴支座处的 6Φ20 和 4Φ20 与①轴表示意思相同。

②、③轴线间的标注表示的含义与①、②轴线间的标注相同。

以上各位置钢筋的放置情况见图 6-20。

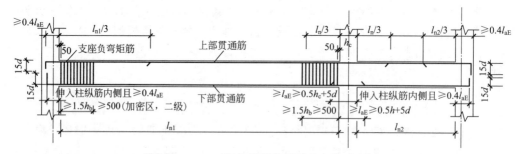

图 6-20　一、二级抗震等级梁平面配筋示意图

✻解

（1）上部贯通筋 2Φ20

　　每根上部贯通筋的长度 = 各跨净长度 + 中间支座的宽度 + 两端支座的锚固长度

$$= (7.8 - 0.225 \times 2 + 3 - 0.225 \times 2) + 0.225 \times 2 + (0.4 \times 34 \times$$
$$0.02 + 15 \times 0.02) = 9.9 + 0.45 + 0.57 = 10.92 (m)$$

　　上部贯通筋总长度 = 每根上部贯通筋的长度 × 根数 = 10.92 × 2 = 21.84（m）

（2）①轴支座处负弯矩筋 4Φ20

　　①轴支座处每根负弯矩筋长度 = $\dfrac{l_{n1}}{3}$ + 支座锚固长度

$$= \frac{1}{3} \times (7.8 - 0.225 \times 2) + (0.4 \times 34 \times 0.02 + 15 \times 0.02)$$

$$= 2.45 + 0.57 = 3.02 (m)$$

①轴支座处负弯矩筋总长度 $= 3.02 \times 4 = 12.08$（m）

（3）②轴支座处负弯矩筋 4Φ20

$$②轴支座处每根负弯矩筋长度 = \frac{l_n}{3} \times 2 + 支座宽度$$

$$= \frac{1}{3} \times (7.8 - 0.225 \times 2) \times 2 + 0.225 \times 2$$

$$= 4.9 + 0.45 = 5.35(m)$$

②轴支座处负弯矩筋总长度 $= 5.35 \times 4 = 21.4(m)$

（4）③轴支座处负弯矩筋 2Φ20

因②、③轴间跨长 3m，其中②轴支座处负弯矩筋伸入第二跨连同支座长共为 $0.225 + 2.45 = 2.675$（m），故②轴支座处 4Φ20 直接伸入③轴支座处。

③轴支座处每根负弯矩筋计算长度 $= (3 - 2.675 - 0.225) + (0.4 \times 34 \times 0.02 + 15 \times 0.02)$ $= 0.1 + 0.57 = 0.67(m)$

③轴支座处负弯矩筋总长度 $= 0.67 \times 2 = 1.3(m)$

（5）第一跨（①、②轴线间）下部贯通筋 4Φ20

每根下部贯通筋的长度 = 本跨净长度 + 两端支座锚固长度

在②轴支座处的锚固长度应取 l_{aE} 和 $0.5h_c + 15d$ 的最大值，因 $l_{aE} = 34d = 34 \times 0.02 = 0.68(m)$，$0.5h_c + 15d = 0.5 \times 0.225 \times 2 + 15 \times 0.02 = 0.525(m)$，故②轴支座处的锚固长度应取 0.68m。则有每根下部贯通的长度 $= (7.8 - 0.225 \times 2) + 0.4l_{aE} + 15d + 0.68$

$$= (7.8 - 0.225 \times 2) + (0.4 \times 34 \times 0.02 + 15 \times 0.02) +$$

$$0.68 = 8.6(m)$$

第一跨（①、②轴线间）下部贯通筋 4Φ20：总长度 $= 8.6 \times 4 = 34.4(m)$

（6）第二跨（②、③轴线间）下部贯通筋 3Φ20

每根下部贯通筋的长度 $= (3 - 0.225 \times 2) + 0.68 + (0.4 \times 34 \times 0.02 + 15 \times 0.02) = 3.8(m)$

第二跨（②、③轴线间）下部贯通筋 3Φ20：总长度 $= 3.8 \times 3 = 11.4(m)$

（7）箍筋Φ8

由于第一跨与第二跨的截面尺寸不同，所以箍筋长度也不同。

① 第一跨：

$$每根箍筋长度 = 梁周长 - 8 \times 混凝土保护层厚度 + 两弯钩长度$$

$$= (0.3 + 0.65) \times 2 - 8 \times 0.025 + 11.87 \times 0.008$$

$$= 1.89(m)$$

由图可知，箍筋加密区长度应大于或等于 $1.5h_b$ 且大于 500mm，因 $1.5h_b = 1.5 \times 0.65 = 0.975(m) = 975(mm) > 500(mm)$，故第一跨箍筋加密区长度 $= 0.975m$。

$$第一跨箍筋设置个数 = 加密区个数 + 非加密区个数$$

$$= \left(\frac{0.975 - 0.05}{0.1} + 1 \right) \times 2 + \frac{7.8 - 0.225 \times 2 - 0.975 \times 2}{0.2} - 1$$

$$= (9 + 1) \times 2 + (27 - 1) = 46(根)$$

$$第一跨箍筋总长度 = 1.89 \times 46 = 86.9(m)$$

② 第二跨：

$$每根箍筋长度 = 梁周长 - 8 \times 混凝土保护层厚度 + 两弯钩长度$$

$$= (0.3 + 0.65) \times 2 - 8 \times 0.025 + 11.87 \times 0.008$$

$$= 1.89(m)$$

由图可知，箍筋加密区长度应大于或等于 $1.5h_b$ 且大于 500mm，因 $1.5h_b = 1.5 \times 0.65 = 0.975(m) = 975(mm) > 500(mm)$，故第一跨箍筋加密区长度 $= 0.975(m)$。

第二跨箍筋设置个数 = 加密区个数 + 非加密区个数

$$= \left(\frac{0.975 - 0.05}{0.1} + 1 \right) \times 2 + \frac{3 - 0.225 \times 2 - 0.975 \times 2}{0.2} - 1$$

$$= (9 + 1) \times 2 + (7 - 1) = 26(根)$$

第二跨箍筋总长度 $= 1.89 \times 26 = 49.14(m)$

梁内箍筋总长度 = 第一跨箍筋总长度 + 第二跨箍筋总长度

$$= 86.9 + 49.14 = 136.04(m)$$

(8) 腰筋 $4\phi16$ 及其拉筋

按构造要求，当梁高大于 450mm 时，在梁的两侧沿高度配腰筋，其间距 ≤ 200mm，当梁宽 ≤ 350mm 时，腰筋上拉筋直径为 6mm，间距为非加密区箍筋间距的两倍，即间距 400mm，拉筋弯钩长度为 $10d$。

目前，市场供应钢筋直径为 $\phi6.5mm$。

因梁腹板高为 $(650 - 100)mm = 500mm > 450mm$，故梁应沿梁高每侧设 $2\phi16$ 的腰筋，即共计 4 根，其锚固长度取 $15d$。

腰筋长度 = 每根腰筋长度 × 根数

$$= [(10.8 - 0.225 \times 2) + 2 \times 15 \times 0.016] \times 4$$

$$= 10.83 \times 4 = 43.32(m)$$

拉筋长度 = 每根拉筋长度 × 根数

$$= (梁宽 - 2 \times 保护层厚度 + 2 \times 弯钩长度) \times \left(\frac{腰筋长度}{拉筋间距} + 1 \right) \times 沿梁高每侧设置腰筋的根数$$

$$= (0.3 - 0.225 \times 2 + 2 \times 10 \times 0.0065) \times \left(\frac{10.38}{0.4} + 1 \right) \times 2$$

$$= 21.28(m)$$

计算钢筋重量：

钢筋重量 = 钢筋总长度 × 每米钢筋重量

$\phi20mm$ 钢筋重量 $= (21.84 + 12.08 + 21.4 + 1.34 + 34.4 + 11.4) \times 2.47$

$$= 102.46 \times 2.47 = 253.08(kg) = 0.253(t)$$

$\phi16mm$ 钢筋重量 $= 43.32 \times 1.58 = 68.54(kg) = 0.069(t)$

$\phi8mm$ 钢筋重量 $= 136.04 \times 0.395 = 53.74(kg) = 0.054(t)$

$\phi6.5mm$ 钢筋重量 $= 21.28 \times 0.26 = 5.53(kg) = 0.006(t)$

定额套用如表 6-15 所示。

表 6-15　梁钢筋

序号	定额编码	项目名称	单位	工程量	单价/元	合价/元
1	A4-330	现浇构件直径 10mm 以内钢筋	t	0.060	5299.97	317.99
2	A4-331	现浇构件直径 20mm 以内钢筋	t	0.322	5357.47	1725.11
3			合计/元			2043.10

📖 **案例 6-6**　计算图 6-21 所示现浇钢筋混凝土板中钢筋工程量并套定额，已知板四周与梁相连，板厚为 110mm，板上分布钢筋为 φ6@200。

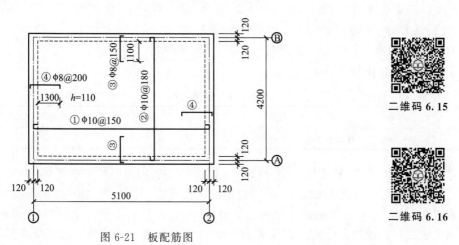

二维码 6.15

二维码 6.16

图 6-21　板配筋图

※**分析**　板中有受力筋、负弯矩筋和分布筋。受力筋长度按两个梁的中心线距离加两个 180°弯钩；负弯矩筋长度算至梁边减一个保护层另加两个弯折，弯折按板厚减两个保护层计算长度；分布筋从距梁边 1/2 板筋间距开始布置，长度按梁中心线到梁中心线计算。

※**解**

(1) ①号钢筋（φ10@150）

$$单根钢筋长度 = 5.1 + 2 \times 6.25 \times 0.01 = 5.225(m)$$
$$钢筋根数 = (4.2 - 0.24 - 0.075 \times 2)/0.15 + 1 = 27(根)$$
$$①号钢筋总长度 = 27 \times 5.225 = 141.08(m)$$

(2) ②号钢筋（φ10@180）

$$单根钢筋长度 = 4.2 + 2 \times 6.25 \times 0.01 = 4.325(m)$$
$$钢筋根数 = (5.1 - 0.24 - 0.09 \times 2)/0.18 + 1 = 27(根)$$
$$②号钢筋总长度 = 27 \times 4.325 = 116.78(m)$$

(3) ③号钢筋（φ8@150）

$$单根钢筋长度 = 1.1 + 0.24 - 0.02 + 15 \times 0.008 + 0.11 - 2 \times 0.015 = 1.52(m)$$
$$钢筋根数 = (5.1 - 0.24 - 0.075 \times 2)/0.15 + 1 = 32.4(根), 取 33 根$$
$$③号钢筋总长度 = 2 \times 33 \times 1.52 = 100.32(m)$$

(4) ④号钢筋（φ8@200）

$$单根钢筋长度 = 1.3 + 0.24 - 0.02 + 15 \times 0.008 + 0.11 - 2 \times 0.015 = 1.72(m)$$
$$钢筋根数 = (4.2 - 0.24 - 0.1 \times 2)/0.2 + 1 = 19.8(根), 取 20 根$$

④号钢筋总长度 = $2 \times 20 \times 1.72 = 68.8(m)$

(5) 分布筋（φ6.5@200）

在③号钢筋上，可排放 (1.1 - 0.1)/0.2 + 1 = 6(根)

单根长 = 5.1 - 0.24 - 1.3 × 2 + 0.3 = 2.56(m)

在③号钢筋上分布筋总长度为：2 × 2.56 × 6 = 30.72(m)

在④号钢筋上，可排放 (1.3 - 0.1)/0.2 + 1 = 7(根)

单根长 = 4.2 - 0.24 - 1.1 × 2 + 0.3 = 2.06(m)

在④号钢筋上分布筋总长度为：2 × 2.06 × 7 = 28.84(m)

计算钢筋重量：

$$钢筋重量 = 钢筋总长度 \times 每米钢筋重量$$

$\phi 10$ 钢筋重量 $= (141.08 + 116.78) \times 0.617 = 159.10(kg) = 0.159(t)$

$\phi 8$ 钢筋重量 $= (100.32 + 68.8) \times 0.395 = 66.80(kg) = 0.067(t)$

$\phi 6.5$ 钢筋重量 $= (30.72 + 28.84) \times 0.26 = 15.49(kg) = 0.015(t)$

定额套用如表 6-16 所示。

表 6-16　楼板钢筋

序号	定额编码	项目名称	单位	工程量	单价/元	合价/元
1	A4-330	现浇构件直径 10mm 以内钢筋	t	0.241	5299.97	1277.29

案例 6-7　某框架边柱 KZ1 如图 6-22 所示，截面尺寸 550mm × 550mm，C25 混凝土，三级抗震，纵筋种类 HRB335，采用直螺纹机械连接，根据 16G101-1 图集要求，柱混凝土保护层 30mm，主筋在基础内水平弯折 200mm 基础内箍筋 3 根，梁高均为 500mm，主筋的交错位置、箍筋的加密位置及长度按 16G101-1 图集计算，求柱钢筋工程量并套定额。

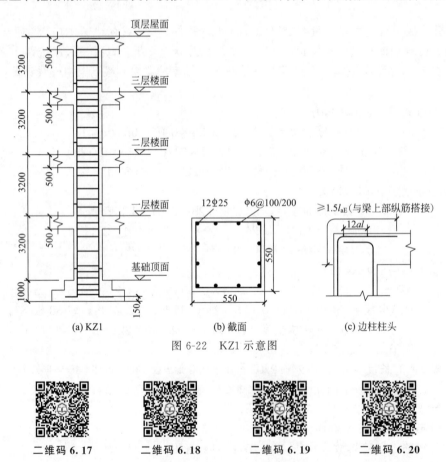

图 6-22　KZ1 示意图

二维码 6.17　　二维码 6.18　　二维码 6.19　　二维码 6.20

分析

① 柱钢筋计算计算受力纵筋，按照 16G101-1 图集具体规定计算长度；

② 钢筋采用直螺纹机械连接，接头按个数计算，根据规则要求一根钢筋按照一层一个接头计算，同时不再计算钢筋的搭接量；

③ ϕ16mm 以内接头每个钢筋接头扣除电焊条 0.11 元，扣除人工费和机械费 0.60 元；ϕ22mm 以内接头每个接头扣除电焊条 0.50 元，扣除人工费和机械费 1.40 元；ϕ22mm 以外接头每个接头扣除电焊条 0.70 元，扣除人工费和机械费 1.95 元。

解

(1) 纵筋工程量计算

考虑相邻纵筋连接接头需要错开，纵筋工程量分两部分计算。

① 基础部分：

6ϕ25　$L_1 = 200 + (1000 - 150) + H_n/3 = 200 + (1000 - 150) + (3200 - 500)/3 = 1950(\text{mm})$

6ϕ25　$L_2 = 200 + (1000 - 150) + H_n/3 + 35d = 200 + (1000 - 150) + (3200 - 500)/3 + 35 \times 25 = 2825(\text{mm})$

② 基础顶面至一层楼面：

6ϕ25　$L_1 = 3200 - H_n/3 + \text{Max}(H_n/6, h_c, 500) = 3200 - (3200 - 500)/3 + 550 = 2850(\text{mm})$

6ϕ25　$L_2 = L_1 = 2850\text{mm}$

③ 一层楼面至二层楼面：

6ϕ25　$L_1 = 3200\text{mm}$

④ 二层楼面至三层楼面：

6ϕ25　$L_1 = 3200\text{mm}$

6ϕ25　$L_2 = 3200\text{mm}$

⑤ 三层楼面至顶层屋面

a. 顶层柱外侧纵筋 4ϕ25，查 16G101-1 图集得 $l_{abE} = 35d$

其中 2ϕ25　$L_1 = 3200 - 550 - 500 + 1.5 l_{abE} = 3200 - 550 - 500 + 1.5 \times 35 \times 25 = 3463(\text{mm})$

其中 2ϕ25　$L_2 = 3200 - 550 - 35d - 500 + 1.5 l_{abE} = 3200 - 550 - 35 \times 25 - 500 + 1.5 \times 35 \times 25 = 2588(\text{mm})$

b. 柱内侧纵筋 8ϕ25：

其中 4ϕ25　$L_1 = 3200 - 550 - 30 + 12d = 3200 - 550 - 30 + 12 \times 25 = 2920$ (mm)

其中 4ϕ25　$L_2 = 3200 - 550 - 35d - 30 + 12d = 3200 - 550 - 35 \times 25 - 30 + 12 \times 25 = 2045(\text{mm})$

⑥ 汇总：

$$L = 6 \times 1950 + 6 \times 2825 + 12 \times 2850 + 12 \times 2 \times 3200 + 2 \times 3463 +$$
$$2 \times 2588 + 4 \times 2920 + 4 \times 2045 = 171612(\text{mm})$$
$$重量 = 171612/1000 \times 3.85 = 660.7(\text{kg})$$

⑦ 直螺纹钢筋接头：

$$4 \times 12 = 48(\text{个})$$

(2) 箍筋计算（按外皮计算）

① 箍筋尺寸　　$L = 2(b + h) - 8c + 2 \times 1.9d + 2\max(10d, 75)$
$$= 2 \times (550 + 550) - 8 \times 30 + 2 \times 1.9 \times 8 + 2 \times 80 = 2150(\text{mm})$$

② 基础箍筋 3 根。

③ 基础顶面至一层楼面：

加密区　　$L = H_n/3 + 550 + 500 = (3200 - 500)/3 + 550 + 500 = 1950(\text{mm})$

非加密区　　　　$L = 3200 - 1950 = 1250(\text{mm})$

$$N = (1950/100) + (1250/200) + 1 = 27(根)$$

④ 一层楼面至二层楼面：

加密区　　　　　　　$L = 550 + 550 + 500 = 1600(mm)$

非加密区　　　　　　$L = 3200 - 1600 = 1600(mm)$

每层　　　　　　　　$N = (1600/100) + (1600/200) = 24(根)$

⑤ 二层楼面至三层楼面：

加密区　　　　　　　$L = 550 + 550 + 500 = 1600(mm)$

非加密区　　　　　　$L = 3200 - 1600 = 1600(mm)$

每层　　　　　　　　$N = (1600/100) + (1600/200) = 24(根)$

⑥ 三层楼面至顶层屋面：

加密区　　　　　　　$L = 550 + 550 + 500 = 1600(mm)$

非加密区　　　　　　$L = 3200 - 1600 = 1600(mm)$

每层　　　　　　　　$N = (1600/100) + (1600/200) = 24(根)$

⑦ 总根数：

$$3 + 27 + 24 \times 3 = 102(根)$$

⑧ 汇总：　　　　$L = 102 \times 2150 = 219300(mm)$

$$重量 = 219300/1000 \times 0.395 = 86.62(kg)$$

定额套用见表 6-17。

表 6-17　柱钢筋计价表

序号	定额编码	项目名称	单位	工程量	单价/元	其中		合计/元	其中	
						人工费/元	机械费/元		人工费/元	机械费/元
1	A4-330	φ10mm 以内现浇构件钢筋	t	0.087	5299.97	799.86	55.72	461.10	69.59	4.85
2	A4-332	φ20mm 以外现浇构件钢筋	t	0.661	5109.22	331.98	104.37	3377.19	219.44	68.99
3	A4-346	直螺纹钢筋接头 30mm 以内	10 个	4.8	111.39	33.30	22.82	534.67	159.84	109.54
4	补-1	扣除人工机械费	个	48.0	-1.95	-1.95	0	-93.60	-93.60	0
5	补-2	扣除电焊条	个	48.0	-0.70	0	0	-33.60	0	0
6		合计/元						4245.76	355.27	183.37

实训项目

计算附图中的混凝土及钢筋工程量及价格。

二维码 6.21　　　二维码 6.22　　　二维码 6.23　　　二维码 6.24　　　二维码 6.25

项目7 厂库房大门、特种门、木结构工程及金属结构工程

任务7.1 厂库房大门、特种门、木结构工程

7.1.1 厂库房大门、特种门、木结构工程工程量计算

7.1.1.1 木结构工程量的计算

① 木楼梯按水平投影面积计算，但楼梯井宽度超过30cm时应予扣除。项目内已包括踢脚板、平台和伸入墙内部分的工、料，但未包括楼梯及平台底面的天棚。

② 木屋架按竣工木料以立方米计算。其后备长度及配制损耗均已包括在项目内，不另计算。屋架需抛光者，按加抛光损耗后的毛料计算。附属于屋架的木夹板、垫木、风撑和屋架连接的挑檐木均按竣工木料计算后，并入相应的屋架内。与圆木屋架连接的挑檐木、风撑等如为方木时，可另列项目按方檩木计算。单独的挑檐木也按方檩木计算。

注：屋架的跨度是指屋架两端上、下弦中心线交点之间的长度。带气楼的屋架按所依附的屋架跨度计算。

③ 带气楼屋架的气楼部分及马尾、折角和正交部分的半屋架应并入相连接的正屋架的竣工材积计算。

④ 檩木按竣工木料以立方米计算，檩垫木或钉在屋架上的檩托木已包括在项目内，不另计算。简支檩长度按设计规定计算。如设计未规定时按屋架或山墙中距增加10cm接头计算（两端出山墙檩条算至搏风板）；连续檩的长度按设计长度计算，如设计无规定时，其接头长度按全部连续檩的总长度增加5％计算。正放檩木上的三角木应并入檩木材积内计算。

⑤ 椽子、挂瓦条、檩木上钉屋面板等木基层，均按屋面的斜面积计算。天窗挑檐重叠

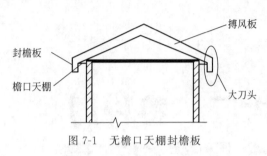

图 7-1　无檐口天棚封檐板

部分按设计规定增加，屋面烟囱及斜沟部分所占的面积不予扣除。

⑥ 无檐口天棚封檐板（见图 7-1），按檐口的外围长度计算；搏风板按其水平投影长度乘屋面坡度的延尺系数后每头加 15cm 计算（两坡水屋面共加 30cm）。

7.1.1.2　特种门工程量的计算

① 射线防护门制作以平方米为计算，工程量按门扇的外围面积计算。射线防护门铅板厚度可按设计要求进行换算，其他不变。

② 钢门安装按框外围面积计算。

7.1.2　厂库房大门、特种门、木结构工程计价

① 本项目木材均以一、二类木种为准。如设计采用三、四类木种时，人工及机械乘以系数 1.35。

② 本项目圆木以毛料为准，如需抛光，按每立方米木材增加 0.05m³ 抛光损耗。

③ 本项目所列玻璃为平板玻璃。如厚度和品种与设计规定不同时，应按设计规定换算，其他不变。

④ 本项目所列厂库房大门、特种门五金铁件参考表，如与设计规定不同时，应以设计规定为准。

⑤ 本项目厂库房大门、特种门制作、安装项目，不包括从加工厂的成品堆放场至现场堆放场的场外运输。如实际发生时，按构件运输及安装工程相应项目计算。

⑥ 各种钢门的五金铁件（如折页、普通门轴、门闩插锁等）均已综合在制作项目内，但推拉钢门、射线防护门的金属滑轨、滑轮、阻偏轮或轴承等五金配件，应按设计图纸另列项目计算。

任务 7.2　金属结构工程

二维码 7.1

金属结构制作是指钢柱、钢屋架、钢托架、钢梁等的现场加工制作或企业附属加工厂制作的构件。

7.2.1　金属构件工程量计算

① 金属结构构件制作按设计图示钢材尺寸以吨计算，不扣除孔眼、切边的重量，焊条、铆钉、螺栓等重量已包括在项目内不另计算。在计算不规则或多边形钢板重量时按其最小外接矩形面积计算。

② 实腹柱、吊车梁、H 型钢按图示尺寸计算，其中腹板及翼板宽度按每边增加 10mm 计算。

③ 计算钢柱制作工程量时，依附于柱上的牛腿及悬臂梁的重量应并入柱身的重量内。

④ 计算吊车梁制作工程量时，依附于吊车梁的连接钢板重量并入吊车梁重量内，但依

附于吊车梁上的钢轨、车挡、制动梁的重量，应另列项目计算。

⑤ 单梁悬挂起重机轨道工字钢含量及垃圾斗、出垃圾门的钢材含量，项目规定与设计不同时，可按设计规定调整，其他不变。

⑥ 计算钢屋架制作的工程量时，依附于屋架上的檩托、角钢重量并入钢屋架重量内。

⑦ 计算钢托架制作工程量时，依附于托架上的牛腿或悬臂梁的重量应并入钢托架重量内。

⑧ 计算钢墙架制作工程量时，墙架柱、墙架梁及连接拉杆重量并入钢墙架重量内。

⑨ 计算天窗挡风架制作工程量时，柱侧挡风板及挡雨板支架重量并入天窗挡风架重量内，天窗架应另列项目计算，天窗架上的横挡支爪、檩条爪应并入天窗架重量计算。

⑩ 钢支撑制作项目包括柱间、屋架间水平及垂直支撑以吨为单位计算。

⑪ 计算钢平台制作工程量时，平台柱、平台梁、平台板（花纹钢板或箅式）、平台斜撑、钢扶梯及平台栏杆等的重量，应并入钢平台重量内。

⑫ 钢制动梁的制作工程量包括制动梁、制动桁架、制动板重量。

⑬ 钢漏斗制作工程量，矩形按图示分片，圆形按图示展开尺寸，并依钢板宽度分段计算，依附漏斗的型钢并入漏斗重量内计算。

⑭ 球节点钢网架制作工程量按钢网架整个重量计算，即钢杆件、球节点、支座等重量之和，不扣除球节点开孔所占重量。

知识窗

① 金属构件制作工作内容：放样、划线、截料、平直、钻孔、拼装、焊接、成品矫正、除锈、刷防锈漆一遍、成品编号堆放。

② 金属构件拼装、安装工作内容：校正、焊接或螺栓固定、构件加固、翻身、吊装就位。

③ 轻钢屋架：单榀屋架重 1t 以内，一般为钢筋和小角钢焊成，跨度较小。

④ 组合型钢屋架：用钢板和角钢焊接而成，有三角形、梯形、拱形等形式。按单榀重量划分为 3t、5t、8t 以内及 8t 以外。

⑤ 柱间钢支撑：设在两立柱之间的交叉斜杆，以增强柱子的整体刚度。分为上柱支撑和下柱支撑。

⑥ 屋架钢支撑：设在两榀屋架之间的交叉斜杆或直杆，以增加屋架的整体刚度。按支撑部位分为上弦平面支撑、下弦平面支撑、垂直于屋架平面支撑（简称垂直支撑或剪刀撑）。

⑦ 钢屋架、钢桁架、钢网架拼装：指在工厂分段制作（称为榀段），运到现场后，在拼装台上校正、焊接或螺栓固定拼成整榀钢架。整体一次性制成的钢架不适用拼装项目。

7.2.2　金属结构工程计价

① 金属构件制作均按焊接考虑。

② 构件制作包括分段制作和整体预装配等全部操作过程所使用的人工、材料及机械台班用量。整体预装配的螺栓及锚固杆件用的螺栓已包括在项目内。

③ 金属结构构件制作项目内包括钢材损耗，并包括刷一遍防锈漆的工料。

④ 本项目未包括加工点至安装点构件运输，实际发生时应按构件运输及安装工程相应项目计算。

⑤ 设计要求无损探伤的构件其制作人工乘以系数 1.05。

⑥ 金属结构构件焊接焊缝无损探伤应按规范要求套用相应项目。焊缝质量检测级别见表 7-1。

表 7-1　焊缝质量检测级别

级别	检测项目	检查数量
1	外观检查	全部
	超声波检查	全部
	X 射线检查	抽查焊缝长度的 2%,至少应有一张底片
2	外观检测	全部
	超声波检测	抽查焊缝长度的 2%
3	外观检测	全部

7.2.3 技能训练

案例 7-1 计算 10 块多边形连接钢板的重量,最大的对角线长 640mm,最大的宽度 420mm,板厚 4mm,如图 7-2 所示。

图 7-2　多边形连接钢板

分析　不规则或多边形钢板重量按其最小外接矩形面积计算。

解　钢板面积：　　　　　　　$0.64 \times 0.42 = 0.2688(m^2)$

查预算手册钢板每平方理论重量：　$31.4kg/m^2$

图示重量：　　　　　　　　　　$0.2688 \times 31.4 = 8.44(kg)$

工程量：　　　　　　　　　　　$8.44 \times 10 = 84.4(kg)$

案例 7-2 试计算图 7-3 所示的钢屋架间水平支撑的制作工程量。

分析　金属结构构件制作工程量 = 构件中各钢材重量之和。

钢板的每平方米重量及型钢每米重量可从有关表中查出,也可用下述公式计算：

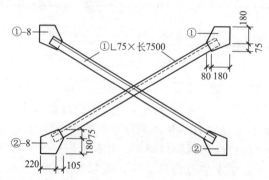

图 7-3　钢屋架间水平支撑

钢板每平方米重量＝7.85×钢板厚度

角钢每米重量＝0.00795×角钢厚度×(角钢长边＋短边－角钢厚度)

解　如图 7-3 所示，有：

钢板重量＝1 号钢板面积×钢板每平方米重量×块数＋2 号钢板面积×钢板每平方米重量×块数＝(0.08＋0.18)×(0.075＋0.18)×62.8×2＋(0.22＋0.105)×(0.075＋0.18)×62.8×2＝8.33＋10.41＝18.74(kg)

角钢重量＝角钢长度×每米重量×根数＝7.5×5.82×2＝87.3(kg)

水平支撑工程量＝钢板重量＋角钢重量＝18.74＋87.3＝106.04(kg)

项目8 屋面及防水工程

知识目标

- 掌握屋面防水的工程量计算规则
- 掌握屋面防水的定额套用

技能目标

- 会计算屋面防水的工程量
- 会计算屋面防水的价格

屋面及防水工程包括屋面工程、屋面防水工程及墙、地面防水、防潮工程三个部分。平屋面的构造层次有保温层、找坡层、找平层、防水层等，见图8-1。

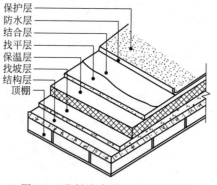

保护层
防水层
结合层
找平层
保温层
找坡层
结构层
顶棚

图 8-1　卷材防水屋面的基本构造

任务 8.1 屋面防水工程量计算

8.1.1 屋面防水

8.1.1.1 瓦屋面

按图示尺寸的水平投影面积乘以屋面延尺系数以"m^2"计算，不扣除房上烟囱、风帽底座、风道、屋面小气窗和斜沟等所占的面积。而屋面小气窗出檐与屋面重叠部分面积亦不增加，但天窗出檐部分重叠的面积应并入相应的屋面工程量内计算。琉璃瓦檐口线及瓦脊以延长米计算。

知识窗

屋面坡度示意图如图 8-2 所示，屋面坡度系数表如表 8-1 所示。

$$延尺系数 = \frac{坡屋面的斜面积}{坡屋面的水平投影面积} \tag{8-1}$$

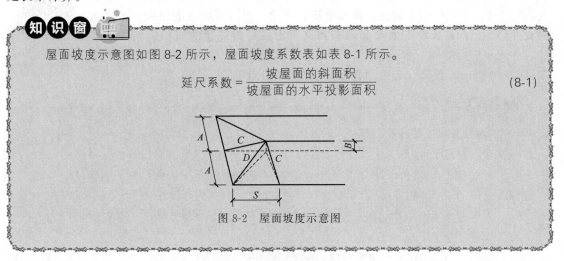

图 8-2 屋面坡度示意图

表 8-1 屋面坡度系数表

坡度 $B(A=1mm)$	坡度 $B/2A$	坡度角度(α)	延尺系数 $C(A=1mm)$	偶延尺系数 $D(A=1mm)$
1	1/2	45°	1.4142	1.7321
0.75	—	36°52′	1.2500	1.6008
0.70	—	35°	1.2207	1.5779
0.666	1/3	33°40′	1.2015	1.5620
0.65	—	33°01′	1.1926	1.5564
0.60	—	30°58′	1.1662	1.5362
0.577	—	30°	1.1547	1.5270
0.55	—	28°49′	1.1413	1.5170
0.50	1/4	26°34′	1.1180	1.5000
0.45	—	24°14′	1.0966	1.4839
0.40	1/5	21°48′	1.0770	1.4697
0.35	—	19°17′	1.0594	1.4569
0.3	—	16°42′	1.0440	1.4457
0.25	—	14°02′	1.0308	1.4362
0.2	1/10	11°19′	1.0198	1.4283
0.15	—	8°32′	1.0112	1.4221
0.125	—	7°8′	1.0078	1.4191
0.10	1/20	5°42′	1.0050	1.4177
0.083	—	4°45′	1.0035	1.4166
0.066	1/30	3°49′	1.0022	1.4157

注：1. 规则中所说的屋面坡度系数指表 8-1 中的屋面延尺系数，也即屋面斜面积与水平投影面积的比值。

2. 不论是四坡排水屋面还是两坡排水屋面，均按此屋面坡度系数计算。

8.1.1.2 卷材及防水涂料屋面

卷材及防水涂料屋面按图示尺寸的水平投影面积乘以屋面延尺系数以"m^2"计算，不扣除房上烟囱、风帽底座、风道、斜沟等所占的面积。平屋面的女儿墙、天沟和天窗等处弯起部分和天窗出檐部分重叠的面积应按图示尺寸，并入相应的屋面工程量内计算。如图纸无规定时，伸缩缝、女儿墙的弯起部分可按 25cm 计算，天窗弯起部分可按 50cm 计算。

知识窗

(1) 屋面水平投影面积计算

① 有挑檐无女儿墙：

屋面水平投影面积＝屋面建筑面积＋(外墙外边线＋檐宽×4)×檐宽

② 有女儿墙无挑檐：

屋面水平投影面积＝屋面层建筑面积－女儿墙中心线×女儿墙厚度

③ 有挑檐有女儿墙：

屋面水平投影面积＝屋面层建筑面积＋(外墙外边线＋
檐宽×4)×檐宽－女儿墙中心线×女儿墙厚度

(2) 屋面水泥砂浆找平层

屋面水泥砂浆找平层按楼地面工程的相应项目计算。

(3) 屋面防水的细部构造

① 泛水：屋面防水层与突出构件之间的防水构造见图 8-3。

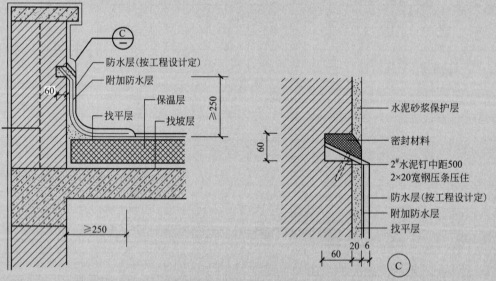

图 8-3 女儿墙泛水的构造

② 檐口：自由落水檐口构造见图 8-4，挑檐天沟檐口构造见图 8-5，女儿墙处檐口构造见图 8-6。

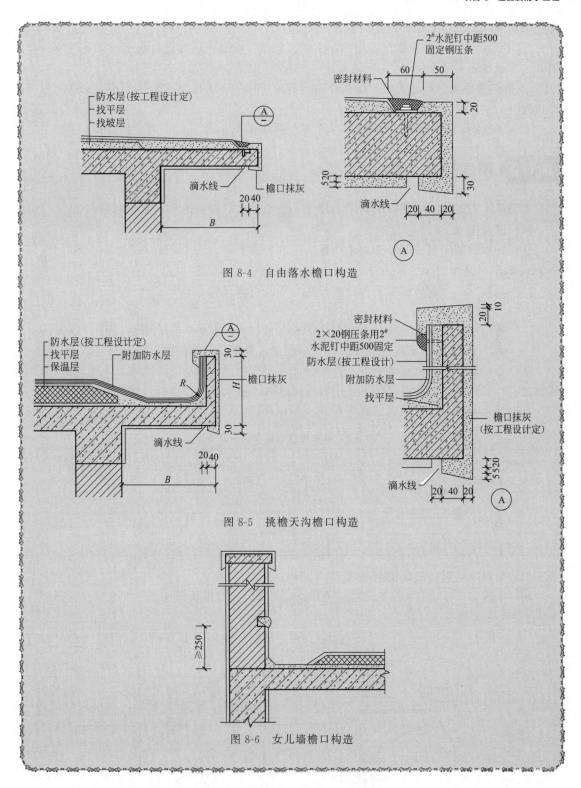

图 8-4　自由落水檐口构造

图 8-5　挑檐天沟檐口构造

图 8-6　女儿墙檐口构造

8.1.1.3　型材屋面

　　型材屋面按图示尺寸的水平投影面积乘以屋面延尺系数以"m^2"计算，不扣除房上烟囱、风帽底座、风道斜沟等所占面积。

①平、瓦垄铁皮屋面檐口处用的丁字铁未包括在项目内，如设计需要时，可按实计算，但人工、机械不另增加。

②镀锌薄钢板压型屋面板、墙板，其所需的零构件、连接件和密封件均包括在项目内，不再另计。

③玻璃钢采用光罩按个计量，如单个水平投影面积超过 $1.5m^2$ 者，仍按该项目计算。

8.1.2 屋面排水工程

屋面排水方式按使用材料的不同，划分为铁皮排水、塑料排水、玻璃钢排水等。

(1) 铁皮排水

铁皮排水按图示尺寸以展开面积计算。咬口和搭接等已计入定额项目中，不另计算。计算公式如下：

$$铁皮排水工程量＝各排水零件的铁皮展开面积之和$$

其中：

$$水落管铁皮展开面积＝水落管长度×每米水落管铁皮的展开面积$$
$$其余各排水构件展开面积＝总用量×每个单位构件的铁皮用量$$

水落管的长度，应由水斗的下口算至设计室外地坪。泄水口的弯起部分不另增加。当水落管遇有外墙腰线，设计规定必须采用弯管绕过时，每个弯管长度折长按 250mm 计算。

铁皮排水单体零件折算表见表 8-2。

表 8-2　铁皮排水单体零件折算表

名称	单位	折算面积/m²	名称	单位	折算面积/m²
斜沟、天窗窗台泛水	m	0.50	檐头泛水	m	0.24
天窗侧面泛水	m	0.70	滴水	m	0.11
烟囱泛水	m	0.80	天沟	m	1.30
通风管泛水	m	0.22			

(2) 塑料水落管、玻璃钢水落管

塑料水落管、玻璃钢水落管区别不同直径按图示尺寸以延长米计算，雨水口（见图 8-7）、水斗、弯头、短管以个计算。

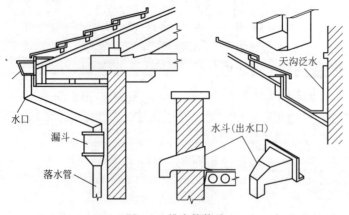

天沟泛水

水口

漏斗

落水管

水斗(出水口)

图 8-7　排水管构造

8.1.3　墙、地面防水、防潮工程

① 建筑物地面防潮层，按主墙间净空面积计算，扣除凸出地面的构筑物、设备基础等所占的面积，不扣除柱、垛、间壁墙、烟囱及 $0.3m^2$ 以内孔洞所占面积。与墙面连接处高度在 500mm 以内者按展开面积计算，并入平面工程量内，超过 500mm 时，按立面防水层计算。

二维码 8.2

地面防水构造见图 8-8。

② 建筑物墙基防水、防潮层，外墙按中心线长度，内墙按净长线乘以墙基的宽度以平方米计算。

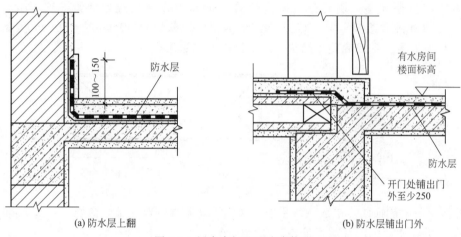

图 8-8　用水房间地面防水构造

③ 构筑物及建筑物地下室防水层，按实铺面积计算，但不扣除 $0.3m^2$ 以内的孔洞面积。平面与立面交接处的防水层，其上卷高度超过 500mm 时，按立面防水层计算。

8.1.4　变形缝

变形缝要区分不同材料以延长米计算。

任务 8.2　屋面防水工程计价

① 卷材防水、防潮项目不包括附加层的消耗量。

② 卷材及防水涂料屋面，均已包括基层表面刷冷底子油或处理剂一遍。油毡收头的材料在其他材料费内。

③ 卷材屋面坡度在 15° 以下者为平屋面，超过 15° 按卷材屋面人工增加表增加人工。

④ 屋面水泥砂浆找平层按楼地面工程相应项目计算。

⑤ 屋面保温按防腐、隔热、保温工程的相应项目计算。

⑥ 地下室防水按墙、地面防水相应项目基价乘以系数 1.10 计算。

⑦ 墙、地面防水、防潮项目适用于楼地面、墙基、墙身、构筑物、水池、水塔、室内

厕所、浴室以及±0.000以下的防水、防潮工程。

⑧ 预埋止水带项目中连接件、固定件，可按钢筋铁件相应项目计算。

⑨ 变形缝，建筑油膏聚氯乙烯断面取定为 3cm×2cm；油浸木丝板取定为 2.5cm×1.5cm；氯丁橡胶宽 30cm；涂刷式氯丁胶贴玻璃纤维止水片宽 35cm；其他填料取定为 15cm×3cm。如实际断面不同时用料可换算，人工不变。

任务8.3 技能训练

案例8-1 某工程的屋顶平面图如图 8-9 所示，女儿墙厚度 240mm，高度 600mm。已知屋面工程做法如下：刷着色涂料保护层；3mm 厚高聚物改性沥青 SBS 卷材防水层；20mm 厚 1:3 水泥砂浆找平层；1:6 水泥焦渣找坡，最薄处 30mm 厚；80mm 厚聚苯乙烯泡沫塑料板保温层；钢筋混凝土结构层。试计算防水层工程量。

二维码8.3

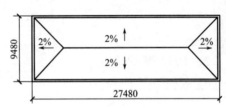

图 8-9 某工程屋顶平面图

※**分析** 卷材屋面防水层应由水平投影面积＋女儿墙的弯起部分面积（可按 25cm 计算）女儿墙与屋面泛水处的附加层宽度按 500mm 计算。

※**解**

① 屋面水平投影面积： $S = (9.48 - 0.24 \times 2) \times (27.48 - 0.24 \times 2) = 243 (m^2)$

女儿墙弯起部分面积： $S = (9 + 27) \times 2 \times 0.25 = 18 (m^2)$

附加层面积： $S = (9 + 27) \times 2 \times 0.5 = 36 (m^2)$

层面防水层总面积为 $S = 243 + 18 + 36 = 297 (m^2)$

② 分项工程定额计价（表 8-3）：

表 8-3　分项工程定额计价

定额编号	项目名称	单位	工程量	单价/元	其中		合计/元	其中	
					人工费/元	机械费/元		人工费/元	机械费/元
A7-52	SBS 改性沥青防水卷材(热熔)	100m²	2.97	2208.56	263.76	—	6559.42	783.37	—

实训项目

计算附图中的屋面防水工程量及价格。

项目9 防腐、保温、隔热工程

知识目标

- 掌握墙柱面保温、层面保温及隔热工程量计算规则
- 掌握墙柱面保温、层面保温及隔热工程的定额套用

技能目标

- 会计算墙柱面保温、层面保温及隔热工程的工程量
- 会计算墙柱面保温、层面保温及隔热工程的价格

防腐、保温、隔热工程一般包括耐酸、防腐和保温、隔热两部分。

任务 9.1 防腐、保温、隔热工程工程量计算

9.1.1 耐酸防腐工程量计算

① 工程量按图示尺寸长乘宽（或高）计算，扣除 $0.3m^2$ 以上的孔洞及突出地面的设备基础等所占的面积。混凝土工程量，按图示尺寸以立方米计算，并扣除 $0.3m^2$ 以上的孔洞及突出地面的设备基础等所占的体积。砖垛等突出墙面部分按展开面积计算，并入墙面工程量内。

② 踢脚板按实长乘高以平方米计算，并扣除门、洞口所占的长度，侧壁的长度相应增加。

③ 平面砌双层耐酸块料，按相应项目加倍计算。

④ 金属面刷过氯乙烯防腐漆，计算规则按"油漆、涂料、裱糊工程"中相应规则计算。

9.1.2 保温隔热工程量计算

9.1.2.1 屋面保温隔热工程量计算

① 屋面保温隔热层应区别不同保温隔热材料，均按设计实铺厚度以立方

二维码 9.1

米计算，另有规定者除外。

② 若保温隔热层兼作找坡层时，其厚度应取平均厚度，如图 9-1 所示。

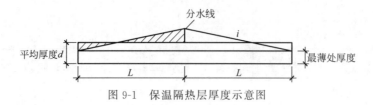

图 9-1 保温隔热层厚度示意图

③ 计算公式如下：

$$屋面保温隔热层体积＝保温隔热层平均厚度×屋面面积 \quad (9-1)$$

知识窗

平屋顶的保温是在屋顶上加设保温材料来满足保温要求的。

保温材料按物理特性分为三大类：散料类保温材料、整浇类保温材料和板块类保温材料。

保温层在屋顶上的设置位置有以下三种：

① 正铺保温层：即保温层位于结构层与防水层之间（图 9-2）。

② 倒铺保温层：即保温层位于防水层之上（图 9-3）。

③ 保温层与结构层结合：有三种做法，一种是保温层设在槽形板的下面 [图 9-4(a)]；一种是保温层放在槽形板朝上的槽口内 [图 9-4(b)]；还有一种是将保温层与结构层融为一体 [图 9-4(c)]。

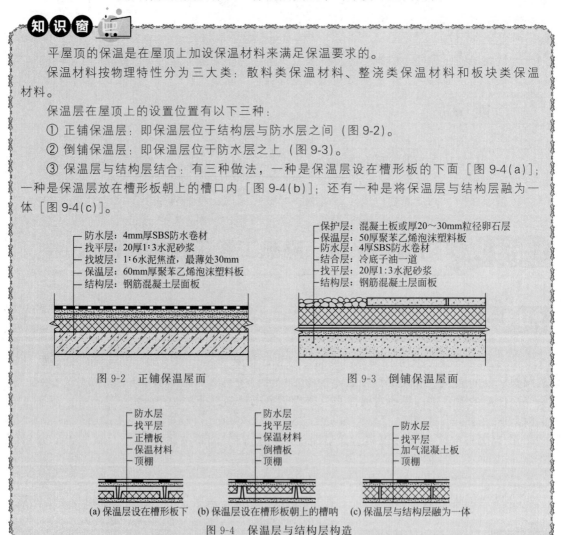

图 9-2 正铺保温屋面 图 9-3 倒铺保温屋面

(a) 保温层设在槽形板下 (b) 保温层设在槽形板朝上的槽呐 (c) 保温层与结构层融为一体

图 9-4 保温层与结构层构造

9.1.2.2 墙体、柱子隔热层工程量计算

① 墙体隔热层，均按墙中心线长乘以图示尺寸高度及厚度以立方米计算。应扣除门窗洞口和 $0.3m^2$ 以上洞口所占体积。

② 外墙粘贴聚苯板与外墙粘贴挤塑板（聚合物砂浆黏结）、混凝土板下粘贴（聚合物砂浆黏结）、玻纤网格布与钢丝网铺贴、现浇单面钢丝网聚苯板保温项目，按图示尺寸以平方米计算，扣除门窗洞口和 $0.3m^2$ 以上孔洞所占面积。

③ 内墙保温砂浆抹灰面积按主墙间的图示净长尺寸乘以内墙抹灰高度计算。

高度：自室内地坪或楼地面算至天棚底或板底面。

应扣除面积：门窗洞口、空圈所占的面积。

不扣除面积：踢脚板、挂镜线、$0.3m^2$ 以内的孔洞、墙与构件交接处的面积，洞口侧壁和顶面面积亦不增加，不扣除间壁墙所占的面积。

应增加面积：垛的侧面抹灰工程量，应并入墙面抹灰工程量内计算。

④ 软木、泡沫塑料板、沥青稻壳板包柱子，其工程量按隔热材料展开长度的中心线乘以图示高度及厚度，以立方米计算。

9.1.3 天棚保温吸音层工程量计算

天棚保温吸音层按实铺面积以平方米计算。天棚保温砂浆抹灰面积，按主墙间的净空面积计算，有坡度及拱形的天棚，按展开面积计算，带有钢筋混凝土梁的天棚，梁的侧面抹灰面积，并入天棚抹灰工程量内计算。计算天棚抹灰面积时，不扣除间壁墙、垛、柱、附墙烟囱通风道、检查孔、管道及灰线等所占的面积；带密肋的小梁及井字梁的天棚抹灰，以展开面积计算，按混凝土天棚保温砂浆抹灰项目计算，每 $100m^2$ 增加 4.14 工日。

任务 9.2 防腐、保温、隔热工程计价

9.2.1 耐酸腐蚀

① 整体面层、隔离层适用于平面、立面的防腐耐酸工程，包括沟、坑、槽。

② 块料面层以平面砌为准，砌立面者按平面相应项目，人工乘以系数 1.38，踢脚板人工乘以系数 1.56，其他不变。

③ 本项目的各种面层，除软聚乙烯塑料底面外，均不包括踢脚板。

④ 防腐卷材按接缝、附加层、收头等人工、材料已计入项目内，不再另行计算。

9.2.2 保温隔热

① 本项目包括保温隔热材料的铺贴，不包括隔气防潮、保护层或衬墙等。

② 除墙体聚苯板现浇混凝土保温、现浇腹丝穿透型单面钢丝网架夹芯板、机械固定腹丝穿透型单面钢丝网架夹芯板及硬泡聚氨酯保温材料界面处理已包括在相应项目内；聚苯板、挤塑板等其他保温材料需界面处理时，套本章界面处理项目。

③ 保温板带凹槽时，对应的抗裂砂浆或现浇混凝土用量相应调整：

a. 抗裂砂浆除每增减 1mm 子目外，人工材料机械乘以系数 1.50。

b. 聚合物抗裂砂浆每增减 1mm 子目外，人工、材料、机械乘以系数 2.00。

c. 现浇混凝土项目，人工、材料、机械乘以系数 2.00。

④ 耐碱玻纤网格布、镀锌铁丝网铺设均包括接缝、附加层、翻包的人工及材料，不再另行计算。

9.3 技能训练

📌 **案例 9-1** 某工程屋面如图 9-5 所示，采用 1∶6 水泥炉渣，保温层最薄处为 40mm厚（用保温层找坡），计算保温层的工程量并进行定额计价。

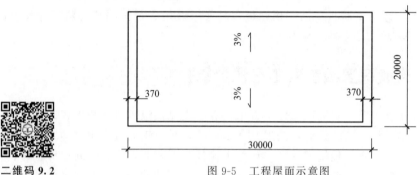

二维码 9.2

图 9-5 工程屋面示意图

❋**分析** 屋面保温按体积计算，兼作找坡层的其厚度取平均厚度。

❋**解** 水泥炉渣保温层：

$$屋面面积 = (30 - 0.37 - 0.37) × (20 - 0.37 - 0.37) = 29.26 × 19.26 = 563.55(m^2)$$

$$水泥炉渣保温层的平均厚度 = 0.04 + (20 - 0.37 - 0.37)/2 × 3\%/2$$
$$= 0.04 + 0.14 = 0.18(m)$$

$$水泥炉渣保温层工程量 = 屋面面积 × 水泥炉渣保温层的平均厚度$$
$$= 563.55 × 0.18 = 101.44(m^3)$$

定额计价（表 9-1）：

表 9-1　A8-230 定额计价

定额编号	项目名称	单位	工程量	单价/元	其中		合计/元	其中	
					人工费/元	机械费/元		人工费/元	机械费/元
A8-230	1∶6 水泥炉渣	10m³	10.144	2550.76	389.16	75.55	25874.90	3947.64	766.38

📌 **案例 9-2** 某混凝土工程柱结构截面积为 500mm×800mm、高为 4.8m，柱包隔热层聚苯乙烯 100mm 厚，试求聚苯乙烯隔热层的工程量。

❋**分析** 柱包隔热层，其工程量按隔热材料展开长度的中心线乘以图示高度及厚度，以立方米计算。

❋**解** 聚苯乙烯隔热层：

$$柱隔热层中心线 = (0.5 + 0.02 + 0.02) × 2 + (0.8 + 0.02 + 0.02) × 2$$
$$= 1.08 + 1.68 = 2.76(m)$$

$$聚苯乙烯隔热层工程量 = 2.76 × 4.8 × 0.04 = 0.53(m^3)$$

定额计价（表 9-2）：

表 9-2　A8-211 定额计价

定额编号	项目名称	单位	工程量	单价	其中		合计/元	其中	
					人工费/元	机械费/元		人工费/元	机械费/元
A8-211	聚苯板(粘贴)	100m²	0.0053	4452.26	732.60	—	23.60	3.88	—

实训项目

计算附图中的保温隔热工程量及价格。

项目10　构件运输及安装工程、厂区道路及排水工程

知识目标

- 掌握构件运输及安装、厂区道路及排水工程的工程量计算规则
- 掌握构件运输及安装、厂区道路及排水工程的定额套用

技能目标

- 会计算构件运输及安装、厂区道路及排水工程的工程量
- 会计算构件运输及安装、厂区道路及排水工程的价格

任务 10.1　构件运输及安装工程

10.1.1　构件运输及安装工程量计算

（1）金属构件运输及安装工程量

① 金属结构运输工程量等于金属构件的安装工程量。金属构件拼装及安装工程量应按构件制作工程量另加 1.5％焊条重量计算。

计算公式

金属构件运输工程量＝金属构件安装工程量＝金属构件制作工程量×（1＋1.5％）

② 组合钢屋架系指上弦为钢筋混凝土，下弦为型钢，计算安装工程量时，以混凝土实体积计算，钢杆件部分不另计算。

③ 平台安装工程包括平台柱、平台梁、平台板、平台斜撑等，但依附于平台上的扶梯及栏杆应另列项目计算。

④ 墙架安装工程量包括墙架柱、墙梁、连接拉杆和拉筋，墙架上的防风桁架应另列项目计算。

⑤ 栏杆安装适用于平台栏杆等，依附于扶梯上的扶手栏杆应并入扶梯工程量。

（2）预制混凝土构件运输及安装工程量

预制混凝土构件运输工程量等于制作工程量，安装工程量应按图纸设计计算净用量。

计算公式：

预制混凝土构件运输工程量＝预制混凝土构件制作工程量＝

预制混凝土构件安装工程量×（1＋损耗率）

（3）木门窗运输

工程量按框外围面积计算。

① 本项目适用于由构件堆放场地或构件加工厂至施工现场 25km 时，由乘发包双方协商确定运输费用。

② 构件运输按表 10-1 分类计算。

表 10-1　构件分类表

类别		项目
混凝土构件	1	4m 以内实心板
	2	6m 以内的桩、屋面板、工业楼板、进深梁、基础梁、吊车梁、楼梯休息板、楼梯段、阳台板
	3	6m 以上至 14m 梁、板、柱、桩，各类屋架，桁架、托架（14m 以上另行处理）
	4	天窗架、挡风架、侧板、端壁板、天窗上下档、过梁及单件体积在 $0.1m^3$ 以内小构件
	5	装配式内、外墙板，大楼板，厕所板
	6	隔墙板（高层用）
金属结构构件	1	钢柱、屋架、托架梁、防风桁架
	2	吊车梁、制动梁、型钢檩条、钢支撑、上下档、钢拉杆、栏杆、盖板、垃圾出灰门、箅子、爬梯、零星构件、平台、操作台、走道休息台、扶梯、钢吊车梯台、烟囱紧固箍
	3	墙架、挡风架、天窗架、组合檩条、轻型屋架、滚动支架、悬挑支架、管道支架

10.1.2　构件运输及安装工程计价

① 本项目综合考虑了城镇、现场道路等级、重车上下坡等各种因素。如遇到非等级公路的狭窄、颠簸以及重车需要桥梁、道路加固、加宽等情况，应根据实际情况调整费用。

② 构件运输过程中，如遇路、桥限载（限高）而发生的加固、拓宽等费用，及有电车线路和公安交通管理部门保安护送费用，应另行计算。

③ 构件安装是按机械起吊点中心回转半径 $15m^3$ 以内的距离计算的，如超过回转半径应另按构件 1km 运输项目计算场内运输费用。建筑物构件以上各层构件安装，不论距离远近，已包括在项目的构件安装内容中，不受 15m 的限制。

④ 构件安装用脚手架套用本书脚手架工程有关项目计算。

⑤ 金属结构构件安装项目已包括构件经运输后发生轻微变形所需人工校正费用（指人工使用一般工具校正）。如构件运输后发生重大变形的调整费用，按实际发生计算。

⑥ 金属屋架单榀重量在 1t 以下者，按轻钢屋架项目计算。

⑦ 钢柱安装在混凝土柱上，其人工、机械乘以系数 1.43。

⑧ 单层装配式建筑的构件安装，应按履带式起重机项目计算，如在跨外吊装时，按相应项目（履带式）人工、机械乘以系数 1.18。

⑨ 混凝土构件及金属结构构件安装时按檐口高度 20m 以内及构件重量 25t 以内考虑的，如构件安装高度在 20m 以上或构件单个重超过 25t 时，项目中的人工、机械乘以以

下系数：单机吊车装乘以系数 1.30，必须使用双机抬吊者乘以系数 1.50（使用塔吊者不乘以系数）。

⑩ 金属构件拼装和安装未包括连接螺栓，其费用另计。

任务 10.2 厂区道路及排水工程

10.2.1 厂区道路及排水工程量计算

10.2.1.1 道路工程工程量计算

（1）道路的垫层、基层、底层、面层

道路的垫层、基层、底层、面层按平方米计算，不扣除检查井、雨水井所占面积。

注：路面垫层、基层按设计宽度，设计未注明时，按设计路面宽度每侧增加 25cm 计算。

（2）挖路槽

挖路槽以立方米计算，长度按道路中心线长度、宽度按道路垫层宽度、深度按平均深度计算。加宽加厚部分并入路槽工程量内。不扣除检查井、雨水井所占的体积。

（3）培路肩

培路肩面积乘以夯实后的实培厚度以体积计算。人工培路肩以三类土为准，一、二类土乘以系数 0.80，四类土乘以系数 1.25。

注：挖路槽已包括 10m 以内的余土人工运输及装卸，超出 10m 时，超出的距离按"土石方工程"的相应项目计算。

（4）运余土

运余土的工程量为：

$$余土体积 = 路槽挖土体积 - 路肩培土体积$$

（5）伸缩缝

按设计长度乘以设计的深度以平方米计算。

> **知识窗**
>
> ① 混凝土路面边缘加固项目中已包括双面加固的工料，计算工程量时按单面边长计算。T形交叉部分的侧边缘加固长度，应按加固长度的 1/2 计算。等厚式加固的钢筋用量，应按设计规定计算，套用"混凝土及钢筋混凝土工程"的相应项目。
>
> ② 其他路面根据设计要求按实铺面积计算，绿化、树穴所占面积应予扣除。
>
> ③ 路边石按实铺延长米计算，路边石规格不同时可以换算，但其他不变。
>
> ④ 地坪、停车场按图示尺寸计算，套用相应的道路项目。

10.2.1.2 排水工程工程量计算

① 砖、石砌涵洞基础，套用"砌筑工程"的相应项目。

② 毛石灌水泥砂浆涵管基础垫层，按毛石砌体体积计算。混凝土座垫已包括在项目内，不另计算。其他涵管基础垫层均按图示尺寸计算座垫体积。

③ 砖（石）涵洞砌体均按实体积计算，侧（翼）墙、涵台、涵墩项目中已包括了勾缝工料，设计要求抹灰时，可按"墙柱面工程"的相应项目计算。

④ 砖（石）涵洞底槽，按底槽实铺面积计算，底槽下仰水墙可按相应的涵洞基础以立方米计算。

⑤ 砖砌井（池）及渗井项目套用"砌筑工程"的相应项目，抹井（池）壁套用"墙柱面工程"的相应项目。

⑥ 室外排水管道与室内排水管道的分界点，以室内向外排出管道上第一个排水检查井（检查井应计算在室外排水系统内）为界。

⑦ 排水管道工程量按图示尺寸以延长米计算，排水管道的长度应以管道中心线为准，其坡度的影响不予考虑。其中排水检查井和连接井所占长度，应以井的内部直径或管道同轴线的内边长，从管道延长米中减去。

⑧ 排水管道铺设如有异形接头（弯头和三通等）时均按管道延长米计算，不单独考虑。

⑨ 钢筋混凝土井（池）底、壁、顶，混凝土井底流水槽套用"混凝土及钢筋混凝土工程"及"模板工程"相应项目。

⑩ 钢筋混凝土井座井盖、盖板、小梁安装及预制钢筋混凝土井筒安装套用"构件运输及安装工程"的相应项目。

10.2.2　厂区道路及排水工程计价

① 本项目适用于建筑厂区范围内除沥青混凝土以外的各种路面、涵管、涵洞、室外排水管道及配套构筑物工程。如设计采用沥青混凝土路面者，按《全国统一市政工程预算定额河北省消耗量定额》相应项目执行。

② 如遇机械挖路槽时，按本书土石方工程的相应项目执行。

③ 单项道路工程量小于 $500m^2$ 时，人工、机械乘以系数 1.25。

④ 块料面层路面如铺多边形砖时人工乘以系数 1.15；铺拼图案砖石人工乘以系数 1.33。

⑤ 侧缘石安装项目，均不包括底部垫层，可按设计要求另列项目计算。

⑥ 室外排水管道项目中未包括土方工程及管道垫层、基础，应按相应项目执行。

项目11 装饰装修工程

楼地面工程是楼面和地面的总称。其基本构造层次为垫层、找平层和面层。楼地面工程定额中，常见的定额项目有垫层、找平层、面层、踢脚线、楼梯装饰、栏杆栏板扶手装饰、台阶装饰及零星装饰。

任务 11.1 楼地面工程

二维码 11.1

11.1.1 楼地面工程量计算

11.1.1.1 楼地面面层

楼地面面层主要分为整体面层、块料面层、橡塑面层及其他材料面层。如图 11-1 所示。

（1）整体面层

整体面层包括水泥砂浆、现浇水磨石、水泥豆石浆及混凝土等材料的面层。

楼地面整体面层按主墙间净面积计算。应扣除凸出地面的构筑物、设备基础及室内铁道等所占的面积（不需作面层的地沟盖板所占的面积亦应扣除），不扣除柱、垛、间壁墙、附墙烟囱及 $0.3m^2$ 以内孔洞所占的面积，但门洞、空圈和暖气包槽、壁龛的开口部分亦不增加。

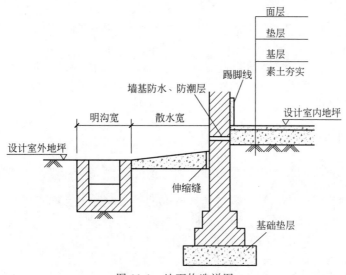

图 11-1　地面构造详图

　　阶梯教室整体面层地面，按展开面积计算，套用相应的地面面层项目，人工乘以系数 1.08。

（2）块料面层、橡塑面层和其他材料面层

按设计图示尺寸以净面积计算，不扣除 $0.1m^2$ 以内的孔洞所占的面积，门洞、空圈、暖气包槽和壁龛的开口部分的工程量并入相应的面层计算。块料面层拼花部分按实贴面积计算。

11.1.1.2　垫层

（1）楼地面垫层

楼地面垫层按设计规定厚度乘以楼地面面积以立方米计算。

（2）基础垫层

基础垫层的工程量按图示尺寸以立方米计算。

$$V_{垫层}=V_{外}+V_{内}=L_{外}S_{外}+L_{内}S_{内}$$

垫层长度：外墙按中心线，内墙按垫层净长线计算，垫层的面积按图示尺寸的宽度与厚度确定。

二维码 11.2

　　① 垫层项目如用于基础垫层时，人工、机械乘以系数 1.20（不含满堂基础）。
　　② 地板采暖房间垫层，按不同材料套用相应定额，人工乘以系数 1.8，材料乘以系数 0.98。

11.1.1.3　找平层

地面找平层的工程量，同整体面层的工程量。

楼梯找平层按水平投影面积乘以系数 1.37，台阶乘以系数 1.48。

11.1.1.4　踢脚线

二维码 11.3

踢脚线按不同用料及做法以"m^2"计算。

① 整体面层踢脚线不扣除门洞口及空圈处的长度，但侧壁部分亦不增加，垛、柱的踢脚线工程量合并计算。

② 其他面层踢脚线按实贴面积计算。

③ 成品踢脚线按实贴延长米计算。

11.1.1.5　楼梯

① 楼梯面层，以楼梯水平投影面积计算（包括踏步和中间休息平台）。楼梯与楼面分界以楼梯梁外边缘为界，无楼梯梁时，算至最上一层踏步边沿加 300mm，不扣除宽度小于 500mm 的楼梯井面积，梯井宽度超过 500mm 时应予扣除。

② 楼梯防滑条按设计规定长度计算，如设计无规定者，可按踏步长度两边共减 15cm 计算。

③ 楼梯不包括底板及侧面抹灰。底板抹灰执行"天棚工程"相应项目计算，侧面抹灰执行"墙柱面工程"相应项目计算。

整体面层和块料面层的楼地面和楼梯地面（除水泥砂浆及水磨石楼梯外），均不包括踢脚线工料。楼梯踢脚线按相应踢脚线项目乘以系数 1.15 计算。

11.1.1.6　台阶

台阶面层（包括踏步及最上一层踏步沿 300mm）按水平投影面积计算。

剁假石台阶面层以展开面积计算，套用"墙柱面工程"剁假石普通腰线项目。

11.1.1.7　栏杆、栏板、扶手

① 栏杆、栏板、扶手均按其中心线长度以延长米计算。楼梯栏杆、栏板、扶手设计无规定时，其长度可按全部投影长度乘以系数 1.15 计算。

② 计算扶手时不扣除弯头所占的长度，弯头按个另计（一个拐弯计算两个弯头，顶层计算一个弯头）。

③ 硬木扶手项目已包括弯头制作安装，如采用成品弯头需另套成品弯头安装项目，同时扣除成品弯头所占长度。

11.1.1.8 其他

① 零星项目按实铺面积计算。

② 点缀按个计算，计算铺贴地面面积时，不扣除点缀所占面积。

③ 块料楼地面面层酸洗打蜡工程量，按实际酸洗打蜡面积计算。

④ 石材楼地面刷养护液按底面面积加四个侧面面积，以平方米计算。

11.1.2 楼地面工程计价

① 设计垫层材料的配合比和混凝土强度等级，如与项目取定不同时，可根据设计要求按规定的配合比进行换算。

② 整体面层、块料面层使用白水泥、金属嵌条、颜料等，如设计与项目取定不同时，可以调整。

③ 整体面层、块料面层的结合层和底层（找平层）的砂浆、石子浆、细石混凝土配合比和厚度，设计与项目取定不同时，可按设计要求调整。

④ 楼地面块料面层、整体面层（现浇水磨石楼地面除外）均未包括找平层，如设计要求时，另行计算。

⑤ 块料楼地面面层均不包括酸洗、打蜡，发生时可按相应项目计算。

11.1.3 技能训练

案例 11-1 如图 11-2 所示为某建筑物平面图，已经 M1 洞口宽 1.2m，M2 洞口宽 1.0m，踢脚高为 100mm，室内混凝土垫层厚 60mm。计算：

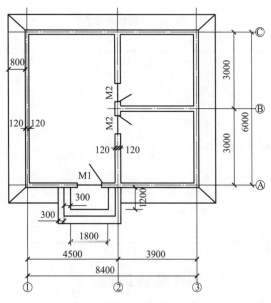

图 11-2 某建筑物平面图

① 当室内地面为水泥砂浆地面时，面层（20mm 厚）及找平层（25mm 厚）工程量；当为水泥砂浆踢脚时，踢脚工程量；

② 当室内地面为 300mm×300mm 陶瓷地砖地面时，地砖工程量；当为陶瓷砖踢脚时，踢脚工程量；

③ 垫层工程量；

④ 散水工程量。

分析 整体面层与块料面层工程量计算规则的区别：整体面层按主墙间净面积计算，门洞口开口部分面积不增加；而块料面层亦按主墙间净面积计算，但门洞口开口部分面积要并入相应的面层计算。

解

① 水泥砂浆地面：

室内地面面层工程量 $= (4.5 - 0.12 \times 2) \times (6.0 - 0.12 \times 2) + 2 \times (3.0 - 0.12 \times 2) \times (3.9 - 0.12 \times 2) = 44.74 (m^2)$

找平层工程量 = 面层工程量 $= 44.74 (m^2)$

水泥砂浆踢脚工程量 $= [(4.5 - 0.12 \times 2) \times 2 + (6.0 - 0.12 \times 2) \times 2 + (3.9 - 0.12 \times 2) \times 4 + (3.0 - 0.12 \times 2) \times 4] \times 0.10 = 4.57 (m^2)$

② 贴地砖地面：

贴地砖面层工程量 $= 44.74 + 2 \times 1 \times 0.24 + 1.2 \times 0.24 = 45.51 (m^2)$

瓷砖踢脚工程量 $= [(4.5 - 0.12 \times 2) \times 2 + (6.0 - 0.12 \times 2) \times 2 + (3.9 - 0.12 \times 2) \times 4 + (3.0 - 0.12 \times 2) \times 4 - (1.2 + 1.0 \times 2 \times 2) + 0.24 \times 6] \times 0.10 = 4.20 (m^2)$

③ 混凝土垫层：

垫层工程量 $= 44.74 \times 0.06 = 2.68 (m^3)$

④ 散水：

散水工程量 $= [(8.4 + 0.12 \times 2) \times 2 + (6.0 + 0.12 \times 2) \times 2 + 0.8 \times 4] \times 0.8 - (1.8 + 0.3 \times 4) \times 0.8 = 23.97 (m^2)$

⑤ 套定额如表 11-1 所示。

表 11-1 定额计价表

序号	定额编码	项目名称	单位	工程量	单价/元	合价/元
1	B1-27	水泥砂浆找平层 20mm 在硬基层上（平面）	100m²	0.45	936.71	421.52
2	B1-30	找平层每增减 5mm	100m²	0.45	188.78	84.95
3	B1-38	水泥砂浆楼地面 20mm	100m²	0.45	1432.75	644.74
4	B-199	水泥砂浆踢脚线	100m²	0.05	2616.30	130.82
5	B-100	陶瓷地砖楼地面每块周长 1200mm 以内	100m²	0.46	6628.98	3049.33
6	B1-220	陶瓷地砖踢脚线	100m²	0.04	6323.22	252.93
7	B1-24	混凝土垫层	10m³	0.27	2624.85	708.71
8	A4-61	散水	100m²	0.24	6924.90	1661.98
		合计				6954.98

实训项目

计算附图中楼地面工程相应项目工程量及价格。

二维码 11.4

任务 11.2 墙柱面工程

墙柱面工程主要包括墙面抹灰，柱（梁）面抹灰，零星抹灰，墙面镶贴块料，柱（梁）面镶贴块料，零星镶贴块料，墙、柱（梁）饰面，隔断和幕墙等项目。

11.2.1 墙柱面工程量计算

11.2.1.1 外墙抹灰

外墙面、墙裙（系指高度在 1.5m 以下）抹灰，按平方米计算，扣除门窗洞口、空圈、腰线、挑檐、门窗套、遮阳板所占的面积，不扣除 0.3m² 以内的孔洞面积，附墙柱的侧壁应展开计算，并入相应的墙面抹灰工程量内。门窗洞口及孔洞侧壁面积已综合考虑在项目内，不另计算。

> **知识窗**
>
> 女儿墙顶及内侧、暖气沟、化粪池的抹灰，以展开面积按墙面抹灰相应项目计算，突出墙面的女儿墙压顶，其压顶部分应以展开面积，按普通腰线项目计算。

11.2.1.2 腰线

腰线分为普通腰线和复杂腰线，普通腰线指突出墙面一至二道棱角线，复杂腰线指突出墙面三至四道棱角线（每突出墙面一个阳角为一道棱角线）。

腰线工程量按展开宽度乘以长度以平方米计算（展开宽度按图示的结构尺寸为准）。

> **知识窗**
>
> 以下构件按执行腰线定额：
>
> ① 内外窗台板抹灰工程量，如设计图纸无规定时，可按窗外围宽度共加 20cm 乘展开宽度计算，外窗台与腰线连接时并入相应腰线内计算。
>
> ② 突出墙面的女儿墙压顶，其压顶部分应以展开面积，按普通腰线项目计算。
>
> ③ 楼梯和阳台栏杆、扶手、池槽、小便池、假梁头、柱帽及柱脚、花饰等项的抹灰按复杂腰线项目计算。
>
> ④ 挑檐、砖出檐、门窗套、遮阳板、花台、花池、雨篷、阳台等的抹灰，凡突出墙面一至二道棱角线的按普通腰线项目计算；突出墙面三至四道棱角线的按复杂腰线项目计算。
>
> ⑤ 天沟、泛水、楼梯或阳台栏板、内外窗台板、飘窗板、空调板、压顶、楼梯侧面和厕所蹲台、水槽腿、锅台、独立的窗间墙及窗卜墙、讲台侧面等项的抹灰，按普通腰线项目计算。

11.2.1.3 内墙抹灰

（1）内墙面抹灰

内墙面抹灰面积按主墙间的图示净长尺寸乘以内墙抹灰高度计算。应扣除门窗洞口、空圈所占的面积，不扣除踢脚线、挂镜线、墙与构件交接处及 $0.3m^2$ 以内的孔洞面积，洞口侧壁和顶面面积亦不增加。不扣除间壁墙所占的面积。垛的侧面抹灰工程量应并入墙面抹灰工程量内计算。

内墙抹灰高度：
① 有墙裙时，自墙裙顶算至天棚底或板底面；
② 无墙裙时，其高度自室内地坪或楼地面算至天棚底或板底面；
③ 天棚有吊顶者，内墙抹灰高度算至吊顶下表面另加 10cm 计算。

（2）内墙裙抹灰

内墙裙抹灰面积，以墙裙长度乘以墙裙高度计算，应扣除门窗洞口、空圈及 $0.3m^2$ 以上孔洞所占面积，但不增加门窗洞口和空圈的侧壁和顶面的面积，垛的侧壁面积应并入墙裙内计算。

11.2.1.4 独立柱及单梁抹灰

独立柱和单梁的抹灰，应另列项目按展开面积计算，柱与梁或梁与梁的接头面积，不予扣除。

嵌入墙内的过梁、圈梁、构造柱抹灰不另列项目，并入相应墙面抹灰工程量内计算。

11.2.1.5 镶贴块料面层

粘贴块料面层按图示尺寸以实贴面积计算。

① 镶贴瓷砖、面砖块料，如需割角者，以实际切割长度，按延长米计算。
② 挂贴大理石、花岗岩中其他零星项目的花岗岩、大理石是按成品考虑的，成品花岗岩、大理石柱墩、柱帽按最大外径周长计算。
③ 墙面镶贴块料、饰面高度在 300mm 以内者，按踢脚板项目计算。
④ 块料面层的零星项目适用于腰线、挑檐、天沟、窗台线、门窗套、压顶、栏板、扶手、遮阳板、雨篷周边以及每个平面面积在 1m² 以内的镶贴面。
⑤ 外墙离缝镶贴面砖按缝宽分别套用相应定额，如灰缝与项目取定不同时，其块料及灰缝材料用量可以调整，其他不变。
室内镶贴块料面层不论缝宽度如何，均按相应的块料面层项目计算。
⑥ 圆弧形、锯齿形（每个平面在 6m² 以内）等不规则墙面抹灰、镶贴块料面层按相应项目人工乘以系数 1.15，材料乘以系数 1.05。

11.2.1.6 墙、柱面勾缝

墙面勾缝按墙面投影面积计算，应扣除墙裙和墙面抹灰所占的面积，不扣除门窗洞口及门窗套、腰线等所占的面积，但垛和门窗洞口侧壁的勾缝面积亦不增加。

11.2.1.7 界面处理剂

抹灰项目中的界面处理涂刷，可利用相应的抹灰工程量计算。

① 抹灰及镶贴块料面层项目中，均不包括基层面涂刷素水泥浆或界面处理剂。凡设计有要求时，应按设计另列项目计算。
② 抹 TG 胶砂浆项目内已包括 TG 胶浆一道，不再另计。

11.2.1.8 墙柱饰面

墙、柱（梁）饰面龙骨、基层、面层均按设计图示尺寸以面层外围尺寸展开面积计算。

① 设计的墙柱（梁）面轻钢龙骨、铝合金龙骨和型钢龙骨型号、规格和间距与定额项目取定不同时，其材料用量可以调整，人工、机械不变，材料弯弧费另行计算。
② 木龙骨基层是按双向计算的，如设计为单向时，材料、人工用量乘以系数 0.55。
③ 木材种类除注明外，均以一、二类木种为准，如采用三、四类木种时，人工及机械乘以系数 1.3。
④ 面层、木基层均未包括刷防火涂料，如设计要求时，按"油漆、涂料、裱糊工程"相应项目使用。

11.2.1.9 隔断

隔断、间壁墙按净长乘净高以平方米计算，扣除门窗洞口及 $0.3m^2$ 以上的孔洞所占的面积。

① 浴厕隔断中门的材质与隔断相同时，门的面积并入隔断面积内，不同时按相应门的制作项目计算。
② 全玻隔断的不锈钢边框工程量按边框展开面积计算。
③ 全玻隔断、全玻幕墙如有加强肋者，工程量按其展开面积计算。

11.2.1.10 玻璃幕墙

玻璃幕墙、铝塑板、铝单板幕墙以框外围面积计算。
注：弧形幕墙人工乘以系数 1.1，材料弯弧费另行计算。

11.2.2 墙柱面工程计价

① 石灰砂浆分普通、中级、高级，其标准如下：

a. 普通抹灰：一遍底层，一遍面层。

b. 中级抹灰：一遍底层，一遍中层，一遍面层。

c. 高级抹灰：一遍底层，一遍中层，两遍面层。

石灰砂浆抹灰定额项目按中级抹灰标准取定，如设计不同时，普通抹灰按相应项目人工乘以系数 0.8，高级抹灰人工乘以系数 1.25，其他不变。

② 设计抹灰砂浆厚度与定额项目取定不同时，可按抹灰砂浆厚度调整表调整。

③ 项目砂浆种类、配合比、饰面材料及型材的型号规格与设计不同时，可按设计调整，人工、机械消耗量不变。

④ 水泥砂浆找平层项目适用于水泥砂浆打底抹灰，实际抹灰厚度与砂浆种类与项目不同时，可以调整。

⑤ 项目中已包括了砌体及钢板（丝）网等基层嵌缝所需的工料。

⑥ 石灰砂浆、混合砂浆墙柱面抹灰项目中均已包括了水泥砂浆护角线的工料，工程计价时不另计算。

⑦ 梁面、柱面抹灰项目，系指独立梁、独立柱。

11.2.3 技能训练

📌 **案例 11-2** 某小型住宅平面图如图 11-3 所示，混凝土墙厚 240mm，室内净高为 2.9m，M1 洞口尺寸 1.0m×2.0m，C1 洞口尺寸 1.1m×1.5m，C2 洞口尺寸 1.6m×1.5m，C3 洞口尺寸 1.8m×1.5m，室内外高差 300mm。

计算：

① 若外墙全部水泥砂浆抹灰，计算外墙抹灰工程量及价格。

② 若外墙贴砖至 1.0m（窗台下），面砖周长 600mm，10mm 缝，求外墙贴砖工程量及价格。

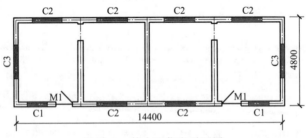

图 11-3 某小型住宅平面图

❀**分析** 外墙抹灰按平方米计算，扣除门窗洞口所占面积，洞口侧壁面积已综合考虑在项目内，不另计算。外墙贴砖按实贴面积计算。

❀**解**

（1）外墙抹灰工程量

① 外墙长 = [（14.4 + 0.24）+（4.8 + 0.24）] × 2 = 39.36(m)

② 抹灰高度 $= 2.9 + 0.3 = 3.2(\mathrm{m})$

③ 外墙面积 $= 39.36 \times 3.2 = 125.95(\mathrm{m}^2)$

④ 扣 M1、C1、C2、C3 的面积：

$$M1 \text{ 面积} = 1.0 \times 2.0 \times 2 = 4.0(\mathrm{m}^2)$$

$$C1、C2、C3 \text{ 面积和} = (1.8 \times 2 + 1.1 \times 2 + 1.6 \times 6) \times 1.5 = 23.1(\mathrm{m}^2)$$

$$外墙抹灰工程量 = 125.95 - 4.0 - 23.1 = 98.85(\mathrm{m}^2)$$

（2）外墙贴砖工程量

① 外墙长 $= 39.36\mathrm{m}$

② 贴砖高度 $= 1.0\mathrm{m}$

③ 贴砖面积 $= 39.36 \times 1.0 = 39.36(\mathrm{m}^2)$

④ 扣 M1 的面积：

$$M1 \text{ 面积} = 1.0 \times 2.0 \times 2 = 4.0(\mathrm{m}^2)$$

⑤ 加洞口侧壁面积 $= (1.0 + 1.0) \times 2 \times 0.24 / 2 = 0.48(\mathrm{m}^2)$

外墙贴砖工程量 $= 39.36 - 4 + 0.48 = 35.84(\mathrm{m}^2)$

套定额如表 11-2 所示。

表 11-2　外墙装修计价表

序号	定额编码	项目名称	单位	工程量	单价/元	合价/元
1	B2-10	水泥砂浆抹灰（混凝土墙面）	100m²	0.99	1719.19	1701.99
2	B-154	外墙面砖，水泥砂浆粘贴，周长600mm，10mm缝	100m²	0.36	7468.48	2688.65
合计/元						4390.64

注：当墙面镶贴块料面层时，计算出块料面层的工程量套相应的定额即可，不再考虑抹灰项目；当墙面刷涂料或油漆时，要套一遍抹灰，一遍涂料或油漆。

实训项目

计算附图中墙柱面工程相应项目工程量及价格。

任务 11.3　天棚工程

天棚工程包括天棚抹灰、天棚吊顶等项目。

11.3.1　天棚工程量计算

11.3.1.1　天棚抹灰

天棚抹灰面积，按主墙间的净空面积计算；有坡度及拱形的天棚，按展开面积计算；不扣除间壁墙、垛、柱、附墙烟囱、附墙通风道、检查孔、管道及灰线等所占的面积。带有钢筋混凝土梁的天棚，梁的侧面抹灰面积，并入天棚抹灰工程量内计算。

二维码 11.5

① 带密肋的小梁及井字梁的天棚抹灰，以展开面积计算。按混凝土天棚抹灰项目计算，每 100m² 增加 4.14 工日（井字梁天棚是指每个井内面积在 5m² 以内者）。

② 以下项目执行天棚抹灰定额：

a. 檐口天棚的石灰砂浆抹灰，并入相应的天棚抹灰工程量内计算。

b. 楼梯底面抹灰，并入相应的天棚抹灰工程量内计算。楼梯（包括休息平台）底面积的工程量按其水平投影面积计算，平板式乘以系数 1.3，踏步式乘以系数 1.8。

c. 阳台、雨篷、挑檐下抹灰工程量，均按其水平投影面积计算。

③ 抹灰项目中的界面处理涂刷，可利用相应的抹灰工程量计算。

④ 槽形板、大型屋面板、折板下勾缝，按水平投影面积乘以系数 1.4 计算。平板、空心板板下勾缝、火碱清洗按水平投影面积计算。

⑤ 天棚抹灰项目中已包括小圆角的工料，如有凸凹线者，另按突出的线条道数以装饰线计算。

⑥ 装饰线是指突出抹灰面所起的线脚，每突出一个棱角为一道灰线，檐口滴水槽不作为突出抹灰面线脚。

11.3.1.2 天棚吊顶

天棚吊顶工程分为天棚龙骨、基层和面层。

(1) 龙骨

各种吊顶天棚龙骨按主墙间净空面积计算，不扣除间壁墙、检查孔、附墙烟囱、柱、垛和管道所占面积。

(2) 基层

天棚基层按展开面积计算。

(3) 面层

天棚装饰面层按主墙间实钉（胶）面积以平方米计算，不扣除间壁墙、检查孔、附墙烟囱、垛和管道所占面积，但应扣除 0.3m² 以上的孔洞、独立柱、灯槽及与天棚相连的窗帘盒所占的面积。

① 龙骨、基层、面层合并列项的项目，工程量计算规则同龙骨计算规则。

② 天棚面层在同一标高者为平面天棚，天棚面层不在同一标高者为跌级天棚，跌级天棚其面层按相应项目人工乘以系数 1.1。

③ 灯光槽按延长米计算。

④ 网架天棚按水平投影面积计算。

⑤ 嵌缝按平方米计算。

11.3.2 天棚工程计价

① 抹灰天棚按手工操作，施工方法不同时，不作调整。

② 天棚抹灰石灰砂浆项目按中级抹灰标准取定，普通抹灰按相应项目人工乘以系数 0.8，高级抹灰人工乘以系数 1.25，其他不变。

③ 设计抹灰砂浆厚度如与定额取定不同时，可以按表 11-3 调整。

表 11-3 天棚抹灰砂浆厚度调整表

项目	每增减 1mm 厚度消耗量调整			
	人工/工日	机械/台班	砂浆/m³	水/m³
石灰砂浆	0.35	0.014	0.11	0.01
水泥砂浆	0.38	0.015	0.12	0.01
混合砂浆	0.52	0.015	0.12	0.01
石膏砂浆	0.43	0.014	0.11	0.01

11.3.3 技能训练

案例 11-3 某工程天棚平面如图 11-4 所示，设计为 U38 不上人型轻钢龙骨石膏板吊顶，龙骨网格 300mm×300mm。计算天棚工程量及费用。

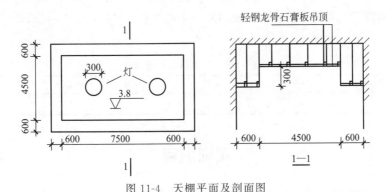

图 11-4 天棚平面及剖面图

分析

① 各种吊顶天棚龙骨按主墙间净空面积计算，不扣除间壁墙、检查孔、附墙烟囱、柱、垛和管道所占面积。

② 天棚装饰面层按主墙间实钉（胶）面积以 "m²" 计算，不扣除间壁墙、检查孔、附墙烟囱、垛和管道所占面积，但应扣除 0.3m² 以上的孔洞、独立柱、灯槽及与天棚相连的窗帘盒所占的面积。

③ 天棚面层在同一标高者为平面天棚，天棚面层不在同一标高者为跌级天棚，跌级天棚其面层按相应项目人工乘以系数 1.1。

解

① 天棚龙骨工程量：
$$S = (4.5 + 0.6 \times 2) \times (7.5 + 0.6 \times 2) = 49.59 (\text{m}^2)$$

② 石膏板面层工程量：
$$S = (4.5 + 0.6 \times 2) \times (7.5 + 0.6 \times 2) + (4.5 + 7.5) \times 2 \times 0.3 - 3.14 \times 0.3^2 \times 2$$
$$= 49.59 + 7.2 - 0.57 = 56.22 (\text{m}^2)$$

③ 套定额如表 11-4 所示。

表 11-4 天棚吊顶计价表

序号	定额编码	项目名称	单位	工程量	单价/元		合价/元
					人工费	机械费	
1	B3-42	装配式 U 型轻钢天棚龙骨（不上人）面层规格 300mm×300mm 跌级	100m²	0.50	8610.34		4305.17
					1798.30	49.10	
2	B3-115换（人工费×1.1）	纸面石膏板天棚面层安在 U 型轻钢龙骨上	100m²	0.56	2159.67		1209.42
					788.90×1.1	0.00	
合计/元							5514.59

案例 11-4 某建筑平面图如图 11-5 所示，墙厚 240mm，天棚基层类型为混凝土现浇板，天棚抹灰为石灰砂浆，方柱尺寸：400mm×400mm。试计算天棚抹灰的工程量及价格。

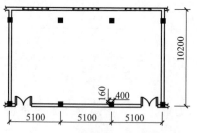

图 11-5 某建筑天棚平面图

分析

① 天棚抹灰面积，按主墙间的净空间面积计算；有坡度及拱形的天棚，按展开面积计算；带有钢筋混凝土梁的天棚，梁的侧面抹灰面积，并入天棚抹灰工程量内计算。

② 计算天棚抹灰面积时，不扣除间壁墙、垛、柱、附墙烟囱、附墙通风道、检查孔、管道及灰线等所占的面积。

解 天棚抹灰工程量 =（5.1×3−0.24）×（10.2−0.24）= 15.06×9.96 = 150.00（m²）

套定额如表 11-5 所示。

表 11-5 天棚抹灰计价表

序号	定额编码	项目名称	单位	工程量	单价/元	合价/元
1	B3-1	混凝土面抹石灰砂浆	100m²	1.5	1456.28	2184.42

实训项目

计算附图中天棚工程相应项目工程量及价格。

任务 11.4 门窗工程

门窗工程主要项目有木门、金属门、其他成品门、木窗、金属窗、门窗套、窗帘盒、窗帘轨、窗台板和五金安装等。

11.4.1 门窗工程量计算

11.4.1.1 木门窗

（1）门窗框

普通木门窗框及工业窗框，分制作和安装项目，以设计框长每 100m 为计算单位，分别按单、双裁口项目计算。余长和伸入墙内部分及安装用木砖已包括在项目内，不另计算。若设计框料断面与附注规定不同时，项目中烘

二维码 11.6

干木材含量，应按比例换算，其他不变。换算时以立边断面为准。

例如：普通木窗为带亮三开扇，每樘框外围尺寸为宽 1.48m，高 1.98m（当中有中立槛及中横槛），边框为双裁口，毛料断面为 $64cm^2$，项目规定断面为 $45.6cm^2$，烘干木材为 $0.553m^3/100m$，则

每樘框料总长为 $(1.48+1.98)\times3=10.38(m)$

断面换算比例为 $64/45.6\times100\%=140.35\%$

烘干木材换算为 $0.553/100m\times140.35\%=0.776m^3/100m$

（2）门窗扇

普通木门窗扇、工业窗扇等有关项目分制作及安装，以 $100m^2$ 扇面积为计算单位。如设计扇料边梃断面与附注规定不同时，项目中烘干木材含量，应按比例换算，其他不变。

①普通木门窗、工业木窗，如设计规定为部分框上安装玻璃者，扇的制作、安装与框上安玻璃的工程量应分别列项计算，框上安玻璃的工程量应以安装玻璃部分的框外围面积计算。

②工业窗扇制作、安装分中悬窗扇和平开窗扇。如设计为部分中悬窗扇、部分平开窗扇时，应分别列项计算。

③木天窗扇制作、安装，按工业窗扇相应项目执行。

④天窗木框架（包括横挡木及小立木）制作安装，以"m^3"竣工木料为单位计算。天窗上、下封口板按实钉面积计算。

⑤木百叶窗制作、安装按框外围面积计算，项目中已包括窗框的工、料。

⑥门连窗的窗扇和门扇制作、安装应分别列项计算，但门窗相连的框可并入木门框工程量内，按普通木门框制作、安装项目执行。

⑦木门扇皮制隔音面层和装饰板隔音面层，按单面面积计算。

⑧门扇铝合金踢脚板安装以踢脚板净面积计算。

11.4.1.2　钢门窗

钢门窗安装按框外围面积计算。

普通钢门窗上安玻璃按框外围面积计算。当钢门仅有部分安玻璃时，按安玻璃部分的框外围面积计算。

11.4.1.3　铝合金门窗

铝合金门窗制作、安装，成品铝合金门窗、彩板门窗、塑钢门窗安装均按洞口面积以"m^2"计算。纱扇制作、安装按纱扇外围面积计算。

11.4.1.4　卷闸门

卷闸门安装按其安装高度乘以门的实际宽度以"m^2"计算。安装高度按洞口高度增加 600mm 计算。带卷筒罩的按展开面积增加。电动装置安装以套计算，小门安装以个计算，

若卷闸门带小门时，小门面积不扣除。不锈钢、镀锌板网卷帘门执行铝合金卷帘门子目，主材换算调整，其他不变。

11.4.1.5 防盗门、防盗窗、百叶窗、对讲门、钛镁合金推拉门、全玻门（无框和带框）、不锈钢格栅门

防盗门、防盗窗、百叶窗、对讲门、钛镁合金推拉门、无框全玻门、带框全玻门、不锈钢格栅门按框外围面积以"m²"计算。

11.4.1.6 防火门、防火窗

成品防火门、防火窗以框外围面积计算。

防火卷帘门从地（楼）面算至端板顶点乘以设计宽度。

11.4.1.7 实木门、装饰门

实木门框制作、安装以延长米计算。实木门扇制作、安装及装饰门扇制作按扇外围面积计算。装饰门扇及成品门扇安装按扇计算。

11.4.1.8 电子感应自动门、全玻转门及不锈钢电动伸缩门

电子感应自动门、全玻转门及不锈钢电动伸缩门以樘为单位计算。

11.4.1.9 门窗套

成品门窗套分别按洞口内净尺寸不同宽度以延长米计算。

不锈钢板包门框、门窗套、花岗岩门套、门窗筒子板按展开面积计算。

11.4.1.10 窗门窗贴脸

门窗贴脸按门窗框的外围长度以米计算。双面钉贴脸者应加倍计算。

11.4.1.11 窗帘盒和窗帘轨道

窗帘盒和窗帘轨道按图示尺寸以米计算。如设计无规定时，可按窗框的外围宽度两边共加30cm计算。

11.4.1.12 窗帘

窗帘按设计图示尺寸以"m²"计算。

11.4.1.13 窗台板

窗台板按实铺面积计算。如图纸未注明窗台板长度和宽度时，可按窗框的外围宽度两边共加10cm计算，凸出墙面的宽度按抹灰面外加5cm计算。

11.4.2 门窗工程计价

11.4.2.1 普通门窗

普通木门窗扇制作安装以一、二类木种为准。如设计采用三、四类木种时，制作人工及机械乘以系数 1.3，安装人工乘以系数 1.16，其他不变。

① 该分部工程木材断面或厚度均以毛料为准。如设计注明断面或厚度为净料时，应增加刨光损耗：板方材一面刨光加 3mm，二面刨光加 5mm，圆木刨光按每立方米木材增加 0.05m³ 计算。

② 普通木门窗框制作、安装以二、三类木种为准，如设计采用一、四类木种时，仍按该项目计算。

③ 其他项目均以一、二类木种为准。如设计采用三、四类木种时，人工及机械乘以系数 1.35。

④ 凡注明门窗框、扇料断面允许换算者，应按设计规定断面换算，其他不变。

⑤ 门窗玻璃厚度和品种与设计规定不同时，应按设计规定换算，其他不变。

⑥ 普通木门窗框、工业木窗框制作、安装，是按不带披水条编制的。如设计规定带披水条者，应另列项目计算。

⑦ 门窗扇安装项目中未包括装配单、双弹簧合页或地弹簧、暗插销、大型拉手、金属踢、推板及铁三角等用工。计算工程量时应另列项目按门窗扇五金安装相应项目计算。

⑧ 各种木门窗框、扇制作安装项目，不包括从加工厂的成品堆放场至现场堆放场的场外运输。如实际发生时，按"构件运输及安装工程"相应项目计算。

11.4.2.2 装饰门窗

铝合金门窗制作、安装项目中未含五金配件，五金配件按说明中表格选用。

① 成品门窗安装项目中，门窗附件按包含在成品门窗单价内考虑。

② 铝合金地弹门制作型材（框料）按 101.6mm×44.5mm、厚 1.5mm 方管取定，单扇平开门、双扇平开窗按 38 系列取定，推拉门窗按 90 系列（厚 1.5mm）取定，如实际采用的型材断面及厚度与项目取定规格不符时，可按图示尺寸乘以线密度加 6% 的施工损耗计算型材重量。

11.4.3 技能训练

案例 11-5 某装饰市场商业用房安装铝合金卷闸门，尺寸如图 11-6 所示，共 20 张。计算铝合金电动卷闸门的工程量。

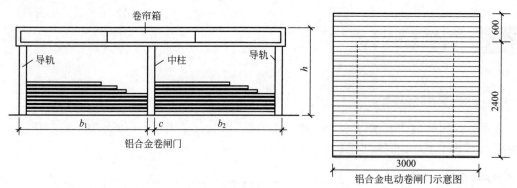

图 11-6　铝合金卷闸门尺寸示意图

※**分析**　卷闸门安装按其安装高度乘以门的实际宽度以"m²"计算。安装高度按洞口高度增加 600mm 计算。

※**解**　铝合金电动卷闸门的工程量：$3.0 \times (2.4 + 0.6) \times 20 = 180 (m^2)$

套定额如表 11-6 所示。

表 11-6　铝合金电动卷闸门

序号	定额编号	项目名称	单位	工程量	单价/元	合价/元
1	B4-134	铝合金卷闸门安装	100m²	1.80	16378.27	29480.89

案例 11-6　某厂房有如图 11-7 所示平开全钢板大门，试计算全钢板大门工程量。

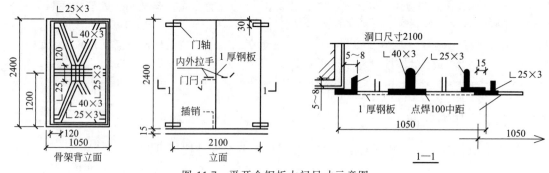

图 11-7　平开全钢板大门尺寸示意图

※**分析**　钢门窗安装按框外围面积计算。

※**解**　工程量 $= 2.10m \times 2.4m = 5.04m^2$

套定额如表 11-7 所示。

表 11-7　钢门

序号	定额编号	项目名称	单位	工程量	单价/元	合价/元
1	B4-125	普通钢门	100m²	0.05	14386.88	719.34

案例 11-7　某工程铝合金组合门窗，尺寸如图 11-8 所示，门为平开门，窗为推拉窗，共 40 樘，试计算铝合金门连窗工程量。

※**分析**　铝合金门窗制作、安装，成品铝合金门窗、彩板门窗、塑钢门窗安装均按洞口面积以"m²"计算。

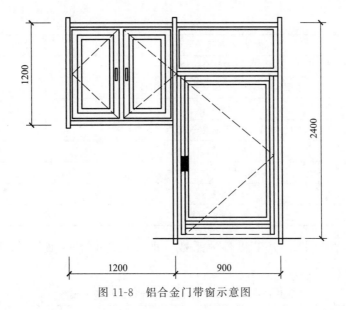

图 11-8 铝合金门带窗示意图

解 铝合金门工程量 $= 0.9 \times 2.4 \times 40 = 86.4(m^2)$

铝合金窗工程量 $= 1.2 \times 1.2 \times 40 = 57.6(m^2)$

套定额如表 11-8 所示。

表 11-8 铝合金门窗

序号	定额编号	项目名称	单位	工程量	单价/元	合价/元
1	B4-110	铝合金平开门	$100m^2$	0.864	27328.10	23611.48
2	B4-212	铝合金推拉窗	$100m^2$	0.576	36492.46	21019.66

任务 11.5 油漆、涂料、裱糊工程

油漆、涂料、裱糊工程包括木材面油漆,金属面油漆,刮腻子,抹灰面油漆,喷刷涂料、喷塑,裱糊及其他。

11.5.1 油漆、涂料、裱糊工程量计算

11.5.1.1 木材面油漆

分别不同刷油部位,按下列表各类工程量系数以"m^2"或延长米计算。

① 按单层木窗项目计算工程量的系数(即多面涂刷按单面面积计算工程量),见表 11-9。

表 11-9 按单层木窗项目计算工程量的系数

序号	项目	系数	计算方法
1	单层木窗或部分带框上安玻璃	1.00	框外围面积
2	单层木窗带纱窗	1.40	

序号	项目	系数	计算方法
3	单层木窗部分带纱扇	1.28	框外围面积
4	单层木窗部分带纱扇部分带框上安玻璃	1.14	
5	木百叶窗	1.46	
6	双层木窗或部分带框上安玻璃(双裁口)	1.60	
7	双层框窗(单裁口)木窗	2.00	
8	双层框三层(二玻一纱)木窗	2.60	
9	单层木组合窗	0.83	
10	双层木组合窗	1.13	

② 按单层木门项目计算工程量的系数（即多面涂刷按单面面积计算工程量），见表 11-10。

表 11-10　按单层木门项目计算工程量的系数

序号	项目	系数	计算方法
1	单层木板门或单层玻璃镶板门	1.00	框外围面积
2	单层全玻璃门、玻璃间壁、橱窗	0.83	
3	单层半截玻璃门	0.95	
4	纱门窗及纱亮子	0.83	
5	半截百叶门	1.53	
6	全百叶门	1.66	
7	厂库房大门	1.10	
8	特种门(包括冷藏门)	1.00	
9	双层(单裁口)木门	2.00	
10	双层(一玻一纱)木门	1.36	

注：无门框的门扇按相应种类的门计算。

③ 按木扶手（不带托板）项目计算工程量的系数（即多面涂刷按延长米计算工程量），见表 11-11。

表 11-11　按木扶手（不带托板）项目计算工程量的系数

序号	项目	系数	计算方法
1	木板、胶合板、纤维板天棚	1.00	延长米
2	木扶手(带托板)	2.50	
3	窗帘盒	2.00	
4	封檐板、搏风板	1.70	
5	挂衣板、黑板框、单独木线条100mm以外	0.50	
6	挂镜线、窗帘棍、单独木线条100mm以内	0.40	

④ 按其他木材面项目计算工程量系数（即单面涂刷按单面面积计算工程量），见表 11-12。

表 11-12　按其他木材面项目计算工程量系数

序号	项目	系数	计算方法
1	木板、胶合板、纤维板天棚	1.00	长×宽
2	清木板条檐口天棚	1.10	
3	吸音板墙面或天棚面	0.87	
4	木方格吊顶天棚	1.20	
5	鱼鳞板墙	2.40	
6	暖气罩	1.30	
7	木窗台板、筒子板、盖板、门窗套、踢脚板	0.83	
8	木护墙、木墙裙	0.90	
9	屋面板(带檩条)	1.10	斜长×宽
10	壁柜、衣柜	1.00	实刷展开面积
11	方木屋架	1.77	跨度×中高×1/2
12	木间壁、木隔断	1.90	单面外围面积
13	玻璃间壁露明墙筋	1.65	
14	木栅栏、木栏杆(带扶手)	1.82	
15	零星木装修	0.87	展开面积
16	梁柱饰面	1.00	

11.5.1.2　金属面油漆

分别不同刷油部位,按以下工程量系数以"m^2"或"t"计算。

① 按单层钢门窗项目计算工程量的系数(即多面涂刷按单面面积计算工程量),见表 11-13。

表 11-13　按单层钢门窗项目计算工程量的系数

序号	项目	系数	计算方法
1	普通单层钢门窗	1.00	框外围面积
2	普通单层钢门窗带纱扇或双层钢门窗	1.48	
3	普通单层钢窗部分带纱扇	1.30	
4	钢平开、推拉大门、钢折叠门、射线防护门	1.70	
5	钢半截百叶窗	1.50	
6	钢百叶门窗	1.66	
7	钢板(丝)网大门	0.80	
8	间壁	1.60	长×宽

注:普通钢门窗包括空腹及实腹钢门窗。

② 按其他金属面油漆项目计算工程量系数,见表 11-14。

表 11-14　按其他金属面油漆项目计算工程量系数

序号	项目	系数	计算方法
1	钢屋架、天窗架、挡风架、托架梁、支撑、檩条	1.00	以重量计算
2	钢墙架	0.7	

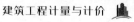

序号	项目	系数	计算方法
3	钢柱、吊车架、花式梁、柱	0.60	以重量计算
4	钢操作台、走台、制动梁、车挡	0.7	
5	钢栅栏门、栏杆、窗栅	1.7	
6	钢爬梯及踏步式钢扶梯	1.20	
7	轻型钢屋架	1.40	
8	零星铁件	1.30	

③ 按镀锌铁皮面油漆项目计算工程量系数，见表 11-15。

表 11-15　按镀锌铁皮面油漆项目计算工程量系数

序号	项目	系数	计算方法
1	平铁皮屋面	1.00	斜长×宽
2	瓦垄铁皮屋面	1.20	
3	包镀锌铁皮门	2.20	框外围面积
4	吸气罩	2.20	水平投影面积
5	铁皮排水、伸缩缝铁皮盖板	1.05	展开面积

④ 金属结构防火涂料以不同涂料厚度按构件的展开面积以"m^2"计算。金属结构防火涂料厚度参考值，见表 11-16。

表 11-16　金属结构防火涂料厚度参考值

防火极限/h	0.5	1.0	1.5	2.0	2.5	3.0
超薄型厚度/mm	0.5	1	1.5	2		
薄型厚度/mm		2	3	4	5	
厚型厚度/mm						25

注：本表防火涂料厚度如与实际不符时，可据实调整。

⑤ 金属构件面积折算表，见表 11-17。

表 11-17　金属构件面积折算表

序号	项目名称	单位	折算面积
1	钢屋架、支撑、檩条	t	38
2	钢梁、钢柱、钢墙架	t	38
3	钢平台、操作台	t	27
4	钢栅栏门、栏杆	t	65
5	钢踏步梯、爬梯	t	45
6	零星构件	t	50
7	钢球形网架	t	28

注：本表折算量金属表面面积如与实际不符时，可据实调整。

11.5.1.3　抹灰面油漆

抹灰面油漆、涂料，喷（刷）可按相应的抹灰工程量计算。

11.5.1.4 项目中的隔墙、护壁、柱、天棚木龙骨及木地板中木龙骨带毛地板，刷防火涂料工程量计算规则

① 隔墙、护壁木龙骨按其面层正立面投影面积计算。

② 柱木龙骨按其面层外围面积计算。

③ 天棚木龙骨、金属龙骨按其面层水平投影面积计算。

④ 木地板中木龙骨及木龙骨带毛地板按地板面积计算。

11.5.1.5 裱糊工程

贴墙纸按实贴面积以"m^2"计算。

① 混凝土栏杆花式刷浆按单面外围面积乘以系数 1.82 计算。

② 隔墙、护壁、柱、天棚面层及木地板刷防火涂料，使用其他木材面刷防火涂料相应子目。

③ 木楼梯（不包括底面）油漆，按水平投影面积乘以系数 2.3，使用木地板相应子目。

④ 织物面喷阻燃剂实际喷刷面积以"m^2"计算。

11.5.2 油漆、涂料、裱糊工程计价

① 本项目中涂刷油漆、涂料均采用手工操作；喷塑、喷涂采用机械操作。操作方法不同时，不作调整。

② 油漆浅、中、深各种颜色已综合在项目内，颜色不同，不另调整。

③ 本项目在同一平面上的分色及门窗内外分色已综合考虑。如需做美术图案者，另行计算。

④ 项目内规定的喷、涂、刷遍数与设计要求不同时，可按每增加一遍项目进行调整。

⑤ 门窗贴脸、披水条、盖口条的油漆已综合在相应项目中，不另计算。

⑥ 喷塑（一塑三油）、底油、装饰漆、面油，其规格划分如下：

a. 大压花：喷点压平、点面积在 $1.2cm^2$ 以上。

b. 中压花：喷点压平、点面积在 $1\sim1.2cm^2$ 以内。

c. 盆中点、幼点：喷点面积在 $0.9cm^2$ 以下。

⑦ 项目中的单层木门窗刷油漆按双面刷油考虑的，如采用单面刷油，其项目含量乘以系数 0.49 计算。

11.5.3 技能训练

案例 11-8 某建筑如图 11-9 所示，外墙刷真石漆墙面（木嵌条分格），窗连门，全玻璃门、推拉窗，居中立樘，框厚 80mm，墙厚 240mm，三合板木墙裙上润油粉，刷硝基清漆六遍，顶棚刷乳胶漆三遍（光面），试计算外墙面油漆工程量、顶棚刷乳胶漆工程量。

分析 抹灰面油漆、涂料，喷（刷）可按相应的抹灰工程量计算。

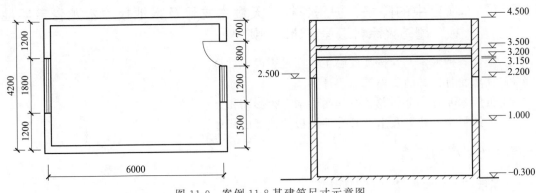

图 11-9 案例 11-8 某建筑尺寸示意图

解 外墙面真石漆工程量 = 墙面工程量 + 洞口侧面工程量

$$= (6.24 + 4.44) \times 2 \times 4.8 - 0.8 \times 2.20 - 1.20 \times$$
$$(2.20 - 1.0) - 1.80 \times (2.50 - 1.5) +$$
$$(7.6 + 6.6) \times 0.08 = 97.77 (\text{m}^2)$$

顶棚刷乳胶漆工程量 $= (6.0 - 0.24) \times (4.2 - 0.24) = 5.76 \times 3.96 = 22.81 (\text{m}^2)$

套定额如表 11-18 所示。

表 11-18 抹灰面油漆、涂料

序号	定额编号	项目名称	单位	工程量	单价/元	合价/元
1	B5-316	外墙面真石漆	100m²	0.98	10960.14	10740.94
2	B5-296	顶棚刷乳胶漆二遍	100m²	0.23	780.80	179.58
3	B5-297	顶棚刷乳胶漆增一遍	100m²	0.23	359.78	82.75

案例 11-9 图 11-9 中，木墙裙高 1000mm，上润油粉、刮腻子、油色、清漆四遍、磨退出亮；内墙抹灰面满刮腻子二遍，贴对花墙纸，挂镜线 25mm × 50mm，刷底油一遍、调和漆二遍，顶棚刷内墙涂料二遍。试计算木墙裙、墙纸裱糊工程量。

分析 贴墙纸按实贴面积以 "m²" 计算。抹灰面油漆、涂料，喷（刷）可按相应的抹灰工程量计算。

解 木墙裙的工程量，因木墙裙项目已包括油漆，不另计算。

墙纸裱糊工程量 = 内墙净长 × 裱糊高度 - 门窗洞口面积 + 洞口侧面面积

$$= (5.76 + 3.96) \times 2 \times 2.15 - 2 \times 1.2 - 1.8 \times 1.5 + 6.6 \times 0.08 + 5.6 \times 0.08$$
$$= 41.79 - 2.4 - 2.7 + 0.528 + 0.448$$
$$= 37.67 (\text{m}^2)$$

套定额如表 11-19 所示。

表 11-19 墙纸裱糊

序号	定额编号	项目名称	单位	工程量	单价/元	合价/元
1	B5-384	对花墙纸	100m²	0.38	2761.24	1049.27

项目12 措施项目

知识目标

- 掌握措施项目的工程量计算规则
- 掌握措施项目的定额套用

技能目标

- 会计算措施项目的工程量
- 会计算措施项目的价格

任务 12.1 脚手架工程

二维码12.1　二维码12.2

12.1.1 脚手架工程量计算

① 多层（跨）建筑物高度不同或同一建筑物各面墙的高度不同，应分别计算工程量。

② 单排、双排外墙脚手架的工程量按外墙外围长度（含外墙保温）乘以外墙高度以"m²"计算。突出墙体在24cm以内的墙垛、附墙烟囱等，其脚手架已包括在外墙脚手架内，不再另计；突出外墙超过24cm时按图示尺寸展开计算，并入外墙脚手架工程量内。型钢悬挑脚手架、附着式升降脚手架按其搭设范围墙体外围面积计算。

③ 外墙脚手架。

a. 砖混结构外墙高度在15m以内时，按单排脚手架计算；但符合下列条件之一者按双排脚手架计算：

- 外墙门窗洞口面积超过整个建筑物外墙面积40%以上者。
- 毛石外墙、空心砖外墙、填充外墙。
- 外墙裙以上的外墙面抹灰面积占整个建筑物外墙面积（包括门窗洞口面积在内）25%以上者。

b. 砖混结构外墙高度在15m以上及其他结构的建筑物按双排脚手架或型钢悬挑脚手架或附着式升降脚手架计算。

④ 建筑物计算脚手架时，不扣除门、窗洞口及穿过建筑物的通道的空洞面积。

⑤ 砌筑高度超过1.2m的砖基础脚手架，按砖基础的长度乘以砖基础的砌筑高度以

"m^2"计算；内墙、地下室内外墙砌体砌筑脚手架，外墙按砌体中心线、内墙按砌体净长乘以高度以"m^2"计算，高度从室内地面或楼面算至板下或梁（不包括圈梁）下。高度（同一面墙高度变化时，按平均高度）在3.6m以内时，按3.6m以内里脚手架计算；高度超过3.6m时，按相应高度的单排外脚手架项目乘以系数0.60计算。

⑥ 砌筑高度超过1.2m的室内管沟墙脚手架按墙的长度乘以高度以"m^2"计算。高度在3.6m以内时，按3.6m以内里脚手架计算；高度超过3.6m时，按相应高度的单排外脚手架项目乘以系数0.60计算。

⑦ 独立砖、石柱脚手架按柱的周长加3.6m乘以柱高以"m^2"计算。独立砖柱高度在3.6m以内时，按3.6m以内里脚手架计算，高度超过3.6m时，按相应高度的单排外脚手架项目乘以系数0.6计算；独立石柱套用相应高度的双排脚手架项目乘以系数0.40。

⑧ 现浇混凝土满堂基础、独立基础、设备基础、构筑物基础底面积在$4m^2$以上或施工高度在1.5m以上、现浇带形基础宽度在2m以上时，按基础底面积套用《全国统一建筑装饰装修工程消耗量定额河北省消耗量定额》中的满堂脚手架基本层项目乘以系数0.50。

⑨ 砖石围墙、挡土墙砌筑脚手架，按墙中心线长度乘以高度（不含基础埋深）以"m^2"计算。砖砌围墙、挡土墙高度在3.6m以内时，按3.6m以内里脚手架计算；高度超过3.6m时，按相应高度的单排外脚手架项目乘以系数0.60计算。石砌围墙、挡土墙高度在3.6m以内时，按3.6m以内里脚手架计算；高度超过3.6m时，按相应高度的双排外脚手架项目乘以系数0.60计算。

⑩ 地下室、卫生间等墙面防水处理所需要的脚手架按以下方法计算：

a. 内墙面按《全国统一建筑装饰装修工程消耗量定额河北省消耗量定额》中的相应项目计算，防水高度在3.6m以内时，按墙面简易脚手架计算；防水高度超过3.6m时，套用相应高度的内墙面装饰脚手架乘以系数0.40。

b. 地下室外墙面防水套用相应高度的外墙双排脚手架项目乘以系数0.20。

⑪ 砖垛铁栏杆围墙，当砖垛砌筑高度超过1.20m时，可按独立砖柱脚手架的计算方法计算。

⑫ 钢梯、木梯的脚手架按水平投影的外边线展开长度乘以高度，套筒相应的双排外脚手架项目乘以系数0.40。

⑬ 电梯井脚手架，区别不同高度，按单孔以"座"计算。

⑭ 依附斜道按建筑物外围长度每150m为一座计算，余数每超过60m增加一座，60m以内不计。

⑮ 吊车梁安装、混凝土和钢屋架安装，按柱外围长度加3.6m计算，高度在3.6m以内时，按3.6m以内里脚手架计算；高度超过3.6m时，按相应高度的双排外脚手架项目乘以系数0.60计算。

⑯ 吊车轨道安装，按轨道长度和安装高度套用双排脚手架乘以系数0.20计算。

① 建筑物脚手架是按建筑物外墙高度和脚手架类别分别编制的。建筑物外墙高度以设计室外地坪作为计算起点，高度按以下规定计算：

a. 平屋顶带挑檐的，算至挑檐栏板结构顶标高；

b. 平屋顶带女儿墙的，算至女儿墙顶；

c.坡屋面或其他曲面屋顶算至墙中心线与屋面板交点的高度，山墙按山墙平均高度计算；

d.屋顶装饰架与外墙同立面（含水平距外墙 2m 以内范围），并与外墙同时施工，算至装饰架顶标高。

上述多种情况同时存在时，按最大值计取。

② 墙体高度超过 1.2m 时应计算脚手架费用。

③ 烟囱脚手架是按混凝土烟囱编制的，按"座"计算。

④ 地下建筑物的脚手架及依附斜道套用相应高度外双排脚手架及依附斜道项目。高度系指垫层底标高至设计室外地坪的高度。

⑤ 脚手架的组成见图 12-1。

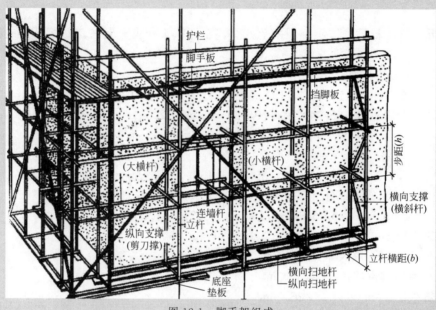

图 12-1　脚手架组成

12.1.2　脚手架工程计价

① 水塔脚手架套用相应高度的烟囱脚手架项目人工乘以系数 1.11。

② 建筑物最高檐高在 20m 以内计算依附斜道，依附斜道的搭设高度按建筑物最高檐高计算。独立斜道套用依附斜道定额项目乘以系数 1.80。

③ 建筑物需要搭多排脚手架时，按"高度 50m 以内每增加一排"子目计算，其中高度在 15m 以内乘以系数 0.70，高度在 24m 以内乘以系数 0.75。

12.1.3　技能训练

📎 **案例 12-1**　某工程如图 12-2 所示，主体 25 层，裙楼 8 层，女儿墙高 2m，层顶水箱间、电梯间为砖砌外墙。试计算外脚手架（应按不同高度分别计算）。

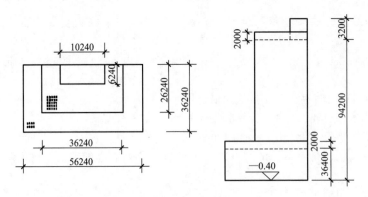

图 12-2 某工程示意图

※分析 该工程可以按双排脚手架计算,在计算工程量时要按定额所区分的高度分别汇总。

① 高层 (25 层) 部分外脚手架工程量:

$$36.24 \times (94.20 + 2.00) = 3486.29(\text{m}^2)$$
$$(36.24 + 26.24 \times 2) \times (94.20 - 36.40 + 2.00) = 5305.43(\text{m}^2)$$
$$10.24 \times (3.20 - 2.00) = 12.29(\text{m}^2)$$

② 低层 (8 层) 部分脚手架工程量:

$$[(36.24 + 56.24) \times 2 - 36.24] \times (36.40 + 2.00) = 5710.85(\text{m}^2)$$

③ 电梯间、水箱间部分 (假定为砖砌外墙) 脚手架工程量:

$$(10.24 + 6.24 \times 2) \times 3.20 = 72.70(\text{m}^2)$$

双排脚手架 5m 以内: $72.70\text{m}^2 + 12.29\text{m}^2 = 82.99\text{m}^2$

双排脚手架 50m 以内: 5710.85m^2

双排脚手架 70m 以内: 5305.43m^2

双排脚手架 110m 以内: 3486.29m^2

砌筑脚手架分项工程价格计算:

定额编号	项目名称	单位	工程量	单价/元	其中 人工费/元	其中 机械费/元	合计/元	其中 人工费/元	其中 机械费/元
A11-2	双排脚手架 5m 以内	100m²	0.83	1142.61	253.20	95.21	948.37	201.16	79.02
A11-8	双排脚手架 50m 以内	100m²	57.11	2480.68	730.20	80.93	141671.64	41701.72	4621.91
A11-9	双排脚手架 70m 以内	100m²	53.05	3239.62	915.60	85.69	171861.84	485872.58	4545.85
A11-11	双排脚手架 110m 以内	100m²	34.87	5161.46	2158.20	90.45	179980.11	75256.43	3153.99
合计/元							494461.96	603031.89	12400.77

任务 12.2 模板工程

施工中常用的模板类型有：组合钢模板、定型放模板、竹胶模板、木模板等。

按部位主要有基础模板（见图 12-3）、柱模板（如图 12-4）、梁模板、墙模板、板模板及楼梯模板等。

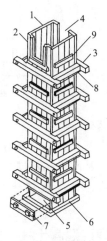

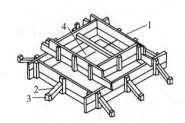

图 12-3　独立基础模板
1—侧模；2—斜撑；3—木桩；
4—对拉铅丝

图 12-4　柱模板
1—内拼板；2—外拼板；3—柱箍；4—梁缺口；
5—清理孔；6—底部木框；7—盖板；
8—拉紧螺栓；9—拼条

12.2.1 模板工程量计算

现浇混凝土模板工程量，除另有规定者外，均按混凝土与模板的接触面的面积以平方米计算，不扣除后浇带所占面积。二次浇捣的后浇带模板按后浇带体积以立方米计算。

12.2.1.1 现浇混凝土基础

（1）带形基础

应分别按毛石混凝土、无筋混凝土、有梁式钢筋混凝土、无梁式钢筋混凝土带形基础计算。

二维码 12.3

凡有梁式带形基础，梁的模板按梁长乘以梁净高以平方米计算，次梁与主梁交接时，次梁模板算至主梁侧面。其梁高（指基础扩大顶面至梁顶面的高）超过 1.2m 时，其带形基础底板模板按无梁式计算，扩大顶面以上部分模板按混凝土墙项目计算。

（2）独立基础

应分别按毛石混凝土和钢筋混凝土独立基础与模板接触面计算，其高度从垫层上表面算至柱基上表面。现浇独立柱基与柱的划分：高度（H）为相邻下一个高度（H_1）2 倍以内者为柱基，套用柱基模板项目；2 倍以上者为柱身，套用相应柱的模板项目（见图 12-5）。

（3）杯形基础

杯形基础连接预制柱的杯口底面至基础扩大顶面高度（H）在 0.50m 以内的按杯形基础模板项目计算，在 0.50m 以上部分（H）按现浇柱模板项目计算；其余部分套用杯形基础模板项目（见图 12-6）。

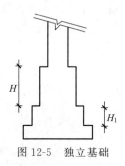

图 12-5　独立基础

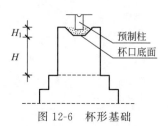

图 12-6　杯形基础

（4）满堂基础

无梁式满堂基础有扩大或角锥形柱墩时，应并入无梁式满堂基础内计算。

有梁式满堂基础梁高超过 1.2m 时，底板按无梁式满堂基础模板项目计算，梁按混凝土墙模板项目计算。箱式满堂基础应分别按无梁式满堂基础、柱、墙、梁、板的有关规定计算。

12.2.1.2　现浇混凝土柱、梁、板、墙

按混凝土与模板接触面的面积，以平方米计算。

① 现浇钢筋混凝土柱、梁、板、墙的支模高度（即室外地坪至板底或下层的板面至上一层的板底之间的高度）以 3.6m 编制；3.6m 以上 6m 以下，每超过 1m（不足 1m 者按 1m 计），超过部分工程量另按超高项目计算；6m 以上按批准的施工方案计算。

② 现浇钢筋混凝土墙、板上单孔面积在 0.3m² 以内的孔洞，不予扣除，洞侧壁模板亦不增加；单孔面积在 0.3m² 以外时，应予扣除，洞侧壁模板面积并入墙、板模板工程量之内计算。大钢模板墙，不扣除孔洞所占面积，洞侧壁模板亦不增加。

③ 现浇钢筋混凝土框架分别按梁、板、柱、墙有关规定计算，附墙柱并入墙内工程量计算。

④ 柱与梁、柱与墙、梁与梁等连接的重叠部分以及伸入墙内的梁头、板头部分，均不计算模板面积。

⑤ 密肋板按密肋梁及板与模板接触面积计算。

⑥ 构造柱外露面均应按图标外露部分计算模板面积。留马牙槎的按最宽面计算模板宽度。构造柱与墙接触面不计算模板面积。

⑦ 预制钢筋混凝土板之间，按设计规定需现浇板缝时，若板缝宽度（指下口宽度）在 2cm 以上 20cm 以内者，按预制板间补现浇板缝项目计算，板缝宽度超过 20cm 者，按平板项目计算。

12.2.1.3　现浇钢筋混凝土楼梯

现浇钢筋混凝土楼梯以图示水平投影面积计算，楼梯与楼板的划分以楼梯梁的外边缘为界（见图 12-7），该楼梯梁包括在楼梯水平投影面积之内。不扣除小于 500mm 楼梯井所占

二维码 12.4

面积。楼梯的踏步、踏步板、平台梁等侧面模板，不另计算。

注：整体螺旋楼梯、柱式螺旋楼梯，按每一旋转层的水平投影面积计算，楼梯与走道板分界以楼梯梁外边缘为界，该楼梯梁包括在楼梯水平投影面积内，楼梯的踏步、踏步板、平台梁等侧面模板，不另计算。

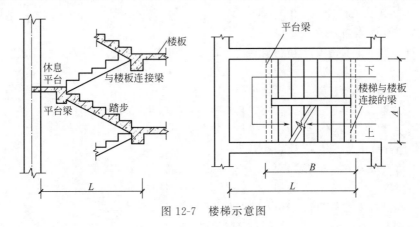

图 12-7　楼梯示意图

12.2.1.4　现浇混凝土台阶

现浇混凝土台阶按图示台阶尺寸（包括踏步及最上一层踏步沿 300mm）的水平投影面积计算，不包括梯带。台阶端头两侧模板，不另计算。

12.2.1.5　现浇钢筋混凝土悬挑的雨篷、阳台

现浇钢筋混凝土悬挑的雨篷、阳台按图示外挑部分尺寸的水平投影面积计算，挑出墙外的梁及板边模板不另计算。如伸出墙外超过 1.50m 时，梁、板分别计算，套用相应项目。

12.2.1.6　挑檐天沟

挑檐天沟按实体积以立方米计算。当与板（包括屋面板、楼板）连接时，以外墙身外边缘为分界线；当与圈梁（包括其他梁）连接时，以梁外边线为分界线。外墙外边缘以外或梁外边线以外为挑檐天沟。

注：
① 挑檐天沟壁高度在 40cm 以内时，套用挑檐项目；挑檐天沟壁高度超过 40cm 时，按全高套用栏板项目计算。
② 混凝土飘窗板、空调板执行挑檐项目，如单体小于 0.05m³ 执行零星构件项目。

12.2.1.7　零星构件

零星构件适用于现浇混凝土扶手、柱式栏杆及其他未列项目且单件体积在 0.05m³ 以内的小型构件，其工程量按混凝土实体积计算。

　　① 本项目中模板是分别按河北省施工中常用的组合钢模板、大钢模板、定型钢模板、复合木模板、木模板、混凝土地胎膜、砖地胎膜编制的。组合钢模板及卡具、支撑钢管及扣件、大钢模板按租赁编制，租赁材料往返运输所需要的人工和机械台班已包括在相应的项目内；复合木模板、木模板、定型钢模板等按摊销考虑。

②现浇混凝土梁、板、柱、墙按支模高度3.6m编制，3.6m以上6m以下，每超过1m（不足1m者按1m计），超过部分工程量另按超高项目计算，6m以上按批准的施工方案计算。

③现浇空心楼板执行平板项目。

④电梯井壁的混凝土支模楼层层高超过3.6m时，超过部分工程量另按墙超高项目乘以系数0.05计算。

⑤散水、坡道模板按垫层模板套用。

⑥明沟垫层按垫层模板套用，立壁套用直形墙模板乘以系数0.40。

⑦混凝土构件模板已综合考虑了模板支撑和脚手架操作系统，不另行计算。

⑧剪力墙计算时，按以下规定计算：

a.剪力墙较长边是墙厚的4倍以下时，按柱的相应项目计算。

b.剪力墙较长边是墙厚的4倍以上、7倍以下时，按短肢剪力墙项目计算。

c.剪力墙较长边是墙厚的7倍以上时，按墙的相应项目计算。

⑨电梯井壁的混凝土支模高度超过3.6m时，超过部分工程量另按墙超高项目乘以系数0.5计算。

12.2.2 模板工程计价

①拱形、弧形构件是按木模考虑的，如实际使用钢模时，套用直形构件项目，人工乘以系数1.2。

②构造柱模板套用矩形柱项目。

③斜梁（板）是按坡度30°以内综合取定的，坡度在45°以内者，按相应项目人工乘以系数1.05；坡度在60°以内者，按相应项目人工乘以系数1.1。

④现浇空心楼板执行平板项目。

⑤电梯井壁的混凝土支模楼层层高超过3.6m时，超过部分工程量另按墙超高项目乘以系数0.05计算。

⑥散水、坡道模板按垫层模板套用。

⑦明沟垫层按垫层模板套用，立壁套用直形墙模板乘以系数0.40。

⑧混凝土构件模板已综合考虑了模板支撑和脚手架操作系统，不另行计算。

12.2.3 技能训练

案例 12-2 计算如图 12-8 所示基础平面图及剖面图的基础模板工程量。

分析 由图 12-8 可以看出，本基础为有梁式条形基础，其支模位置在基础底板（厚200mm）的两侧和基础梁高（300mm）的两侧。所以，混凝土与模板的接触面积是：基础底板的两侧和基础梁的两侧面积。

解 基础模板工程量=混凝土与模板接触面的面积=基础支模的长度×支模高度

按图示长度计算模板的工程量。

（1）基础底板模板的工程量

1）外墙基础底板模板的工程量

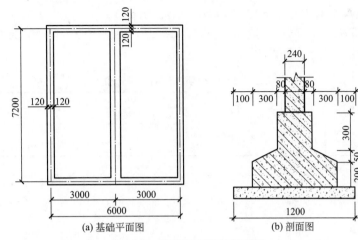

(a) 基础平面图　　　　(b) 剖面图

图 12-8　基础平面图及剖面图

① 外墙基础底板外侧模板的工程量为：

$$基础支模长度 = (3 \times 2 + 0.5 \times 2 + 7.2 + 0.5 \times 2) \times 2 = 30.4(m)$$

支模高度为 0.2m

$$外墙基础底板外侧模板的工程量 = 30.4 \times 0.2 = 6.08(m^2)$$

② 外墙基础底板内侧模板的工程量为：

$$基础支模长度 = [(3 \times 2 - 0.5 \times 2) + (7.2 - 0.5 \times 2)] \times 2 - (0.5 \times 2) \times 2 = 20.4(m)$$

支模高度为 0.2m

$$外墙基础底板内侧模板的工程量 = 20.4 \times 0.2 = 4.08(m^2)$$

$$外墙基础底板模板的工程量为 = 4.08 + 6.08 = 10.16(m^2)$$

2) 内墙基础底板模板的工程量

$$基础支模长度 = (7.2 - 0.5 \times 2) \times 2 = 12.4(m)$$

支模高度为 0.2m

$$内墙基础底板模板的工程量为 = 12.4 \times 0.2 = 2.48(m^2)$$

汇总：基础底板模板的工程量 = 10.16 + 2.48 = 12.64(m²)

(2) 基础梁模板的工程量

1) 外墙基础梁模板的工程量

① 外墙基础梁外侧模板的工程量为：

$$基础支模长度 = (3 \times 2 + 0.2 \times 2 + 7.2 + 0.2 \times 2) \times 2 = 28(m)$$

支模高度为 0.3m

$$外墙基础梁外侧模板的工程量 = 28 \times 0.3 = 8.4(m^2)$$

② 外墙基础梁内侧模板的工程量为：

$$基础支模长度 = [(3 \times 2 - 0.2 \times 2) + (7.2 - 0.2 \times 2)] \times 2 - (0.2 \times 2) \times 2 = 24(m)$$

支模高度为 0.3m

$$外墙基础梁内侧模板的工程量 = 24 \times 0.3 = 7.2(m^2)$$

$$外墙基础梁模板的工程量 = 8.4 + 7.2 = 15.6(m^2)$$

2) 内墙基础梁模板的工程量

$$基础支模长度 = (7.2 - 0.2 \times 2) \times 2 = 13.6(m)$$

支模高度为 0.3m

$$内墙基础梁模板的工程量 = 13.6 \times 0.3 = 4.08(m^2)$$

　　汇总:基础梁模板的工程量 = 15.6 + 4.08 = 19.68(m²)

　　总计:基础模板的工程量 = 基础底板模板 + 基础梁模板 = 12.64 + 19.68 = 32.32(m²)

　　该分项工程的定额计价见表 12-1。

表 12-1　该分项工程的定额计价

定额编号	项目名称	单位	工程量	单价/元	其中		合计/元	其中	
					人工费/元	机械费/元		人工费/元	机械费/元
A12-3	钢筋混凝土（有梁式）	100m²	0.323	3892.69	1443.60	256.16	1257.34	466.28	82.74

　　案例 12-3　某工程在图 12-9 所示构造柱示意图的位置上设置了构造柱。已知构造柱尺寸为 240m×240m，柱支撑高度为 3.0m，墙厚为 240mm，试计算构造柱模板工程量。

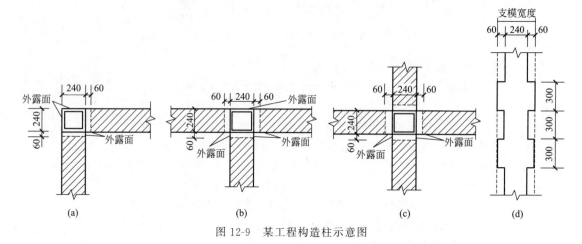

图 12-9　某工程构造柱示意图

解

（1）L 形转角处

　　　　构造柱模板工程量 = [(0.24 + 0.06) × 2 + 0.06 × 2] × 3 = 2.16(m²)

（2）T 形接头处

　　　　构造柱模板工程量 = (0.24 + 0.06 × 2 + 0.06 × 2 × 2) × 3 = 1.8(m²)

（3）十字接头处

　　　　　　构造柱模板工程量 = 0.06 × 2 × 4 × 3 = 1.44(m²)

注意：应注意构造柱模板的工程量计算与构造柱混凝土工程量计算的区别。

　　案例 12-4　某屋面挑檐的平面及剖面图如图 12-10 所示。试计算挑檐模板工程量。

解

（1）挑檐板底

　　　　挑檐宽度 × 挑檐板底的中心线长 = 0.6 × (30 + 0.6 + 15 + 0.6) × 2

　　　　　　　　　　　　　　　　　　= 0.6 × 92.4 = 55.44 （m²）

（2）挑檐立板

立板外侧:挑檐立板外侧高度 × 挑檐立板外侧周长 = 0.4 × (30 + 0.6 × 2 + 15 + 0.6 × 2) × 2

　　　　　　　　　　　　　　　　　　　　　　　= 0.4 × 94.8 = 37.92 （m²）

　　立板内侧：挑檐立板内侧高度 × 挑檐立板内侧周长 = (0.4 - 0.08) × [30 + (0.6 - 0.06) ×

　　　　　　　　　　　　　　　　　　　　　　2 + 15 + (0.6 - 0.06) × 2] × 2

　　　　　　　　　　　　　　　　　　　　　　= 0.32 × 94.32 = 30.18(m²)

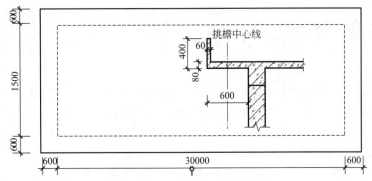

图 12-10　某屋面挑檐的平面及剖面图

挑檐模板工程量 $S = 55.44 + 37.92 + 30.18 = 123.54 (\text{m}^2)$

任务 12.3　垂直运输费

二维码 12.5

12.3.1　垂直运输工程量计算

（1）建筑物垂直运输费

建筑物垂直运输费区分不同建筑物的结构类型及檐高（层数）按建筑物面积以"m^2"计算，建筑物以±0.00 为界分别计算建筑面积套用相应项目。

建筑面积按《建筑工程建筑面积计算规范》规定计算，其中设备管道夹层垂直运输按本项目的有关规定计算。

（2）构筑物垂直运输费

构筑物垂直运输费以座计算；超过规定高度时再按每增高 1m 项目计算，其高度不足 1m 时，亦按 1m 计算。

> **知识窗**
>
> ① 建筑垂直运输主要是包括单位工程在合理工期内完成全部运输工程（原材料、构配件、设备、人员交通等）所需卷扬机、塔吊及施工电梯台班量。
>
> ② 建筑物垂直运输划分是以建筑物的檐高及层数两个指标同时界定的，凡檐高达到上限而层数未达到时，以檐高为准；如层数达到上限而檐高未达到时以层数为准。
>
> ③ 同一建筑上下结构不同时按结构分界面分别计算建筑面积套用相应项目，檐高均以该建筑物的最高檐高为准；同一建筑水平方向的结构或高度不同时，以垂直分界面分别计算建筑面积套用相应项目。
>
> ④ 建筑物檐高以设计室外地坪标高作为计算点，建筑物檐高按下列方法计算，突出屋面的电梯间、水箱间、亭台楼阁等均不计入檐高内。
>
> a. 平面顶带挑檐的，算至挑檐板结构下皮标高；
>
> b. 平面顶带女儿墙的，算至屋顶结构板上皮标高；
>
> c. 坡屋面或其他曲面屋顶均算至外墙（非山墙）的中心线与屋面板交点的高度；
>
> d. 上述多种情况同时存在时，按最大值计取。

12.3.2 垂直运输工程计价

① 建筑物的垂直运输执行以下规定：

a.带地下室的建筑物以±0.00为界分别套用±0.00以下及以上的相应项目。

b.无地下室的建筑物套用±0.00以上相应项目；基础深度（基础底标高至±0.00）超过3.6m时，基础的垂直运输费按±0.00处外围（含外墙保温板）水平投影面积套用±0.00以下一层子目乘以系数0.70。

c.设备管道夹层按其外围（含外墙保温板）水平投影面积乘以系数0.05并入建筑物垂直运输工程量内，设备管道夹层不计算层数。

d.接层工程的垂直运输费按接层的建筑面积套用相应项目乘以系数1.50，高度按接层后的檐高计算。

② 预制钢筋混凝土柱、钢屋架的单层厂房按预制排架项目计算。

③ 单层钢结构工程按预制排架项目计算。

④ 多层钢结构工程套用其他结构乘以系数0.50。

⑤ 计取垂运费的范围：

a.多层及檐高超过3.6m的单层建筑物计算垂运费，檐高3.6m以内的单层建筑物不计算垂直运输费。

b.该项目划分是以建筑物的檐高及层数两个指标同时界定的，凡檐高达到上限而层数未达到的，以檐高为准；如层数达到上限而檐高未达到的以层数为准。

⑥ 结构类型适用范围见表12-2。

表 12-2　结构类型适用范围

现浇框架结构适用范围	其他结构适用范围
现浇框架、框剪、剪力墙结构	除砖混结构、现浇框架、框剪、剪力墙、滑膜结构及预制排架结构以外的结构类型

⑦ 工业厂房垂直运输费定额的使用：定额是以Ⅰ类厂房为准编制的，Ⅱ类厂房项目乘以系数1.14。厂房分类如表12-3所示。

表 12-3　厂房分类

Ⅰ类	Ⅱ类
机加工、机修、五金缝纫、一般纺织（粗纺、制条、洗毛等）及无特殊要求的车间	厂房内设备基础及工艺要求较复杂、建筑设备或设备标准较高的车间。如铸造、锻压、电镀、酸碱、电子、仪表、手表、电视、医药、食品等车间

任务 12.4　建筑物超高费

二维码 12.6

12.4.1 建筑物超高工程量计算

① 建筑物自设计室外地坪至檐高超过20m的建筑面积（以下简称超高建筑面积）计算超高增加费，其增加费均按与建筑物相应的檐高标准计算。20m所对应楼层的建筑面积并

入建筑物超高费工程量，20m 所对应的楼层按下列规定套用定额：

a. 20m 以上到本层顶板高度在本层层高 50％以内时，按相应超高项目乘以系数 0.50 套用定额。

b. 20m 以上到本层顶板高度在本层层高 50％以上时，按相应超高项目套用定额。

② 超高建筑面积按《建筑工程建筑面积计算规范》的规定计算。

③ 超过 20m 以上的设备管道夹层按其外围（含外墙保温板）水平投影面积乘以系数 0.50 并入建筑物超高费工程量内，并按第一条规定套用定额。

④ 建筑物 20m 以上部分的层高超过 3.6m 时，每增高 1m（包括 1m 以内），按相应超高项目提高 25％。

 知识窗

① 适用范围：建筑物超高费不分结构类型，用途，只要建筑物檐高 20m 以上的工程均计取超高费。

② 建筑物檐高以设计室外地坪标高作为计算起点，建筑物檐高按下列方法计算，突出屋面的电梯间、水箱间、亭台楼阁等均不计入檐高内：

a. 平屋顶带挑檐的，算至挑檐板结构下皮标高。

b. 平面顶带女儿墙的，算至屋顶结构板上皮标高。

c. 坡屋面或其他曲面屋顶均算至外墙（非山墙）的中心线与屋面板交点的高度。

d. 上述多种情况同时存在时，按最大值计取。

③ 同一建筑物檐高不同时，按不同檐高分别计算超高费。同一屋面的前后檐高不同时，以高檐为准。

12.4.2 技能训练

案例 12-5 某框架结构的办公楼，室外地坪标高为 −0.600m，共 8 层，1～7 层高为 3.60m，顶层层高为 4.8m，每层建筑面积为 400m²，如图 12-11 所示，试计算该建筑的建筑超高费。

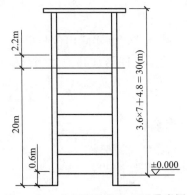

图 12-11 某框架结构办公楼示意图

分析 建筑物自设计室外地坪至檐高超过 20m 的建筑面积。应先计算出从哪一层开始超高。

解 根据图 12-11 可知，该建筑在第六层时开始超过 20m，超过高度为 2.2m，其到本层顶板高度在本层层高 50% 以内时，按相应超高项目乘以系数 0.50 套用定额。

该层超高面积为：$s = 400 \times 0.5 = 200$（m^2）

第七层的超高面积为：$s = 400$（m^2）

第八层的超高面积为：$4.8 - 3.6 = 1.2$（超过 2 个 1m），则超高面积为 $s = 400 \times (1 + 2 \times 25\%) = 600(m^2)$

该建筑物的超高面积为：$s = 200 + 400 + 600 = 1200$（$m^2$）

分项工程价格见表 12-4。

表 12-4　分项工程价格

定额编号	项目名称	单位	工程量	单价/元	其中		合计/元	其中	
					人工费/元	机械费/元		人工费/元	机械费/元
A14-2	檐高(40m 以内)	100m²	12	2016.49	1427.46	589.03	24197.88	17129.52	7068.36

任务 12.5　大型机械一次安拆及场外运输费

12.5.1　大型机械一次安拆及场外运输工程量计算

塔吊基础及轨道铺拆，特大型机械安拆次数及场外运输台次按施工组织设计确定。

12.5.2　大型机械一次安拆及场外运输工程计价

(1) 塔式起重机轨道基础及轨道铺拆

① 轨道铺拆以直线形为准，如铺设弧线形时，乘以系数 1.15 计算。

② 固定式基础如需打桩时，其打桩费用按设计尺寸，按桩与地基基础工程相应项目计算。

③ 固定式基础（带配重）按座计算，如实际用量与项目规定不同时，可以调整。

④ 该分部工程不包括轨道和枕木之间增加其他型钢或钢板的轨道、自升塔式起重机行走轨道、不带配重的自升塔式起重机固定式基础、施工电梯和混凝土搅拌站的基础等，发生时按实际发生的费用计算。

(2) 特、大型机械每安拆一次费用

① 安拆费中包括机械安装完毕后的试运转费用。

② 自升塔安拆费是以塔高 70m 确定的，如塔高超过 70m，每增加 10m 安拆费增加 20%。

(3) 特、大型机械场外运输费用

① 特、大型机械场外运输费用已包括机械的回程费用。

② 特、大型机械场外运输费用为运距 25km 以内的机械进出场费用；超过 25km 时，由承发包双方协商确定全部运输费用。

任务 12.6　其他可竞争措施项目和不可竞争措施项目的计算

建筑工程其他可竞争措施项目包括：支挡土板、打钢板桩、降水工程和其他。工程量计算规则如下：

① 挡土板面积，按槽、坑垂直支撑面积计算。

② 打拔钢板桩按钢板桩质量以吨计算，安拆导向夹具按设计图纸规定的水平延长米计算。

③ 井点降水区别轻型井点、喷射井点、大口径井点、水平井点、电渗井点，按不同井管深度的井管安装、拆除，以根为单位计算，使用按套、天计算。

④ 其他。

a. 分为一般土建工程和桩基础工程，分别包括冬雨季施工增加费、夜间施工增加费、生产工具用具使用费、检验试验配合费、工程定位复侧、场地清理费、成品保护费、二次搬运费、临时停水停电费、土建工程施工与生产同时进行增加费及在有害身体健康的环境中施工降效增加费等。具体内容如下：

• 冬雨季施工增加费，包括冬雨季施工增加的工序、劳动工效降低、防雨、保温、加热及冬季施工需要提高混凝土和砂浆强度所增加的材料、人工和设施费用，不包括暖棚搭设，发生时另计。

• 夜间施工增加费，指合理工期内因施工工序需要必须连续施工而进行的夜间施工发生的费用，包括照明设施的安拆、劳动工效降低、夜餐补助等费用，不包括建设单位要求赶工而采用夜班作业施工所发生的费用。

• 生产工具用具使用费，指施工生产所需不属于固定资产的生产工具及检验用具等的购置、摊销和维修费，以及支付给工人的自备工具的补贴费。

• 检验试验配合费，指配合工程质量检测机构取样、检测所发生的费用。

• 工程定位复测、场地清理费，包括工程定位复测及将建筑物正常施工中造成的全部垃圾清理至建筑物 20m 以外（不包括外运）的费用。

• 成品保护费，指为保护工程成品完好所采取的措施费用。

• 二次搬运费，指确因施工场地狭小，或由于现场施工情况复杂，工程所需材料、成品、半成品堆放点距建筑物（构筑物）近边在 150m 以外至 500m 以内时，不能就位堆放时而发生的二次搬运费。

• 临时停水停电费，指施工现场临时停水停电每周累计 8h 以内的人工、机械、停窝工损失补偿费用。

• 土建工程施工与生产同时进行增加费，是指改扩建工程在生产车间或装置内施工，因生产操作或生产条件限制（如不准动火）干扰了施工正常进行而降效所增加的费用；不包括为保证安全生产和施工所采取措施的费用。

• 在有害身体健康的环境中施工降效增加费，是指在民法通则有关规定允许的前提下，改扩建工程，由于车间或装置范围内有害气体或高分贝的噪声超过国家标准以致影响身体健康而降效的增加费用；不包括劳保条例规定应享受的工种保健费。

b. 以上 10 项费用按建设工程项目的实体和可竞争措施项目（10 项费用除外）中人工费与机械费之和乘以相应系数计算。

⑤ 不可竞争措施费的计算。不可竞争措施费包括安全防护和文明施工费。

a.安全防护、文明施工费：为完成工程项目施工，发生于该工程施工前和施工过程中安全生产、环境保护、临时设施、文明施工的非工程实体的措施项目费用。已包括安全网、防护架、建筑物垂直封闭及临时防护栏杆等所发生的费用。

临时设施费是指承包人为进行工程施工所必需的生活和生产用的临时建筑物、构筑物和其他临时设施的搭设、维修、拆除、摊销费用。临时设施包括临时宿舍、文化福利及公用事业房屋与构筑物，仓库、办公室、加工厂及规定范围内道路、水、电、管线等临时设施和小型临时设施。

b.安全防护、文明施工措施费按建设工程项目的实体项目与可竞争措施项目中（除其他可竞争措施项目中的其他以外）的人工费与机械费之和乘以相应的系数计算。

下篇 工程量清单计价

项目13 工程量清单计价

知识目标

- 了解工程量清单计价的概念、意义及过程
- 掌握工程量清单的构成以及格式，熟悉建筑工程、装饰装修工程工程量清单项目设置及计算规则

技能目标

- 会编制工程量清单
- 会计算清单综合单价
- 会用工程量清单计价模式编制施工图预算

工程量清单计价模式是一种主要由市场定价的计价模式，是由建设产品的买方和卖方在建设市场上根据供求状况、信息状况进行自由竞价，从而最终能够签订工程合同价格的方法。因此，可以说工程量清单计价方法是在建设市场建立、发展和完善过程中的必然产物。

《建设工程工程量清单计价规范》（GB 50500）、《房屋建筑与装饰工程工程量计算规范》（GB 50854）的具体内容，可依据前言指示方法下载电子资料包学习。

任务 13.1 工程量清单编制

二维码 13.1

13.1.1 工程量清单概述

工程量清单是载明建设工程的分部分项工程项目、措施项目、其他项目的名称和相应数量以及规费、税金项目等内容的明细清单。招标工程量清单是招标人依据国家标准、招标文件、设计文件以及施工现场实际情况编制的，随招标文件发布供投标报价的工程量清单，包括其说明和表格。招标工程量清单应由具有编制能力的招标人或受其委托、具有相应资质的工程造价咨询人依据《建设工程工程量清单计价规范》（GB 50500—2013），《房屋建筑与装饰工程工程量计算规范》（GB 50854—2013）等国家或省级、行业建设主管部门颁发的计价定额和办法，设计文件，招标文件的有关要求，与建设工程项目有关的标准、规范、技术资料和施工现场实际情况等进行编制。招标工程量清单必须作为招标文件的组成部分，其准确性和完整性由招标人负责。招标工程量清单是工程量清单计价的基础，应作为招标控制价、投标报价、计算或调整工程量、索赔等的依据之一。

《建设工程工程量清单计价规范》是统一工程量清单编制，规范工程量清单计价的国家标准，是调整建设工程工程量清单计价规范活动中，发包人与承包人各种关系的规范文件。

2013 清单规范包括《建设工程工程量清单计价规范》（GB 50500—2013）、《房屋建筑与装饰工程工程量计算规范》（GB 50854—2013）、《仿古建筑工程工程量计算规范》（GB 50855—2013）、《通用安装工程工程量计算规范》（GB 50856—2013）、《市政工程工程量计算规范》（GB 50857—2013）、《园林绿化工程工程量计算规范》（GB 50858—2013）、《矿山工程工程量计算规范》（GB 50859—2013）、《构筑物工程工程量计算规范》（GB 50860—2013）、《城市轨道交通工程工程量计算规范》（GB 50861—2013）、《爆破工程工程量计算规范》（GB 50862—2013）。

13.1.2 工程量清单的构成

招标工程量清单应以单位（项）工程为单位编制，应由分部分项工程项目清单、措施项目清单、其他项目清单、规费项目清单和税金项目清单组成。

（1）分部分项工程项目清单

a. 分部分项工程项目清单必须根据相关工程现行国家计量规范规定的项目编码、项目名称、项目特征、计量单位和工程量计算规则进行编制。

b. 工程量清单的项目编码，应采用十二位阿拉伯数字表示。一至九位应按《房屋建筑与装饰工程计算规范》（GB 50854—2013，简称《计算规范》）附录的规定设置，十至十二位应根据拟建工程的工程量清单项目名称和项目特征设置，同一招标工程的项目编码不得有重码。

c. 工程量清单的项目名称应按《计算规范》附录的项目名称结合拟建工程的实际确定。

d. 工程量清单项目特征应按《计算规范》附录中规定的项目特征，结合拟建工程项目的实际予以描述。

e. 工程量清单中所列工程量应按《计算规范》附录中规定的工程量计算规则计算。

f. 工程量清单的计量单位应按《计算规范》附录中规定的计量单位确定。

g. 《计算规范》现浇混凝土工程项目"工作内容"中包括模板工程的内容，同时又在措施项目中单列了现浇混凝土模板工程项目。对此，招标人应根据工程实际情况选用。若招标人在措施项目清单中未编列现浇混凝土模板项目清单，即表示现浇混凝土模板项目不单列，现浇混凝土工程项目的综合单价中应包括模板工程项目。

h. 《计算规范》对预制混凝土构件按现场制作编制项目，"工作内容"中包括模板工程，不再另列。若采用成品预制混凝土构件时，构件成品价（包括模板、钢筋、混凝土等所有费用）应计入综合单价中。

i. 金属结构构件按成品编制项目，构件成品价应计入综合单价中，若采用现场制作，包括制作的所有费用。

j.门窗（橱窗除外）按成品编制项目，门窗成品价应计入综合单价中。若采用现场制作，包括制作的所有费用。

编制工程量清单出现《计算规范》附录中未包括的项目，编制人应作补充，并报省级或行业工程造价管理机构备案，省级或行业工程造价管理机构应汇总报住房和城乡建设部标准定额研究所。

补充项目的编码由《计算规范》的代码01与B和三位阿拉伯数字组成，并应从01B001起顺序编制，同一招标工程的项目不得重码。

补充的工程量清单需附有补充项目的名称、项目特征、计量单位、工程量计算规则、工作内容。不能计量的措施项目，需附有补充项目的名称、工作内容及包含范围。

（2）措施项目清单

a.措施项目清单必须根据相关工程现行国家计量规范的规定编制。

b.措施项目清单应根据拟建工程的实际情况列项。

c.措施项目中列出了项目编码、项目名称、项目特征、计量单位、工程量计算规则的项目，编制工程量清单时，应按照计算规范分部分项工程的规定执行。

d.措施项目中仅列出项目编码、项目名称，未列出项目特征、计量单位、工程量计算规则的项目，编制工程量清单时，应按照《计算规范》中的附录S措施项目规定的项目编码、项目名称确定。

（3）其他项目清单

其他项目清单应按照下列内容列项：

a.暂列金额；

b.暂估价：包括材料暂估价、工程设备暂估价、专业工程暂估价；

c.计日工；

d.总承包服务费。

（4）规费项目清单

规费项目清单应按照下列内容列项：

a.社会保险费：包括养老保险费、失业保险费、医疗保险费、工伤保险费、生育保险费；

b.住房公积金；

c.工程排污费。

（5）税金项目清单

税金项目清单应包括下列内容：

a.营业税；

b.城市维护建设税；

c.教育费附加；

d.地方教育附加。

13.1.3 工程量清单格式

工程量清单格式，应由下列内容组成。

① 封面。

② 总说明。

③ 分部分项工程量清单，见表13-1。

④ 措施项目清单，见表13-2。

⑤ 其他项目清单，见表13-3。

⑥ 规费项目清单。

⑦ 税金项目清单。

表 13-1　分部分项工程量清单

项目编码	项目名称	项目特征	计量单位	工程数量

表 13-2　措施项目清单

项目编码	项目名称	项目特征	计量单位	工程数量

表 13-3　其他项目清单

序号	项目名称
1	招标人部分 预留金
2	投标人部分 零星工作项目费

任务 13.2　工程量清单计价

13.2.1　工程量清单计价的概念

在工程量清单计价过程中，招标人按照设计文件和《建设工程工程量清单计价规范》（GB 50500—2013）规定的统一工程量计算规则，计算出拟建工程的数量，各投标人均以这个工程数量为基础，依据自己的企业定额和自己掌握的市场价格信息，以及本工程和本企业的实际情况计价报价，参与市场公平竞争。工程量清单计价是指投标人完成由招标人提供的工程量清单所需的全部费用，包括分部分项工程费、措施项目费、其他项目费和规费、税金。

二维码 13.2

招标文件中的工程量清单标明的工程量是招标人根据拟建工程设计文件预计的工程量，不能作为承包人在履行合同义务中应予完成的实际和准确的工程量。招标文件中工程量清单所列的工程量一方面是各投标人进行投标报价的共同基础；另一方面也是对各投标人的投标报价进行评审的共同平台，是招投标活动应当遵循公开、公平、公正和诚实、信用原则的具体体现。

13.2.2 工程量清单计价的基本原理

以招标人提供的工程量清单为平台,投标人根据自身的技术、财务、管理、设备等能力进行投标报价,招标人根据具体的评标细则进行优选,这种计价方式是市场定价体系的具体表现。因此,在市场经济比较发达的国家,工程量清单计价法是非常流行的。随着我国建设市场的不断成熟和发展,工程量清单计价方法也必然会越来越成熟和规范。

工程量清单计价的基本过程可以描述为:在统一的工程量清单项目设置的基础上,制订工程量清单计量规则,根据具体工程的施工图纸计算出各个清单项目的工程量,再根据各种渠道所获得的工程造价信息和经验数据计算得到工程造价。这一基本的计算过程如图 13-1 所示。

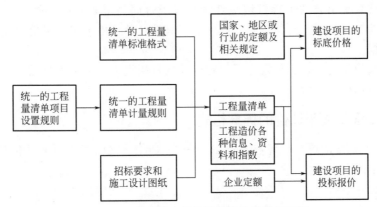

图 13-1 工程造价工程量清单计价过程示意图

从图 13-1 中可以看出,其编制过程可以分为两个阶段:工程量清单的编制和利用工程量清单来编制投标报价(或标底价格)。投标报价是在业主提供的工程量计算结果的基础上,根据企业自身所掌握的各种信息、资料,结合企业定额编制得出的。

① 分部分项工程费=∑分部分项工程量×相应单价(其中分部分项工程单价由人工费、材料费、机械费、管理费、利润等组成,并考虑风险费用);

② 措施项目费=∑各种措施项目费(每项措施项目费均为合价,其构成与分部分项工程单价构成类似);

③ 其他项目费=暂列金额+暂估价+计日工+总承包服务费;

④ 单位工程报价=分部分项工程费+措施项目费+其他项目费+规费+税金;

⑤ 单项工程报价=∑单位工程报价;

⑥ 建设项目总报价=∑单项工程报价。

13.2.3 工程量清单计价表格

13.2.3.1 工程量清单计价方法

(1) 工程量清单计价

工程量清单计价包括编制招标控制价、投标报价、合同价款的确定与调整和办理工程结算等。

二维码 13.3

a.招标工程如设标底，标底应根据招标文件中的工程量清单和有关要求、施工现场实际情况、合理的施工方法以及按照建设行政主管部门制定的有关工程造价计价办法进行编制。

b.投标报价应根据招标文件中的工程量清单和有关要求、施工现场实际情况及拟定的施工方案或施工组织设计，应根据企业定额和市场价格信息，并参照建设行政主管部门发布的现行消耗量定额进行编制。

c.工程量清单计价其价款应包括招标文件规定，完成工程量清单所列项目的全部费用，通常由分部分项工程费、措施项目费、其他项目费和规费、税金组成。

（2）工程量变更及其计价

合同中综合单价因工程量变更，除合同另有约定外应按照下列办法确定：

a.工程量清单漏项或由于设计变更引起新的工程量清单项目，其相应综合单价由承包人提出，经发包人确认后作为结算的依据。

b.由于设计变更引起的工程量增减部分，属于合同约定幅度以内的，应执行原有的综合单价；增减的工程量属合同约定幅度以外的，其综合单价由承包人提出，经发包人确认后作为结算的依据。

由于工程量的变更，且实际发生了规定以外的费用损失，承包人可提出索赔要求，与发包人协商确认后，给予补偿。

13.2.3.2　工程量清单计价的标准格式

《建设工程工程量清单计价规范》（GB 50500—2013）（以下简称《计价规范》）共包括十五章、十一个附录。

第一章　总则

第二章　术语

第三章　一般规定

第四章　招标工程量清单

第五章　招标控制价

第六章　投标报价

第七章　合同价款约定

第八章　工程计量

第九章　合同价款调整

第十章　合同价款期中支付

第十一章　竣工结算与支付

第十二章　合同解除的价款结算与支付

第十三章　合同价款争议的解决

第十四章　工程计价资料与档案

第十五章　计价表格

附录A　物价变化合同价款调整方法

附录B　工程计价文件封面

附录C　工程计价文件扉页

附录D　工程计价总说明

附录E　工程计价汇总表

附录F　分部分项工程和措施项目计价表

附录G　其他项目计价表

附录 H　规费、税金项目计价表

附录 J　工程计量申请（核准）表

附录 K　合同价款支付申请（核准）表

附录 L　主要材料、工程设备一览表

（1）封面

工程量清单投标报价封面（投标总价表）应按规范格式填写完整，要求法定代表人或其授权人签字或盖章；编制的造价人员（造价工程师或造价员）签字盖执业专用章。

投标报价是在工程采用招标发包的过程中，由投标人按照招标文件的要求，根据工程特点，并结合自身的施工技术、装备和管理水平，依据有关计价规定自主确定的工程造价，是投标人希望达成工程承包交易的期望价格，原则上它不能高于招标人设定的招标控制价。

投标人在投标报价中，应对招标人提供的工程量清单与计价表中所列的项目均应填写单价和合价。否则，将被视为此项费用已包含在其他项目的单价和合价中，施工过程中此项费用得不到支付，在竣工结算时，此项费用将不被承认。

投 标 总 价

招　标　人：＿＿＿＿＿＿＿＿＿＿＿＿＿＿＿＿＿＿＿＿＿＿＿

工 程 名 称：＿＿＿＿＿＿＿＿＿＿＿＿＿＿＿＿＿＿＿＿＿＿＿

投标总价（小写）：＿＿＿＿＿＿＿＿＿＿＿＿＿＿＿＿＿＿＿＿

　　　　（大写）：＿＿＿＿＿＿＿＿＿＿＿＿＿＿＿＿＿＿＿＿

投　标　人：＿＿＿＿＿＿＿＿＿＿＿＿＿＿＿＿＿＿＿

　　　　　　　（单位盖章）

法定代表人

或其授权人：＿＿＿＿＿＿＿＿＿＿＿＿＿＿＿＿＿＿＿

　　　　　　　（签字或盖章）

编　制　人：＿＿＿＿＿＿＿＿＿＿＿＿＿＿＿＿＿＿＿

　　　　　　　（造价人员签字盖专用章）

编制时间：　　　年　　月　　日

（2）总说明（表 13-4）

总说明的内容应包括：采用的计价依据；采用的施工组织设计；综合单价中包含的风险因素，风险范围（幅度）；措施项目的依据；其他有关内容的说明等。

表 13-4　总说明

工程名称：　　　　　　　　　　　　　　　　　　　　　　　　　　　　　　　第　页　共　页

（3）投标报价汇总表

投标报价汇总表分为工程项目投标报价汇总表、单项工程投标报价汇总表、单位工程投标报价汇总表。

a. 工程项目投标报价汇总表见表 13-5；

b. 单项工程投标报价汇总表见表 13-6；

c. 单位工程投标报价汇总表见表 13-7。

表 13-5 工程项目招标控制价/投标报价汇总表

工程名称：

序号	单项工程名称	金额/元	其中		
			暂估价/元	安全文明施工费/元	规费/元
	合　　计				

注：本表适用于工程项目招标控制价或投标报价的汇总。

表 13-6 单项工程招标控制价/投标报价汇总表

工程名称：

序号	单项工程名称	金额/元	其中		
			暂估价/元	安全文明施工费/元	规费/元
	合　计				

注：本表适用于单项工程招标控制价或投标报价的汇总。暂估价包括分部分项工程中的暂估价和专业工程暂估价。

表 13-7　单位工程招标控制价/投标报价汇总表

工程名称：　　　　　　　　　　　　　　　标段：　　　　　　　　　　　第 页 共 页

序号	汇 总 内 容	金额/元	其中:暂估价/元
1	分部分项工程		
1.1			
1.2			
1.3			
1.4			
1.5			
2	措施项目		
2.1	其中:安全文明施工费		
3	其他项目		
3.1	其中:暂列金额		
3.2	其中:专业工程暂估价		
3.3	其中:计日工		
3.4	其中:总承包服务费		
4	规费		
5	税金		
	招标控制价合计＝1＋2＋3＋4＋5		

注：本表适用于单位工程招标控制价或投标报价的汇总，如无单位工程划分，单项工程也使用本表汇总。

（4）分部分项工程和单价措施项目清单与计价表

如表 13-8 所示。

表 13-8　分部分项工程和单价措施项目清单与计价表

工程名称：　　　　　　　　　　　　　　　标段：　　　　　　　　　　　第 页 共 页

序号	项目编码	项目名称	项目特征描述	计量单位	工程量	金额/元		
						综合单价	合价	其中:暂估价
			本页小计					
			合　计					

注：为计取规费等的使用，可在表中增设"其中:定额人工费"。

175

(5) 工程量清单综合单价分析表

如表 13-9 所示。

表 13-9　综合单价分析表

工程名称：　　　　　　　　　　标段：　　　　　　　　　　第　页　共　页

项目编码		项目名称		计量单位		工程量	

清单综合单价组成明细

定额编号	定额项目名称	定额单位	数量	单　价/元				合　价/元			
				人工费	材料费	机械费	管理费和利润	人工费	材料费	机械费	管理费和利润

人工单价	小　计								
元/工日	未计价材料费								

清单项目综合单价

材料费明细	主要材料名称、规格、型号	单位	数量	单价/元	合价/元	暂估单价/元	暂估合价/元
	其他材料费			—		—	
	材料费小计			—		—	

注：1. 如不使用省级或行业建设主管部门发布的计价依据，可不填定额编号、名称等。

2. 招标文件提供了暂估单价的材料，按暂估的单价填入表内"暂估单价"栏及"暂估合价"栏。

(6) 总价措施项目清单与计价表

如表 13-10 所示。

表 13-10　总价措施项目清单与计价表

工程名称：　　　　　　　　　　标段：　　　　　　　　　　第　页　共　页

序号	项目编码	项目名称	计算基础	费率/%	金额/元	调整费率/%	调整后金额/元	备注
1		安全文明施工费						
2		夜间施工增加费						
3		二次搬运费						
4		冬雨季施工增加费						
5		已完工程及设备保护费						
		合　计						

编制人（造价人员）：　　　　　　　　　　　复核人（造价工程师）：

注：1. "计算基础"中安全文明施工费可为"定额基价""定额人工费"或"定额人工费＋定额机械费"，其他项目可为"定额人工费"或"定额人工费＋定额机械费"。

2. 按施工方案计算的措施费，若无"计算基础"和"费率"的数值，也可只填"金额"数值，但应在备注栏说明施工方案出处或计算方法。

（7）其他项目清单与计价表

投标报价中其他项目清单与计价表由以下几个表组成：

a.其他项目清单与计价汇总表（表13-11）。

表 13-11　其他项目清单与计价汇总表

工程名称：　　　　　　　　　　　　标段：　　　　　　　　　　　第 页 共 页

序号	项目名称	金额/元	结算金额/元	备注
1	暂列金额	—		明细详见表13-12
2	暂估价			
2.1	材料（工程设备）暂估价/结算价	—		明细详见表13-13
2.2	专业工程暂估价/结算价			明细详见表13-14
3	计日工			明细详见表13-15
4	总承包服务费			明细详见表13-16
5	索赔与现场签证	—		
	合　计			

注：材料（工程设备）暂估单价进入清单项目综合单价，此处不汇总。

b.暂列金额明细表（表13-12）。

表 13-12　暂列金额明细表

工程名称：　　　　　　　　　　　　标段：　　　　　　　　　　　第 页 共 页

序号	项目名称	计量单位	暂定金额/元	备注
1				
2				
3				
4				
5				
	合　计			—

注：此表由招标人填写，如不详列，也可只列暂定金额总额，投标人应将上述暂列金额计入投标总价中。

c.材料（工程设备）暂估单价及调整表（表13-13）。

表 13-13　材料（工程设备）暂估单价及调整表

工程名称：　　　　　　　　　　　　标段：　　　　　　　　　　　第 页 共 页

序号	材料（工程设备）名称、规格、型号	计量单位	数量		暂估/元		确认/元		差额/元 ±		备注
			暂估	确认	单价	合价	单价	合价	单价	合价	
	合计										

注：此表由招标人填写“暂估单价”，并在备注栏说明暂估价的材料、工程设备拟用在哪些清单项目上，投标人应将上述材料、工程设备暂估单价计入工程量清单综合单价报价中。

d. 专业工程暂估价及结算价表（表13-14）。

表13-14 专业工程暂估价及结算价表

工程名称：　　　　　　　　　标段：　　　　　　　　　　　　　　第　页　共　页

序号	工 程 名 称	工程内容	暂估金额/元	结算金额/元	差额/元±	备注
合　计						

注：此表"暂估金额"由招标人填写，投标人应将"暂估金额"计入投标总价中。结算时按合同约定结算金额填写。

e. 计日工表（表13-15）。

表13-15 计日工表

工程名称：　　　　　　　　　标段：　　　　　　　　　　　　　　第　页　共　页

编号	项 目 名 称	单位	暂定数量	实际数量	综合单价/元	合价/元	
						暂定	实际
一	人　工						
1							
2							
人工小计							
二	材　料						
1							
2							
3							
材料小计							
三	施工机械						
1							
2							
施工机械小计							
四、企业管理费和利润							
总　计							

注：此表项目名称、暂定数量由招标人填写，编制招标控制价时，单价由招标人按有关计价规定确定；投标时，单价由投标人自主报价，按暂定数量计算合价计入投标总价中。结算时，按发承包双方确认的实际数量计算合价。

f. 总承包服务费计价表（表13-16）。

表 13-16　总承包服务费计价表

工程名称：　　　　　　　　　　　　　标段：　　　　　　　　　　　　　　第　页　共　页

序号	工 程 名 称	项目价值/元	服务内容	计算基础	费率/%	金额/元
1	发包人发包专业工程					
2	发包人提供材料					
	合　　计		—	—	—	

注：此表工程名称、服务内容由招标人填写，编制招标控制价时，费率及金额由招标人按有关计价规定确定；投标时，费率及金额由投标自主报价，计入投标总价中。

　　g. 规费、税金项目计价表（表 13-17）。

表 13-17　规费、税金项目计价表

工程名称：　　　　　　　　　　　　　标段：　　　　　　　　　　　　　　第　页　共　页

序号	项目名称	计算基础	计算基数	计算费率/%	金额/元
1	规费	定额人工费			
1.1	社会保障费	定额人工费			
(1)	养老保险费	定额人工费			
(2)	失业保险费	定额人工费			
(3)	医疗保险费	定额人工费			
(4)	工伤保险费	定额人工费			
(5)	生育保险费	定额人工费			
1.2	住房公积金	定额人工费			
1.3	工程排污费	按工程所在地环境保护部门收取标准，按实计入			
2	税金	分部分项工程费＋措施项目费＋其他项目费＋规费－按规定不计税的工程设备额			
	合　　计				

编制人（造价人员）：　　　　　　　　　　　　复核人（造价工程师）：

13.2.3.3　综合单价的确定

（1）综合单价的概念

完成一个规定清单项目所需的人工费、材料和工程设备费、施工机械使用费和企业管理费、利润以及一定范围内的风险费用。

二维码 13.4

（2）综合单价的计算

综合单价的确定依据有工程量清单、消耗量定额、工料单价、费用及利润标准、施工组织设计、招标文件、施工图纸、图纸答疑、现场踏勘情况、计价规范等。

综合单价确定步骤如下：

a. 确定计算基础。

计算基础主要包括消耗量的指标和生产要素的单价。应根据企业的企业实际消耗量水平，并结合拟定的施工方案确定完成清单项目需要消耗的各种人工、材料、机械台班的数量。计算时应采用企业定额，在没有企业定额或企业定额缺项时，可参照与本企业实际水平相近的国家、地区、行业定额，并通过调整来确定清单项目的人、材、机单位用量。各种人工、材料、机械台班的单价，则应根据询价的结果和市场行情综合确定。

b.分析每一清单项目的工程内容。

在招标文件提供的工程量清单中，招标人已对项目特征进行了特征描述，投标人根据这一特征描述，再结合施工现场情况和拟定的施工方案确定完成各清单项目实际应发生的工程内容。

由于工程量清单项目是按形成项目的实体设置的，所以工程内容应包括完成该项实体的全部内容。一个清单项目，该项实体有可能用消耗量中一个子目组成，也可能用多个子目组成，应根据实际发生的工程内容而定。必要时可参照《建设工程工程量清单计价规范》中提供的工程内容，有些特殊的工程也可能发生规范列表之外的工程内容。

c.计算工程内容的工程数量与清单单位的含量。

每一项工程内容都应根据所选定额的工程量计算规则计算其工程数量，即实际消耗量。当定额的工程量计算规则与清单的工程量计算规则一致时，可直接以工程量清单中的工程量作为工程内容的工程数量。当定额工程量计算规则或计量单位与清单的不一致时，应以定额的工程量作为工程内容的工程数量。

d.分项工程人工、材料、机械费用的计算。

以完成每一计量单位的项目所需的人工、材料、机械用量为基础计算。再根据预先确定的各种生产要素的单位价格计算出每一计量单位项目的分项工程的人工费、材料费与机械使用费。

人工费/材料费/机械使用费＝工程量×单价

当招标人提供的其他项目清单中列示了材料暂估价时，应根据招标提供的价格计算材料费，并在分部分项工程量清单与计价表中表现出来。

e.计算综合单价。

管理费和利润的计算可按照相应的计费基数乘以相应的费率计算。管理费＝计费基数×管理费率；利润＝计费基数×利润率。

将五项费用汇总之后，并考虑合理的风险费用，需要除以清单工程量以后，即得到分部分项工程量清单综合单价。

f.根据计算出的综合单价，可编制分部分项工程量清单分析表。

(3) 综合单价编制时应注意的问题

a.必须非常熟悉定额的编制原理，为准确计算人工、材料、机械消耗量奠定基础。

b.必须熟悉施工工艺，准确确定工程量清单表中的工程内容，以便准确报价。

c.经常进行市场询价和商情调查，以便合理确定人工、材料、机械的市场单价。

d.广泛积累各类基础性资料及其以往的报价经验，为准确而迅速地做好报价提供依据。

e.经常与企业及项目决策领导者进行沟通明确投标策略，以便合理报出管理费率及利润率。

f.增强风险意识，熟悉风险管理有关内容，将风险因素合理地考虑在报价中。

g.必须结合施工组织设计和施工方案将工程量增减的因素及施工过程中的各类合理损耗都考虑在综合单价中。

(4) 综合单价确定中的相关规定

① 若施工中出现施工图纸（含设计变更）与工程量清单项目特征描述不符的，发、承

包双方应按新的项目特征确定相应工程量清单项目的综合单价。

② 因分部分项工程量清单漏项或非承包人原因的工程变更，造成增加新的工程量清单项目，其对应的综合单价按下列方法确定：

a.合同中已有适用的综合单价，按合同中已有的综合单价确定（前提：其采用的材料、施工工艺和方法相同，亦不因此增加关键线路上工程的施工时间）。

b.合同中有类似的综合单价，参照类似的综合单价确定（前提：其采用的材料、施工工艺和方法基本相似，不增加关键线路上工程的施工时间，可仅就其变更后的差异部分调整）。

c.合同中没有适用或类似的综合单价，由承包人提出综合单价，经发包人确认后执行（前提：无法找到适用和类似的项目单价时，应采用招投标时的基础资料，按成本加利润的原则，双方协商新的综合单价）。

③ 因分部分项工程量清单漏项或非承包人原因的工程变更，引起措施项目发生变化，造成施工组织设计或施工方案变更，原措施费中已有的措施项目，按原措施费的组价方法调整；原措施费中没有的措施项目，由承包人根据措施项目变更情况，提出适当的措施费变更，经发包人确认后调整。

13.2.3.4　工程量清单计价与定额计价区别

① 两种模式的最大差别在于体现了我国建设市场发展过程中的不同定价阶段。

a.定额计价模式更多地反映了国家定价或国家指导价阶段。

b.清单计价模式则反映了市场定价阶段。

② 两种模式的主要计价依据及其性质不同。

a.定额计价模式的主要定价依据为国家、省、有关专业部门制定的各种定额，其性质为指导性，定额的项目划分一般按施工工序分项，每个分项工程项目所含的工程内容一般是单一的。

二维码 13.5

b.清单计价模式的主要计价依据为"清单计价规范"，其性质是含有强制性条文的国家标准。清单的项目划分一般是按"综合实体"进行分项的，每个分项工程一般包含多项工程内容。

③ 编制工程量的主体不同。在定额计价方法中，建设工程的工程量分别由招标人和投标人分别按图计算。而在清单计价方法中，工程量由招标人统一计算或委托有关工程造价咨询资质单位统一计算。工程量清单是招标文件的重要组成部分，各投标人根据招标人提供的工程量清单，根据自身的技术装备、施工经验、企业成本、企业定额、管理水平自主填写单价与合价。

④ 单价与报价的组成不同。定额计价法的单价包括人工费、材料费、机械台班费，而清单计价方法采用综合单价形式，综合单价包括人工费、材料费、机械使用费、管理费、利润，并考虑风险因素。工程量清单计价法的报价除包括定额计价法的报价外，还包括预留金、材料购置费和零星工作项目费等。

⑤ 合同价格的调整方法不同。定额计价方法形成的合同，其价格的主要调整方式有：变更签证、定额解释、政策性调整。而工程量清单计价方法在一般情况下单价是相对固定下来的，减少了在合同实施过程中的调整活口，通常情况下，如果清单项目的数量没有增减，能够保证合同价格基本没有调整，保证了其稳定性，也便于业主进行资金准备和筹划。

⑥ 工程量清单计价把施工措施性消耗单列并纳入了竞争的范畴。定额计价未区分施

工实体性损耗和施工措施性损耗，而工程量清单计价把施工措施与工程实体项目进行分离，这项改革的意义在于突出了施工措施费用的市场竞争性。工程量清单计价规范的工程量计算规则的编制原则一般是以工程实体的净尺寸计算，也没有包含工程量合理损耗，这一特点也就是定额计价的工程量计算规则与工程量清单计价规范的工程量计算规则的本质区别。

任务 13.3 工程量清单计算规范

13.3.1 工程量清单计算规范概述

《房屋建筑与装饰工程工程量计算规范》（GB 50854—2013）（以下简称《计算规范》）共包括五章、十七个附录。

第一章　总则

第二章　术语

第三章　一般规定

第四章　分部分项工程

第五章　措施项目

附录 A　土石方工程

附录 B　地基处理与边坡支护工程

附录 C　桩基工程

附录 D　砌筑工程

附录 E　混凝土及钢筋混凝土工程

附录 F　金属结构工程

附录 G　木结构工程

附录 H　门窗工程

附录 I　屋面及防水工程

附录 J　防腐、隔热、保温工程

附录 K　楼地面装饰工程

附录 L　墙、柱面装饰与隔断、幕墙工程

附录 M　天棚工程

附录 N　油漆、涂料、裱糊工程

附录 O　其他装饰工程

附录 P　拆除工程

附录 Q　措施项目

13.3.2 工程量清单项目设置、工程量计算规则

（1）土石方工程

a. 土方工程。土方工程工程量清单项目设置、项目特征描述的内容、计量单位及工程量计算规则，应按表 13-18 的规定执行。

表 13-18　土方工程（编码：010101）

项目编码	项目名称	项目特征	计量单位	工程量计算规则	工程内容
010101001	平整场地	1. 土壤类别 2. 弃土运距 3. 取土运距	m²	按设计图示尺寸以建筑物首层面积计算	1. 土方挖填 2. 场地找平 3. 运输
010101002	挖一般土方	1. 土壤类别 2. 挖土深度	m³	按设计图示尺寸以体积计算	1. 排地表水 2. 土方开挖 3. 围护（挡土板）、支撑 4. 基底钎探 5. 运输
010101003	挖沟槽土方			1. 房屋建筑按设计图示尺寸以基础垫层底面积乘以挖土深度计算 2. 构筑物按最大水平投影面积乘以挖土深度（原地面平均标高至坑底高度）以体积计算	
010101004	挖基坑土方				
工程量清单项目设置及工程量计算规则，应按表的规定执行					

b. 石方工程。石方工程工程量清单项目设置、项目特征描述的内容、计量单位及工程量计算规则，具体见清单计算规范。

c. 回填。回填工程量清单项目设置、项目特征描述的内容、计量单位及工程量计算规则，应按表 13-19 的规定执行。

表 13-19　回填（编码：010103）

项目编码	项目名称	项目特征	计量单位	工程量计算规则	工程内容
010103001	回填方	1. 密实度要求 2. 填方材料品种 3. 填方粒径要求 4. 填方来源、运距	m³	按设计图示尺寸以体积计算。 1. 场地回填：回填面积乘平均回填厚度 2. 室内回填：主墙间面积乘回填厚度，不扣除间隔墙 3. 基础回填：按挖方清单项目工程量减去自然地坪以下埋设的基础体积（包括基础垫层及其他构筑物）	1. 运输 2. 回填 3. 压实
010103002	余方弃置	1. 废弃料品种 2. 运距	m³	按挖方清单项目工程量减利用回填方体积（正数）计算	余方点装料运输至废置点
工程量清单项目设置及工程量计算规则，应按表的规定执行。					

（2）地基处理

地基处理工程量清单项目设置、项目特征描述的内容、计量单位及工程量计算规则，具体见清单计算规范。

（3）桩基工程

a. 打桩。打桩工程量清单项目设置、项目特征描述的内容、计量单位及工程量计算规则，应按表 13-20 的规定执行。

b. 灌注桩。灌注桩工程量清单项目设置、项目特征描述的内容、计量单位及工程量计算规则，应按表 13-21 的规定执行。

表 13-20　打桩（编码：010301）

项目编码	项目名称	项目特征	计量单位	工程量计算规则	工程内容
010301001	预制钢筋混凝土方桩	1.地层情况 2.送桩深度、桩长 3.桩截面 4.桩倾斜度 5.混凝土强度等级	1. m 2. 根	1.以米计量,按设计图示尺寸以桩长(包括桩尖)计算 2.以根计量,按设计图示数量计算	1.工作平台搭拆 2.桩机竖拆、移位 3.沉桩 4.接桩 5.送桩
010301002	预制钢筋混凝土管桩	1.地层情况 2.送桩深度、桩长 3.桩外径、壁厚 4.桩倾斜度 5.混凝土强度等级 6.填充材料种类 7.防护材料种类			1.工作平台搭拆 2.桩机竖拆、移位 3.沉桩 4.接桩 5.送桩 6.填充材料、刷防护材料
010301003	钢管桩	1.地层情况 2.送桩深度、桩长 3.材质 4.管径、壁厚 5.桩倾斜度 6.填充材料种类 7.防护材料种类	1. t 2. 根	1.以吨计量,按设计图示尺寸以质量计算 2.以根计量,按设计图示数量计算	1.工作平台搭拆 2.桩机竖拆、移位 3.沉桩 4.接桩 5.送桩 6.切割钢管、精割盖帽 7.管内取土 8.填充材料、刷防护材料
010301004	截(凿)桩头	1.桩类型 2.桩头截面、高度 3.混凝土强度等级 4.有无钢筋	1. m³ 2. 根	1.以立方米计量,按设计桩截面乘以桩头长度以体积计算 2.以根计量,按设计图示数量计算	1.截桩头 2.凿平 3.废料外运

表 13-21　灌注桩（编码：010302）

项目编码	项目名称	项目特征	计量单位	工程量计算规则	工程内容
010302001	泥浆护壁成孔灌注桩	1.地层情况 2.空桩长度、桩长 3.桩径 4.成孔方法 5.护筒类型、长度 6.混凝土种类、强度等级	1. m 2. m³ 3. 根	1.以米计量,按设计图示尺寸以桩长(包括桩尖)计算 2.以立方米计量,按不同截面在桩上范围内以体积计算 3.以根计量,按设计图示数量计算	1.护筒埋设 2.成孔、固壁 3.混凝土制作、运输、灌注、养护 4.土方、废泥浆外运 5.打桩场地硬化及泥浆池、泥浆沟
010302002	沉管灌注桩	1.地层情况 2.空桩长度、桩长 3.复打长度 4.桩径 5.沉管方法 6.桩尖类型 7.混凝土种类、强度等级			1.打(沉)拔钢管 2.桩尖制作、安装 3.混凝土制作、运输、灌注、养护

项目编码	项目名称	项目特征	计量单位	工程量计算规则	工程内容
010302003	干作业成孔灌注桩	1.地层情况 2.空桩长度、桩长 3.桩径 4.扩孔直径、高度 5.成孔方法 6.混凝土种类、强度等级	1. m 2. m³ 3. 根	1.以米计量,按设计图示尺寸以桩长(包括桩尖)计算 2.以立方米计量,按不同截面在桩上范围内以体积计算 3.以根计量,按设计图示数量计算	1.成孔、扩孔 2.混凝土制作、运输、灌注、振捣、养护
010302004	挖孔桩土(石)方	1.地层情况 2.挖孔深度 3.弃土(石)运距	m³	按设计图示尺寸截面积乘以挖孔深度以立方米计算	1.排地表水 2.挖土、凿石 3.基底钎探 4.运输
010302005	人工挖孔灌注桩	1.桩芯长度 2.桩芯直径、扩底直径、扩底高度 3.护壁厚度、高度 4.护壁混凝土种类、强度等级 5.桩芯混凝土种类、强度等级	1. m³ 2. 根	1.以立方米计量,按桩芯混凝土体积计算 2.以根计量,按设计图示数量计算	1.护壁制作 2.混凝土制作、运输、灌注、振捣、养护
010302006	钻孔压浆桩	1.地层情况 2.空桩长度、桩长 3.钻孔直径 4.水泥强度等级	1. m 2. 根	1.以米计量,按设计图示尺寸以桩长计算 2.以根计量,按设计图示数量计算	钻孔、下注浆管、投放骨料、浆液制作、运输、压浆
010302007	桩底注浆	1.注浆导管材料、规格 2.注浆导管长度 3.单孔注浆量 4.水泥强度等级	孔	按设计图示以注浆孔数计算	1.注浆导管制作、安装 2.浆液制作、运输、压浆

（4）砌筑工程

a.砖砌体。砖砌体工程量清单项目设置、项目特征描述的内容、计量单位及工程量计算规则，应按表13-22的规定执行。

表 13-22　砖砌体（编码：010401）

项目编码	项目名称	项目特征	计量单位	工程量计算规则	工程内容
010401001	砖基础	1.砖品种、规格、强度等级 2.基础类型 3.砂浆强度等级 4.防潮层材料种类	m³	按设计图示尺寸以体积计算 包括附墙垛基础宽出部分体积,扣除地梁(圈梁)、构造柱所占体积,不扣除基础大放脚T形接头处重叠部分及嵌入基础内的钢筋、铁件、管道、基础砂浆防潮层和单个面积≤0.3m²的空洞所占体积,靠墙暖气沟的挑檐不增加 基础长度;外墙按外墙中心线,内墙按内墙净长线计算	1.砂浆制作、运输 2.砌砖 3.防潮层铺设 4.材料运输
010401002	砖砌挖孔桩护壁	1.砖品种、规格、强度等级 2.砂浆强度等级		按设计图示尺寸以立方米计算	1.砂浆制作、运输 2.砌砖 3.材料运输

项目编码	项目名称	项目特征	计量单位	工程量计算规则	工程内容
010401003	实心砖墙		m³	按设计图示尺寸以体积计算。扣除门窗洞口、过人洞、空圈、嵌入墙内的钢筋混凝土柱、梁、圈梁、挑梁、过梁及凹进墙内的壁龛、管槽、暖气槽、消火栓箱所占体积。不扣除梁头、板头、檩头、垫木、木楞头、沿缘木、木砖、门窗走头、砖墙内加固钢筋、木筋、铁件、钢管及单个面积 0.3m³ 以内的孔洞所占体积。凸出墙面的腰线、挑檐、压顶、窗台线、虎头砖、门窗套的体积亦不增加。凸出墙面的砖垛并入墙体积内计算 1. 墙长度:外墙按中心线,内墙按净长计算 2. 墙高度: (1)外墙:斜(坡)屋面无檐口天棚者算至屋面板底;有屋架且室内外均有天棚者算至屋架下弦底另加 200mm;无天棚者算至屋架下弦底另加 300mm,出檐宽度超过 600mm 时按实砌高度计算;平屋面算至钢筋混凝土板底 (2)内墙:位于屋架下弦者,算至屋架下弦底;无屋架者算至天棚底另加 100mm;有钢筋混凝土楼板隔层者算至楼板顶;有框架梁时算至梁底 (3)女儿墙:从屋面板上表面算至女儿墙顶面(如有混凝土压顶时算至压顶下表面) (4)内、外山墙:按其平均高度计算 3. 框架间墙:不分内外墙按墙体净尺寸以体积计算 4. 围墙:高度算至压顶上表面(如有混凝土压顶时算至压顶下表面),围墙柱并入围墙体积内	1. 砂浆制作、运输 2. 砌砖 3. 刮缝 4. 砖压顶砌筑 5. 材料运输
010401004	多孔砖墙	1. 砖品种、规格、强度等级 2. 墙体类型 3. 砂浆强度等级、配合比			
010401005	空心砖墙				
010401006	空斗墙	1. 砖品种、规格、强度等级 2. 墙体类型 3. 砂浆强度等级、配合比		按设计图示尺寸以空斗墙外形体积计算。墙角、内外墙交接处、门窗洞口立边、窗台砖、屋檐处的实砌部分体积并入空斗墙体积内	1. 砂浆制作、运输 2. 砌砖 3. 装填充料 4. 刮缝 5. 材料运输
010401007	空花墙			按设计图示尺寸以空花部分外形体积计算,不扣除空洞部分体积	
010401008	填充墙			按设计图示尺寸以填充墙外形体积计算	
010401009	实心砖柱	1. 砖品种、规格、强度等级 2. 柱类型 3. 砂浆强度等级、配合比		按设计图示尺寸以体积计算。扣除混凝土及钢筋混凝土梁垫、梁头、板头所占体积	1. 砂浆制作、运输 2. 砌砖 3. 刮缝 4. 材料运输
010401010	多孔砖柱				
工程量清单项目设置及工程量计算规则,应按表的规定执行					

　　b. 砌块砌体。砌块砌体工程量清单项目设置、项目特征描述的内容、计量单位及工程量计算规则,应按表 13-23 的规定执行。

表 13-23　砌块砌体（编码：010402）

项目编码	项目名称	项目特征	计量单位	工程量计算规则	工程内容
010402001	砌块墙	1.砌块品种、规格、强度等级 2.墙体类型 3.砂浆强度等级	m^3	设计图示尺寸以体积计算。扣除门窗洞口、过人洞、空圈、嵌入墙内的钢筋混凝土柱、梁、圈梁、挑梁、过梁及凹进墙内的壁龛、管槽、暖气槽、消火栓箱所占体积。不扣除梁头、板头、檩头、垫木、木楞头、沿缘木、木砖、门窗走头、砖墙内加固钢筋、木筋、铁件、钢管及单个面积 $0.3m^2$ 以内的孔洞所占体积。凸出墙面的腰线、挑檐、压顶、窗台线、虎头砖、门窗套的体积亦不增加。凸出墙面的砖垛并入墙体体积内计算 1.墙长度：外墙按中心线，内墙按净长计算 2.墙高度： （1）外墙：斜（坡）屋面无檐口天棚者算至屋面板底；有屋架且室外均有天棚者算至屋架下弦底另加 200mm；无天棚者算至屋架下弦底另加 300mm，出檐宽度超过 600mm 时按实砌高度计算；平屋面算至钢筋混凝土板底 （2）内墙：位于屋架下弦者，算至屋架下弦底；无屋架者算至天棚底另加 100mm；有钢筋混凝土楼板隔层者算至楼板顶；有框架梁时算至梁底 （3）女儿墙：从屋面板上表面算至女儿墙顶面（如有混凝土压顶时算至压顶下表面） （4）内、外山墙：按其平均高度计算 3.框架间墙：不分内外墙按墙体净尺寸以体积计算 4.围墙：高度算至压顶上表面（如有混凝土压顶时算至压顶下表面），围墙柱并入围墙体积内	1.砂浆制作、运输 2.砌砖、砌块 3.勾缝 4.材料运输
010402002	空心砖、砌块柱			按设计图示尺寸以体积计算。扣除混凝土及钢筋混凝土梁垫、梁头、板头所占体积	

工程量清单项目设置及工程量计算规则，应按表的规定执行

c.石砌体。石砌体工程量清单项目设置、项目特征描述的内容、计量单位及工程量计算规则，具体见清单计算规范。

d.垫层。垫层工程量清单项目设置、项目特征描述的内容、计量单位及工程量计算规则，应按表 13-24 的规定执行。

表 13-24　垫层（编码：010404）

项目编码	项目名称	项目特征	计量单位	工程量计算规则	工作内容
010404001	垫层	垫层材料种类、配合比、厚度	m^3	按设计图示尺寸以立方米计算	1.垫层材料的拌制 2.垫层铺设 3.材料运输

（5）混凝土及钢筋混凝土工程

a.现浇混凝土基础。现浇混凝土基础工程量清单项目设置、项目特征描述的内容、计量

单位及工程量计算规则，应按表13-25的规定执行。

表13-25　现浇混凝土基础（编码：010501）

项目编码	项目名称	项目特征	计量单位	工程量计算规则	工程内容
010501001	垫层	1.混凝土类别 2.混凝土强度等级	m³	按设计图示尺寸以体积计算。不扣除构件内钢筋、预埋铁件和伸入承台基础的桩头所占体积	1.模板及支撑制作安装、拆除、堆放、运输及清理模内杂物、刷隔离剂等 2.混凝土制作、运输、浇筑、振捣、养护
010501002	带形基础				
010501003	独立基础				
010501004	满堂基础				
010501005	桩承台基础				
010501006	设备基础	1.混凝土种类 2.混凝土强度等级 3.灌浆材料、灌浆材料强度等级			
		工程量清单项目设置及工程量计算规则,应按表的规定执行			

b.现浇混凝土柱。现浇混凝土柱工程量清单项目设置、项目特征描述的内容、计量单位及工程量计算规则，应按表13-26的规定执行。

表13-26　现浇混凝土柱（编码：010502）

项目编码	项目名称	项目特征	计量单位	工程量计算规则	工程内容
010502001	矩形柱	1.混凝土种类 2.混凝土强度等级	m³	按设计图示尺寸以体积计算 柱高: 1.有梁板的柱高,应自柱基上表面(或楼板上表面)至上一层楼板上表面之间的高度计算 2.无梁板的柱高,应自柱基上表面(或楼板上表面)至柱帽下表面之间的高度计算 3.框架柱的柱高:应自柱基上表面至柱顶高度计算 4.构造柱按全高计算,嵌接墙体部分(马牙槎)并入柱身体积 5.依附柱上的牛腿和升板的柱帽,并入柱身体积计算	1.模板及支架(撑)制作、安装、拆除、堆放、运输及清理模内杂物、刷隔离剂等 2.混凝土制作、运输、浇筑、振捣、养护
010502002	构造柱				
010502003	异形柱	1.柱形状 2.混凝土种类 3.混凝土强度等级			
		工程量清单项目设置及工程量计算规则,应按表的规定执行			

c.现浇混凝土梁。现浇混凝土梁工程量清单项目设置、项目特征描述的内容、计量单位及工程量计算规则，应按表12-27的规定执行。

表12-27　现浇混凝土梁（编码：010503）

项目编码	项目名称	项目特征	计量单位	工程量计算规则	工程内容
010503001	基础梁	1.混凝土种类 2.混凝土强度等级	m³	按设计图示尺寸以体积计算。伸入墙内的梁头、梁垫并入梁体积内 梁长: 1.梁与柱连接时,梁长算至柱侧面 2.主梁与次梁连接时,次梁长算至主梁侧面	1.模板及支架(撑)制作、安装、拆除、堆放、运输及清理模内杂物、刷隔离剂等 2.混凝土制作、运输、浇筑、振捣、养护
010503002	矩形梁				
010503003	异形梁				
010503004	圈梁				
010503005	过梁				
010503006	弧形、拱形梁				
		工程量清单项目设置及工程量计算规则,应按表的规定执行			

　　d. 现浇混凝土墙。现浇混凝土墙工程量清单项目设置、项目特征描述的内容、计量单位及工程量计算规则，应按表 13-28 的规定执行。

表 13-28　现浇混凝土墙（编码：010504）

项目编码	项目名称	项目特征	计量单位	工程量计算规则	工程内容
010504001	直形墙	1. 混凝土种类 2. 混凝土强度等级	m^3	按设计图示尺寸以体积计算。不扣除构件内钢筋、预埋铁件所占体积，扣除门窗洞口及单个面积 $>0.3m^2$ 以外的孔洞所占体积，墙垛及突出墙面部分并入墙体积内计算	1. 模板及指甲（撑）制作、安装、拆除、堆放、运输及清理模内杂物、刷隔离剂等 2. 混凝土制作、运输、浇筑、振捣、养护
010504002	弧形墙				
010504003	短肢剪力墙				
010504004	挡土墙				
工程量清单项目设置及工程量计算规则，应按表的规定执行					

　　e. 现浇混凝土板。现浇混凝土板工程量清单项目设置、项目特征描述的内容、计量单位及工程量计算规则，应按表 13-29 的规定执行。

表 13-29　现浇混凝土板（编码：010505）

项目编码	项目名称	项目特征	计量单位	工程量计算规则	工程内容
010505001	有梁板	1. 混凝土种类 2. 混凝土强度等级	m^3	按设计图示尺寸以体积计算，不扣除构件内钢筋、预埋铁件及单个面积 $>0.3m^2$ 以内的孔洞所占体积 　　压型钢板混凝土楼板扣除构件内压型钢板所占体积 　　有梁板（包括主、次梁与板）按梁、板体积之和，无梁板按板和柱帽体积之和，各类板伸入墙内的板头并入板体积内，薄壳板的肋、基梁并入薄壳体积内	1. 模板及支架（撑）制作、安装、拆除、堆放、运输及清理模内杂物、刷隔离剂等 2. 混凝土制作、运输、浇筑、振捣、养护
010505002	无梁板				
010505003	平板				
010505004	拱板				
010505005	薄壳板				
010505006	栏板				
010505007	天沟、挑檐板			按设计图示尺寸以体积计算	
010505008	雨篷、阳台板			按设计图示尺寸以墙外部分体积计算。包括伸出墙外的牛腿和雨篷反挑檐的体积	
010505009	空心板			按设计图示尺寸以体积计算	
010505010	其他板				
工程量清单项目设置及工程量计算规则，应按表的规定执行					

　　f. 现浇混凝土楼梯。现浇混凝土楼梯工程量清单项目设置、项目特征描述的内容、计量单位及工程量计算规则，应按表 13-30 的规定执行。

表 13-30　现浇混凝土楼梯（编码：010506）

项目编码	项目名称	项目特征	计量单位	工程量计算规则	工程内容
010506001	直形楼梯	1. 混凝土类别 2. 混凝土强度等级	1. m^2 2. m^3	1. 以平方米计量，按设计图示尺寸以水平投影面积计算，不扣除宽度 $\leqslant$ 500mm 的楼梯井，伸入墙内部分不计算 　　2. 以立方米计量，按设计图示尺寸以体积计算	1. 模板及支架（撑）制作、安装、拆除、堆放、运输及清理模内杂物、刷隔离剂等 2. 混凝土制作、运输、浇筑、振捣、养护
010506002	弧形楼梯				
工程量清单项目设置及工程量计算规则，应按表的规定执行					

g.现浇混凝土其他构件。现浇混凝土其他构件工程量清单项目设置、项目特征描述的内容、计量单位及工程量计算规则，应按表 13-31 的规定执行。

表 13-31　现浇混凝土其他构件（编码：010507）

项目编码	项目名称	项目特征	计量单位	工程量计算规则	工程内容
010507001	散水、坡道	1. 垫层材料种类、厚度 2. 面层厚度 3. 混凝土种类 4. 混凝土强度等级 5. 变形缝填充材料种类	m²	以平方米计算。按设计图示尺寸以面积计算。不扣除单个≤0.3m² 以内的孔洞所占面积	1. 地基夯实 2. 铺设垫层 3. 模板及支撑制作、安装、拆除、堆放、运输及清理模内杂物、刷隔离剂等 4. 混凝土制作、运输、浇筑、振捣、养护 5. 变形缝填塞
		工程量清单项目设置及工程量计算规则,应按表的规定执行			

h.预制混凝土柱。预制混凝土柱工程量清单项目设置、项目特征描述的内容、计量单位及工程量计算规则，应按表 13-32 的规定执行。

表 13-32　预制混凝土柱（编码：010509）

项目编码	项目名称	项目特征	计量单位	工程量计算规则	工程内容
010509001	矩形柱	1. 图代号 2. 单件体积 3. 安装高度 4. 混凝土强度等级 5. 砂浆强度等级、配合比	1. m³ 2. 根	1. 以立方米计量,按设计图示尺寸以体积计算,不扣除构件内钢筋、预埋铁件所占体积 2. 以根计量,按设计图示尺寸以数量计算	1. 构件安装 2. 砂浆制作、运输 3. 接头灌缝、养护
010509002	异形柱				
		工程量清单项目设置及工程量计算规则,应按表的规定执行			

i.预制混凝土梁。预制混凝土梁工程量清单项目设置、项目特征描述的内容、计量单位及工程量计算规则，应按表 13-33 的规定执行。

表 13-33　预制混凝土梁（编码：010510）

项目编码	项目名称	项目特征	计量单位	工程量计算规则	工程内容
010510001	矩形梁	1.图代号 2.单件体积 3.安装高度 4.混凝土强度等级 5.砂浆强度等级、配合比	1. m³ 2. 根	1. 以立方米计量,按设计图示尺寸以体积计算,不扣除构件内钢筋、预埋铁件所占体积 2. 以根计量,按设计图示尺寸以数量计算	1. 构件安装 2. 砂浆制作、运输 3. 接头灌缝、养护
010510002	异形梁				
010510003	过梁				
010510004	拱形梁				
010510005	鱼腹式吊车梁				
010510006	其他梁				
		工程量清单项目设置及工程量计算规则,应按表的规定执行			

j.钢筋工程。钢筋工程工程量清单项目设置、项目特征描述的内容、计量单位及工程量计算规则，应按表 13-34 的规定执行。

表 13-34　钢筋工程（编码：010515）

项目编码	项目名称	项目特征	计量单位	工程量计算规则	工程内容
010515001	现浇构件钢筋	钢筋种类、规格	t	按设计图示钢筋（网）长度（面积）乘单位理论质量计算	1. 钢筋制作、运输 2. 钢筋安装 3. 焊接
010515002	预制构件钢筋				
010515003	钢筋网片				1. 钢筋网制作、运输 2. 钢筋网安装 3. 焊接
010515004	钢筋笼				1. 钢筋笼制作、运输 2. 钢筋笼安装 3. 焊接
010515005	先张法预应力钢筋	1. 钢筋种类、规格 2. 锚具种类		按设计图示钢筋长度乘单位理论质量计算	1. 钢筋制作、运输 2. 钢筋张拉
010515006	后张法预应力钢筋	1. 钢筋种类、规格 2. 钢丝种类、规格 3. 钢绞线种类、规格 4. 锚具种类 5. 砂浆强度等级		按设计图示钢筋(丝束、绞线)长度乘单位理论质量计算 1. 低合金钢筋两端均采用螺杆锚具时,钢筋长度按孔道长度减 0.35m 计算,螺杆另行计算 2. 低合金钢筋一端采用镦头插片、另一端采用螺杆锚具时,钢筋长度按孔道长度计算,螺杆另行计算 3. 低合金钢筋一端采用镦头插片、另一端采用帮条锚具时,钢筋增加 0.15m 计算;两端均采用帮条锚具时,钢筋长度按孔道长度增加 0.3m 计算 4. 低合金钢筋采用后张混凝土自锚时,钢筋长度按孔道长度增加 0.35m 计算 5. 低合金钢筋(钢绞线)采用 JM、XM、QM 型锚具,孔道长度≤20m 时,钢筋长度增加 1m 计算;孔道长度＞20m 时,钢筋(钢绞线)长度按孔道长度增加 1.8m 计算 6. 碳素钢丝采用锥形锚具,孔道长度≤20m 时,钢丝束长度按孔道长度增加 1m 计算;孔道长＞20m 时,钢丝束长度按孔道长度增加 1.8m 计算 7. 碳素钢丝束采用镦头锚具时,钢丝束长度按孔道长度增加 0.35m 计算	1. 钢筋、钢丝、钢绞线制作、运输 2. 钢筋、钢丝、钢绞线安装 3. 预埋管孔道铺设 4. 锚具安装 5. 砂浆制作、运输 6. 孔道压浆、养护
010515007	预应力钢丝				
010515008	预应力钢绞线				
010515009	支撑钢筋（铁马）	1. 钢筋种类 2. 规格		按钢筋长度乘单位理论质量计算	钢筋制作、焊接、安装
010515010	声测管	1. 材质 2. 规格型号		按设计图示尺寸以质量计算	1. 检测管截断、封头 2. 套管制作、焊接 3. 定位、固定
工程量清单项目设置及工程量计算规则,应按表的规定执行					

k. 螺栓、铁件。螺栓、铁件工程量清单项目设置、项目特征描述的内容、计量单位及工程量计算规则，应按表 13-35 的规定执行。

表 13-35　螺栓、铁件（编码：010516）

项目编码	项目名称	项目特征	计量单位	工程量计算规则	工程内容
010516001	螺栓	1. 螺栓种类 2. 规格	t	按设计图示尺寸以质量计算	1. 螺栓、铁件制作、运输 2. 螺栓、铁件安装
010516002	预埋铁件	1. 钢材种类 2. 规格 3. 铁件尺寸			
010516003	机械连接	1. 拦截方式 2. 螺纹套筒种类 3. 规格	个	按数量计算	1. 钢筋套螺纹 2. 套筒连接

工程量清单项目设置及工程量计算规则,应按表的规定执行

(6) 金属结构工程

a. 钢网架。钢网架工程量清单项目设置、项目特征描述的内容、计量单位及工程量计算规则，具体见清单计算规范。

b. 钢屋架、钢托架、钢桁架、钢架桥。钢屋架、钢托架、钢桁架、钢架桥工程量清单项目设置、项目特征描述的内容、计量单位及工程量计算规则，具体见清单计价规范。

c. 钢柱。钢柱工程量清单项目设置、项目特征描述的内容、计量单位及工程量计算规则，具体见清单计算规范。

d. 钢梁。钢柱工程量清单项目设置、项目特征描述的内容、计量单位及工程量计算规则，具体见清单计算规范。

(7) 木结构工程

木屋架工程量清单项目设置、项目特征描述的内容、计量单位及工程量计算规则，具体见清单计算规范。

(8) 门窗工程

a. 木门。木门工程量清单项目设置、项目特征描述的内容、计量单位及工程量计算规则，应按表 13-36 的规定执行。

表 13-36　木门（编码：010801）

项目编码	项目名称	项目特征	计量单位	工程量计算规则	工程内容
010801001	木质门	1. 门代号及洞口尺寸 2. 镶嵌玻璃品种、厚度	1. 樘 2. m²	1. 以樘计量，按设计图示数量计算 2. 以平方米计量，按设计图示的洞口尺寸以面积计算	1. 门安装 2. 玻璃安装 3. 五金安装
010801002	木板门带套				
010801003	木质连窗门				
010801004	木质防火门				
010801005	木门框	1. 门代号及洞口尺寸 2. 框截面尺寸 3. 防护材料种类	1. 樘 2. m	1. 以樘计量，按设计图示数量计算 2. 以米计量，按设计图示框的中心线以延长米计算	1. 木门框制作、安装 2. 运输 3. 刷防护材料
010801006	门锁安装	1. 锁品种 2. 锁规格	个 （套）	以设计图示数量计算	安装

b. 金属门。金属门工程量清单项目设置、项目特征描述的内容、计量单位及工程量计算规则，应按表 13-37 的规定执行。

表 13-37   金属门（编码：010802）

项目编码	项目名称	项目特征	计量单位	工程量计算规则	工程内容
010802001	金属（塑钢）门	1. 门代号及洞口尺寸 2. 门框或扇外围尺寸 3. 门框、扇材质 4. 玻璃品种、厚度	1. 樘 2. m²	1. 以樘计量，按设计图示数量计算 2. 以平方米计量，按设计图示洞口尺寸以面积计算	1. 门安装 2. 五金安装 3. 玻璃安装
010802002	彩板门	1. 门代号及洞口尺寸 2. 门框或扇外围尺寸			
010802003	钢质防火门	1. 门代号及洞口尺寸 2. 门框或扇外围尺寸 3. 门框、扇材质			1. 门安装 2. 五金安装
010802004	防盗门				

c. 金属窗。金属窗工程量清单项目设置、项目特征描述的内容、计量单位及工程量计算规则，应按表 13-38 的规定执行。

表 13-38   金属窗（编码：010807）

项目编码	项目名称	项目特征	计量单位	工程量计算规则	工程内容
010807001	金属（塑钢、断桥）窗	1. 窗代号及洞口尺寸 2. 框、扇材质 3. 玻璃品种、厚度	1. 樘 2. m²	1. 以樘计量，按设计图示数量计算 2. 以平方米计量，按设计图示洞口尺寸以面积计算	1. 窗安装 2. 五金、玻璃安装
010807002	金属防火窗				
010807003	金属百叶窗				
010807004	金属纱窗	1. 窗代号及框的外围尺寸 2. 框材质 3. 窗纱材料品种、规格			
010807005	金属格栅窗	1. 窗代号及洞口尺寸 2. 框外围尺寸 3. 框、扇材质		1. 以樘计量，按设计图示数量计算 2. 以平方米计量，按设计图示洞口尺寸以面积计算	1. 窗制作、运输、安装 2. 五金、玻璃安装 3. 刷防护材料
010807006	金属（塑钢、断桥）橱窗	1. 窗代号 2. 框外围展开面积 3. 框、扇材质 4. 玻璃品种、厚度 5. 防护材料种类		1. 以樘计量，按设计图示数量计算 2. 以平方米计量，按设计图示尺寸以框外围展开面积计算	
010807007	金属（塑钢、断桥）飘（凸）窗	1. 窗代号 2. 框外围展开面积 3. 框、扇材质 4. 玻璃品种、厚度			1. 窗安装 2. 五金、玻璃安装
010807008	彩板窗	1. 窗代号及洞口尺寸 2. 框外围面积 3. 框、扇材质 4. 玻璃品种、厚度		1. 以樘计量，按设计图示数量计算 2. 以平方米计量，按设计图示洞口尺寸或框外围以面积计算	
010807009	复合材料窗				

d.窗台板。窗台板工程量清单项目设置、项目特征描述的内容、计量单位及工程量计算规则，应按表13-39的规定执行。

表13-39　窗台板（编码：010809）

项目编码	项目名称	项目特征	计量单位	工程量计算规则	工程内容
010809001	木窗台板	1.基层材料种类 2.窗台板材质、规格、颜色 3.防护材料种类	m²	按设计图示以展开面积计算	1.基层清理 2.基层制作、安装 3.窗台板制作、安装 4.刷防护材料
010809002	铝塑窗台板				
010809003	金属窗台板				
010809004	石材窗台板	1.黏结层厚度、砂浆配合比 2.窗台板材质、规格、颜色			1.基层清理 2.抹找平层 3.窗台板制作、安装

(9) 屋面及防水工程

a.瓦、型材及其他屋面。瓦、型材及其他屋面工程量清单项目设置、项目特征描述的内容、计量单位及工程量计算规则，应按表13-40的规定执行。

表13-40　瓦、型材及其他屋面（编码：010901）

项目编码	项目名称	项目特征	计量单位	工程量计算规则	工程内容
010901001	瓦屋面	1.瓦品种、规格 2.黏结层砂浆的配合比	m²	按设计图示尺寸以斜面积计算 不扣除房上烟囱、风帽底座、风道、小气窗、斜沟等所占面积。小气窗的出檐部分不增加面积	1.砂浆制作、运输、摊铺、养护 2.安瓦、作瓦脊
010901002	型材屋面	1.型材品种、规格 2.金属檩条材料品种、规格 3.接缝、嵌缝材料种类			1.檩条制作、运输、安装 2.屋面型材安装 3.接缝、嵌缝
010901003	阳光板屋面	1.阳光板的品种、规格 2.骨架材料品种、规格 3.接缝、嵌缝材料种类		按设计图示尺寸以斜面积计算 不扣除屋面面积≤0.3m²孔洞所占面积	1.骨架制作、运输、安装、刷防护材料、油漆 2.阳光板安装 3.接缝、嵌缝
010901004	玻璃钢屋面	1.玻璃钢品种、规格 2.骨架材料品种、规格 3.玻璃钢规定方式 4.接缝、嵌缝材料种类 5.油漆品种、油漆遍数			1.骨架制作、运输、安装、刷防护起 2.玻璃钢制作、安装 3.接缝、嵌缝
010901005	膜结构屋面	1.膜布品种、规格、颜色 2.支柱（网架）钢材品种、规格 3.钢丝绳品种、规格 4.锚固基座做法 5.油漆品种、刷漆遍数		按设计图示尺寸以需要覆盖的水平投影面积计算	1.膜布热压胶接 2.支柱（网架）制作、安装 3.膜布安装 4.穿钢丝绳、锚头锚固 5.锚固基座、挖土、回填 6.刷防护材料、油漆

工程量清单项目设置及工程量计算规则,应按表的规定执行

b. 屋面防水及其他。屋面防水及其他工程量清单项目设置、项目特征描述的内容、计量单位及工程量计算规则，应按表 13-41 的规定执行。

表 13-41 屋面防水及其他（编码：010902）

项目编码	项目名称	项目特征	计量单位	工程量计算规则	工程内容
010902001	屋面卷材防水	1.卷材品种、规格、厚度 2.防水层数 3.防水层做法	m²	按设计图示尺寸以面积计算 1.斜屋顶（不包括平屋顶找坡）按斜面积计算，平屋顶按水平投影面积计算 2.不扣除房上烟囱、风帽底座、风道、屋面小气窗和斜沟所占面积 3.屋面的女儿墙、伸缩缝和天窗等处的弯起部分，并入屋面工程量内	1.基层处理 2.刷底油 3.铺油毡卷材、接缝
010902002	屋面涂膜防水	1.防水膜品种 2.涂膜厚度、遍数 3.增强材料种类			1.基层处理 2.刷基层处理剂 3.铺布、喷涂防水层
010902003	屋面刚性层	1.刚性层厚度 2.混凝土强度等级 3.嵌缝材料种类 4.钢筋规格、型号		按设计图示尺寸以面积计算。不扣除房上烟囱、风帽底座、风道等所占面积	1.基层处理 2.混凝土制作、运输、铺筑、养护 3.钢筋制作、安装
010902004	屋面排水管	1.排水管品种、规格 2.雨水斗、山墙出水口品种、规格 3.接缝、嵌缝材料种类 4.油漆品种、刷漆遍数	m	按设计图示尺寸以长度计算。如设计未标注尺寸，以檐口至设计室外地面垂直距离计算	1.排水管及配件安装、固定 2.雨水斗、山墙出水口、雨水篦子安装 3.接缝、嵌缝 4.刷漆
010902005	屋面排（透）气管	1.排（透）气管品种、规格 2.接缝、嵌缝材料种类 3.油漆品种、刷漆遍数		按设计图示尺寸以长度计算	1.排（透）气管及配件安装、固定 2.铁件制作、安装 3.接缝、嵌缝 4.刷漆
010902006	屋面（廊、阳台）泄（吐）水管	1.吐水管品种、规格 2.接缝、嵌缝材料种类 3.吐水管长度 4.油漆品种、刷漆遍数	根（个）	按设计图示尺寸以数量计算	1.水管及配件安装固定 2.接缝、嵌缝 3.刷漆
010902007	屋面天沟、檐沟	1.材料品种、规格 2.接缝、嵌缝材料种类	m²	按设计图示尺寸以展开面积计算	1.天沟材料铺设 2.天沟配件安装 3.接缝、嵌缝 4.刷防护材料
010902008	屋面变形缝	1.嵌缝材料种类 2.止水带材料种类 3.盖缝材料 4.防护材料种类	m	按设计图示以长度计算	1.清缝 2.填塞防水材料 3.止水带安装 4.盖缝制作、安装 5.刷防护材料

工程量清单项目设置及工程量计算规则，应按表的规定执行

c. 墙面防水、防潮。墙面防水、防潮工程量清单项目设置、项目特征描述的内容、计量单位及工程量计算规则，应按表 13-42 的规定执行。

表 13-42　墙面防水、防潮（编码：010903）

项目编码	项目名称	项目特征	计量单位	工程量计算规则	工作内容
010903001	墙面卷材防水	1.卷材品种、规格、厚度 2.防水层数 3.防水层做法	m²	按设计图示尺寸以面积计算	1.基层处理 2.刷黏结剂 3.铺防水卷材 4.接缝、嵌缝
010903002	墙面涂膜防水	1.防水膜品种 2.涂膜厚度、遍数 3.增强材料种类			1.基层处理 2.刷基层处理剂 3.铺布、喷涂防水层
010903003	墙面砂浆防水（防潮）	1.防水层做法 2.砂浆厚度、配合比 3.铁丝网规格			1.基层处理 2.挂钢丝网片 3.设置分格缝 4.砂浆制作、运输、摊铺、养护
010903004	墙面变形缝	1.嵌缝材料种类 2.止水带材料种类 3.盖板材料 4.防护材料种类	m	按设计图示以长度计算	1.清缝 2.填塞防水材料 3.止水带安装 4.盖缝制作、安装 5.刷防护材料

　　d.楼（地）面防水、防潮。楼（地）面防水、防潮工程量清单项目设置、项目特征描述的内容、计量单位及工程量计算规则，应按表 13-43 的规定执行。

表 13-43　楼、（地）面防水、防潮（编码：010904）

项目编码	项目名称	项目特征	计量单位	工程量计算规则	工程内容
010904001	楼（地）面卷材防水	1.卷材品种、规格、厚度 2.防水层数 3.防水层做法	m²	按设计图示尺寸以面积计算 1.楼（地）面防水：按主墙间净空面积计算，扣除凸出地面的构筑物、设备基础等所占面积，不扣除壁墙及单个≤0.3m²柱、垛、烟囱和孔洞所占面积 2.楼（地）面防水反边高度≤300mm算作地面防水，反边高度>300mm按墙面防水计算	1.基层处理 2.刷黏结剂 3.铺防水卷材 4.接缝、嵌缝
010904002	楼（地）面涂膜防水	1.防水膜品种 2.涂膜厚度、遍数 3.增强材料种类			1.基层处理 2.刷基层处理剂 3.铺布、喷涂防水层
010904003	楼（地）面砂浆防水（潮）	1.防水层做法 2.砂浆厚度、配合比			1.基层处理 2.砂浆制作、运输、摊铺、养护
010904004	楼（地）面变形缝	1.嵌缝材料种类 2.止水带材料种类 3.盖缝材料 4.防护材料种类	m	按设计图示以长度计算	1.清缝 2.填塞防水材料 3.止水带安装 4.盖板制作、安装 5.刷防护材料
工程量清单项目设置及工程量计算规则，应按表的规定执行						

（10）保温、隔热

　　保温、隔热工程量清单项目设置、项目特征描述的内容、计量单位及工程量计算规则，应按表 13-44 的规定执行。

表 13-44　保温、隔热（编码：011001）

项目编码	项目名称	项目特征	计量单位	工程量计算规则	工作内容
011001001	保温隔热屋面	1.保温隔热材料品种、规格、厚度 2.隔气层材料品种、厚度 3.黏结材料种类、做法 4.防护材料种类、做法		按设计图示尺寸以面积计算。扣除面积>0.3m² 孔洞及占位面积	1.基层清理 2.刷黏结材料 3.铺粘保温层 4.铺、刷（喷）防护材料
011001002	保温隔热天棚	1.保温隔热面层材料品种、规格、性能 2.保温隔热材料品种、规格、厚度 3.黏结材料种类、做法 4.防护材料种类、做法		按设计图示尺寸以面积计算。扣除面积>0.3m² 上柱、垛、孔洞所占面积	1.基层清理 2.刷黏结材料 3.铺粘保温层 4.铺、刷（喷）防护材料
011001003	保温隔热墙面	1.保温隔热部位 2.保温隔热方式 3.踢脚线、勒脚线保温做法 4.龙骨材料品种、规格 5.保温隔热面层材料品种、规格、性能 6.保温隔热材料种、规格及厚度 7.增强网及抗裂防水砂浆种类 8.黏结材料种类及做法 9.防护材料种类及做法	m²	按设计图示尺寸以面积计算。扣除门窗洞口以及面积>0.3m² 梁、孔洞所占面积；门窗洞口侧壁需做保温时，并入保温墙体工程量内	1.基层清理 2.刷界面剂 3.安装龙骨 4.填贴保温材料 5.保温板安装 6.粘贴面层 7.铺设增强格网、抹抗裂、防水砂浆面层 8.嵌缝 9.铺、刷（喷）防护材料
011001004	保温柱、梁	1.保温隔热部位 2.保温隔热方式 3.隔气层材料品种、规格、厚度 4.保温隔热面层材料品种、规格、性能 保温隔热材料品种、规格及厚度 5.黏结材料种类及做法 6.增强网及抗裂防水砂浆种类 7.防护材料种类及做法		按设计图示尺寸以面积计算 1.柱按设计图示柱断面保温层中心线展开长度乘保温层高度以面积计算，扣除面积>0.3m² 梁所占面积 2.梁按设计图示梁断面保温层中心线展开长度乘以保温层长度以面积计算	
011001005	保温隔热楼地面	1.保温隔热部位 2.保温隔热材料品种、规格、厚度 3.隔气层材料品种、规格、厚度 4.黏结材料种类及做法		按设计图示尺寸以面积计算。扣除面积>0.3m² 柱、垛、孔洞等所占面积	1.基层清理 2.刷黏结材料 3.铺粘保温层 4.铺、刷（喷）防护材料
011001006	其他保温隔热	1.保温隔热部位 2.保温隔热方式 3.隔气层材料品种、厚度 保温隔热面层材料品种、规格、性能 4.保温隔热材料品种、规椭及厚度 5.黏结材料种类及做法 6.增强网及抗裂防水砂浆种类 7.防护材料种类及做法	m²	按设计图示尺寸以展开面积计算。扣除面积>0.3m² 孔洞及占位面积	1.基层清理 2.刷界面剂 3.安装龙骨 4.填贴豹纹材料 5.保温板安装 6.粘贴面层 7.铺设增强网格、抹抗裂、防水砂浆面层 8.嵌缝 9.铺、刷（喷）防护材料

(11) 楼地面装饰工程

a. 抹灰工程。整体面层及找平层工程量清单项目设置、项目特征描述的内容、计量单位及工程量计算规则，应按表 13-45 的规定执行。

表 13-45　楼地面抹灰（编码：011101）

项目编码	项目名称	项目特征	计量单位	工程量计算规则	工程内容
011101001	水泥砂浆楼地面	1. 垫层材料种类、厚度 2. 找平层厚度、砂浆配合比 3. 素水泥浆遍数 4. 面层厚度、砂浆配合比 5. 面层做法要求	m²	按设计图示尺寸以面积计算。扣除凸出地面构筑物、设备基础、室内管道、地沟等所占面积，不扣除间壁墙及≤0.3m² 柱、垛、附墙烟囱及孔洞所占面积，门洞、空圈、暖气包槽、壁龛的开口部分不增加面积	1. 基层清理 2. 垫层铺设 3. 抹找平层 4. 抹面层 5. 材料运输
011101002	现浇水磨石楼地面	1. 垫层材料种类、厚度 2. 找平层厚度、砂浆配合比 3. 面层厚度、水泥石子浆配合比 4. 嵌条材料种类、规格 5. 石子种类、规格、颜色 6. 颜料种类、颜色 7. 图案要求 8. 磨光、酸洗、打蜡要求			1. 基层清理 2. 垫层铺设 3. 抹找平层 4. 面层铺设 5. 嵌缝条安装 6. 磨光、酸洗、打蜡 7. 材料运输
011101003	细石混凝土楼地面	1. 垫层材料种类、厚度 2. 找平层厚度、砂浆配合比 3. 面层厚度、混凝土强度等级			1. 基层清理 2. 垫层铺设 3. 抹找平层 4. 抹面层 5. 材料运输
011101005	自流平楼地面	1. 垫层材料种类、厚度 2. 找平层砂浆配合比、厚度			1. 基层清理 2. 垫层铺设 3. 抹找平层 4. 材料运输
011101006	平面砂浆找平层	1. 找平层厚度、砂浆配合比 2. 界面剂材料种类 3. 中层漆材料种类、厚度 4. 面漆材料种类、厚度 5. 面层材料种类		按设计图示尺寸以面积计算	1. 基层清理 2. 抹找平层 3. 涂界面剂 4. 涂刷中层漆 5. 打磨、吸尘 6. 镘自流平面漆 7. 拌和自流平浆料 8. 铺面层

b. 块料面层。块料面层工程量清单项目设置、项目特征描述的内容、计量单位及工程量计算规则，应按表 13-46 的规定执行。

表 13-46　楼地面镶贴（编码：011102）

项目编码	项目名称	项目特征	计量单位	工程量计算规则	工程内容
011102001	石材楼地面	1. 找平层厚度、砂浆配合比 2. 结合层厚度、砂浆配合比 3. 面层材料品种、规格、颜色 4. 嵌缝材料种类 5. 防护层材料种类 6. 酸洗、打蜡要求	m²	按设计图示尺寸以面积计算。门洞、空圈、暖气包槽、壁龛的开口部分并入相应的工程量内	1. 基层清理、抹找平层 2. 面层铺设、磨边 3. 嵌缝 4. 刷防护材料 5. 酸洗、打蜡 6. 材料运输
011102002	碎石材楼地面				
011102003	块料楼地面	1. 垫层材料种类、厚度 2. 找平层厚度、砂浆配合比 3. 结合层厚度、砂浆配合比 4. 面层材料品种、规格、颜色 5. 嵌缝材料种类 6. 防护层材料种类 7. 酸洗、打蜡要求			

c.踢脚线。踢脚线工程量清单项目设置、项目特征描述的内容、计量单位及工程量计算规则，应按表 13-47 的规定执行。

表 13-47　踢脚线（编码：011105）

项目编码	项目名称	项目特征	计量单位	工程量计算规则	工程内容
011105001	水泥砂浆踢脚线	1.踢脚线高度 2.底层厚度、砂浆配合比 3.面层厚度、砂浆配合比	1. m² 2. m	1.按设计图示长度乘高度以面积计算 2.按延长米计算	1.基层清理 2.底层和面层抹灰 3.材料运输
011105002	石材踢脚线	1.踢脚线高度 2.粘贴层厚度、材料种类 3.面层材料品种、规格、颜色 4.防护材料种类			1.基层清理 2.底层抹灰 3.面层铺贴、磨边 4.擦缝 5.磨光、酸洗、打蜡 6.刷防护材料 7.材料运输
011105003	块料踢脚线				
011105004	塑料板踢脚线	1.踢脚线高度 2.黏结层厚度、材料种类 3.面层材料种类、规格、颜色			1.基层清理 2.基层铺贴 3.面层铺贴 4.材料运输
011105005	木质踢脚线	1.踢脚线高度 2.基层材料种类、规格 3.面层材料品种、规格、颜色			
011105006	金属踢脚线				
011105007	防静电踢脚线				

d.楼梯面层。楼梯面层工程量清单项目设置、项目特征描述的内容、计量单位及工程量计算规则，应按表 13-48 的规定执行。

表 13-48　楼梯面层（编码：011106）

项目编码	项目名称	项目特征	计量单位	工程量计算规则	工程内容
011106001	石材楼梯面层	1. 找平层厚度、砂浆配合比 2. 黏结层厚度、材料种类 3. 面层材料品种、规格、颜色 4. 防滑条材料种类、规格 5. 勾缝材料种类 6. 防护材料种类 7. 酸洗、打蜡要求			1. 基层清理 2. 抹找平层 3. 面层铺贴、磨边 4. 贴嵌防滑条 5. 勾缝 6. 刷防护材料 7. 酸洗、打蜡 8. 材料运输
011106002	块料楼梯面层				
011106003	拼碎块料面层				
011106004	水泥砂浆楼梯面层	1. 找平层厚度、砂浆配合比 2. 面层厚度、砂浆配合比 3. 防滑条材料种类、规格			1. 基层清理 2. 抹找平层 3. 抹面层 4. 抹防滑条 5. 材料运输
011106005	现浇水磨石楼梯面层	1. 找平层厚度、砂浆配合比 2. 面层厚度、水泥石子浆配合比 3. 防滑条材料种类、规格 4. 石子种类、规格、颜色 5. 颜料种类、颜色 6. 磨光、酸洗、打蜡要求	m²	按设计图示尺寸以楼梯（包括踏步、休息平台及≤500mm 的楼梯井）水平投影面积计算。楼梯与楼地面相连时，算至梯口梁内侧边沿；无梯口梁者，算至最上一层踏步边沿加 300mm	1. 基层清理 2. 抹找平层 3. 抹面层 4. 贴嵌防滑条 5. 磨光、酸洗、打蜡 6. 材料运输
011106006	地毯楼梯面层	1. 基层种类 2. 面层材料品种、规格、颜色 3. 防护材料种类 4. 黏结材料种类 5. 固定配件材料种类、规格			1. 基层清理 2. 铺贴面层 3. 固定配件安装 4. 刷防护材料 5. 材料运输
011106007	木板楼梯面层	1. 基层材料种类、规格 2. 面层材料品种、规格、颜色 3. 黏结材料种类 4. 防护材料种类			1. 基层清理 2. 基层铺贴 3. 面层铺贴 4. 刷防护材料 5. 材料运输
011106008	橡胶板楼梯面层	1. 黏结层厚度、材料、种类 2. 面层材料品种、规格、颜色 3. 压线条种类			1. 基层起立 2. 面层铺贴 3. 压缝条装订 4. 材料运输
011106009	塑料板楼梯面层				

e. 台阶装饰。台阶装饰工程量清单项目设置、项目特征描述的内容、计量单位及工程量计算规则，应按表 13-49 的规定执行。

表 13-49　台阶装饰（编码：011107）

项目编码	项目名称	项目特征	计量单位	工程量计算规则	工程内容
011107001	石材台阶面	1. 找平层厚度、砂浆配合比 2. 黏结材料种类 3. 面层材料品种、规格、颜色 4. 勾缝材料种类 5. 防滑条材料种类、规格 6. 防护材料种类	m²	按设计图示尺寸以台阶（包括最上层踏步边沿加 300mm）水平投影面积计算	1. 基层清理 2. 抹找平层 3. 面层铺贴 4. 贴嵌防滑条 5. 勾缝 6. 刷防护材料 7. 材料运输
011107002	块料台阶面				
011107003	拼碎块料台阶面				

项目编码	项目名称	项目特征	计量单位	工程量计算规则	工程内容
011107004	水泥砂浆台阶面	1.找平层材料种类、厚度 2.找平层厚度、砂浆配合比 3.面层厚度、砂浆配合比 4.防滑条材料种类	m²	按设计图示尺寸以台阶（包括最上层踏步边沿加300mm）水平投影面积计算	1.基层清理 2.铺设垫层 3.抹找平层 4.抹面层 5.抹防滑条 6.材料运输
011107005	现浇水磨石台阶面	1.垫层材料种类、厚度 2.找平层厚度、砂浆配合比 3.面层厚度、水泥石子浆配合比 4.防滑条材料种类、规格 5.石子种类、规格、颜色 6.颜料种类、颜色 7.磨光、酸洗、打蜡要求			1.基层清理 2.铺设垫层 3.抹找平层 4.抹面层 5.贴嵌防滑条 6.打磨、酸洗、打蜡 7.材料运输
011107006	剁假石台阶面	1.垫层材料种类、厚度 2.找平层厚度、砂浆配合比 3.面层厚度、砂浆配合比 4.剁假石要求			1.基层清理 2.铺设垫层 3.抹找平层 4.抹面层 5.剁假石 6.材料运输

（12）墙、柱面装饰与隔断、幕墙工程

a.墙面抹灰。墙面抹灰工程量清单项目设置、项目特征描述的内容、计量单位及工程量计算规则，应按表 13-50 的规定执行。

表 13-50　墙面抹灰（编码：011201）

项目编码	项目名称	项目特征	计量单位	工程量计算规则	工作内容
011201001	墙面一般抹灰	1.墙体类型 2.底层厚度、砂浆配合比 3.面层厚度、砂浆配合比 4.装饰面材料种类 5.分格缝宽度、材料种类	m²	按设计图示尺寸以面积计算。扣除墙裙、门窗洞口及单个＞0.3m²的孔洞面积，不扣除踢脚线、挂镜线和墙与构件交接处的面积，门窗洞口和孔洞的侧壁及顶面不增加面积。附墙柱、梁、垛、烟囱侧壁并入相应的墙面面积内 1.外墙抹灰面积按外墙垂直投影面积计算	1.基层清理 2.砂浆制作、运输 3.底层抹灰 4.抹面层 5.抹装饰面 6.勾分格缝
011201002	墙面装饰抹灰			2.外墙裙抹灰面积按其长度乘高度计算 3.内墙抹灰面积按主墙间的净长乘高度计算 （1）无墙裙的，高度按室内楼地面至天棚底面计算 （2）有墙裙的，高度按墙裙顶至天棚底面计算 （3）有吊顶天棚抹灰，高度算至天棚底 4.内墙裙抹灰面按内墙净长乘高度计算	
011201003	墙面勾缝	1.墙体类型 2.找平的砂浆厚度、配合比			1.基层清理 2.砂浆制作、运输 3.勾缝
011201004	立面砂浆找平层	1.墙体类型 2.勾缝类型 3.勾缝材料类型			

b.柱（梁）面抹灰。柱（梁）面抹灰工程量清单项目设置、项目特征描述的内容、计量单位及工程量计算规则，应按表 13-51 的规定执行。

表 13-51　柱（梁）面抹灰（编码：011202）

项目编码	项目名称	项目特征	计量单位	工程量计算规则	工程内容
011202001	柱、梁面一般抹灰	1.柱体类型 2.底层厚度、砂浆配合比 3.面层厚度、砂浆配合比 4.装饰面材料种类 5.分格缝宽度、材料种类	m²	1.柱面抹灰：按设计图示柱断面周长乘高度以面积计算 2.梁面抹灰：按设计图示梁断面周长乘长度以面积计算	1.基层清理 2.砂浆制作、运输 3.底层抹灰 4.抹面层 5.勾分格缝
011202002	柱、梁面装饰抹灰				
011202003	柱、梁面砂浆抹灰	1.柱(梁)体类型 2.找平的砂浆厚度、配合比			1.基层清理 2.砂浆制作、运输 3.抹灰找平
011202004	柱面勾缝	1.墙体类型 2.勾缝类型 3.勾缝材料种类		按设计图示柱断面周长乘高度以面积计算	1.基层清理 2.砂浆制作、运输 3.勾缝

c.墙面块料面层。墙面块料面层工程量清单项目设置、项目特征描述的内容、计量单位及工程量计算规则，应按表 13-52 的规定执行。

表 13-52　墙面块料面层（编码：011204）

项目编码	项目名称	项目特征	计量单位	工程量计算规则	工程内容
011204001	石材墙面	1.墙体类型 2.安装方式 3.面层材料品种、规格、颜色 4.缝宽、嵌缝材料种类 5.防护材料种类 6.磨光、酸洗、打蜡要求	m²	按镶贴表面积计算	1.基层清理 2.砂浆制作、运输 3.黏结层铺贴 4.面层安装 5.嵌缝 6.刷防护材料 7.磨光、酸洗、打蜡
011204002	拼碎石材墙面				
011204003	块料墙面				
011204004	干挂石材钢骨架	1.骨架种类、规格 2.防锈漆品种遍数	t	按设计图示以质量计算	1.骨架制作、运输、安装 2.刷漆

d.柱（梁）面镶贴块料。柱（梁）面镶贴块料工程量清单项目设置、项目特征描述的内容、计量单位及工程量计算规则，应按表 13-53 的规定执行。

表 13-53　柱（梁）面镶贴块料（编码：011205）

项目编码	项目名称	项目特征	计量单位	工程量计算规则	工程内容
011205001	石材柱面	1.柱截面类型、尺寸 2.安装方式 3.面层材料品种、规格、颜色 4.缝宽、嵌缝材料种类 5.防护材料种类 6.磨光、酸洗、打蜡要求	m²	按镶贴表面积计算	1.基层清理 2.砂浆制作、运输 3.黏结层铺贴 4.底层抹灰 5.面层安装 6.嵌缝 7.刷防护材料 8.磨光、酸洗、打蜡
011205002	块料柱面				
011205003	拼碎石材柱面				
011205004	石材梁面	1.安装方式 2.面层材料品种、规格、颜色 3.缝宽、嵌缝材料种类 4.防护材料种类 5.磨光、酸洗、打蜡要求			
011205005	块料梁面				

e.幕墙工程。幕墙工程工程量清单项目设置、项目特征描述的内容、计量单位及工程量计算规则，应按表 13-54 的规定执行。

表 13-54 幕墙工程（编码：011209）

项目编码	项目名称	项目特征	计量单位	工程量计算规则	工程内容
011209001	带骨架幕墙	1. 骨架材料种类、规格、中距 2. 面层材料品种、规格、颜色 3. 面层固定方式 4. 隔离带、框边封闭材料品种、规格 5. 嵌缝、塞口材料种类	m²	按设计图示框外围尺寸以面积计算。与幕墙同种材质的窗所占面积不扣除	1. 骨架制作、运输、安装 2. 面层安装 3. 隔离带、框边封闭 4. 嵌缝、塞口 5. 清洗
011209002	全玻（无框玻璃）幕墙	1. 玻璃品种、规格、颜色 2. 黏结塞口材料种类 3. 固定方式		按设计图示尺寸以面积计算。带肋全玻幕墙按展开面积计算	1. 幕墙安装 2. 嵌缝、塞口 3. 清洗

（13）天棚工程

a.天棚抹灰。天棚抹灰工程量清单项目设置、项目特征描述的内容、计量单位及工程量计算规则，应按表 13-55 的规定执行。

表 13-55 天棚抹灰（编码：011301）

项目编码	项目名称	项目特征	计量单位	工程量计算规则	工程内容
011301001	天棚抹灰	1. 基层类型 2. 抹灰厚度、材料种类 3. 砂浆配合比	m²	按设计图示尺寸以水平投影面积计算。不扣除间壁墙、垛、柱、附墙烟囱、检查口和管道所占的面积，带梁天棚的梁两侧抹灰面积并入天棚面积内，板式楼梯底面抹灰按斜面积计算，锯齿形楼梯底板抹灰按展开面积计算	1. 基层清理 2. 底层抹灰 3. 抹面层

b.天棚吊顶。天棚吊顶工程量清单项目设置、项目特征描述的内容、计量单位及工程量计算规则，应按表 13-56 的规定执行。

表 13-56 天棚吊顶（编码：011302）

项目编码	项目名称	项目特征	计量单位	工程量计算规则	工程内容
011302001	吊顶天棚	1. 吊顶形式、吊杆规格、高度 2. 龙骨材料种类、规格、中距 3. 基层材料种类、规格 4. 面层材料品种、规格 5. 压条材料种类、规格 6. 嵌缝材料种类 7. 防护材料种类	m²	按设计图示尺寸以水平投影面积计算。天棚面中的灯槽及跌级、锯齿形、吊挂式、藻井式天棚面积不展开计算，不扣除间壁墙、检查口、附墙烟囱、柱垛和管道所占面积，扣除单个＞0.3m² 的孔洞、独立柱及与天棚相连的窗帘盒所占的面积	1. 基层清理、吊杆安装 2. 龙骨安装 3. 基层板铺贴 4. 面层铺贴 5. 嵌缝 6. 刷防护材料

续表

项目编码	项目名称	项目特征	计量单位	工程量计算规则	工程内容
011302002	格栅吊顶	1.龙骨材料种类、规格、中距 2.基层材料种类、规格 3.面层材料品种、规格 4.防护材料种类	m²	按设计图示尺寸以水平投影面积计算	1.基层清理 2.安装龙骨 3.基层板铺贴 4.面层铺贴 5.刷防护材料
011302003	吊筒吊顶	1.吊筒形状、规格 2.吊筒材料种类 3.防护材料种类			1.基层清理 2.吊筒制作安装 3.刷防护材料
011302004	藤条造型悬挂吊灯	1.骨架材料种类、规格 2.面层材料品种、规格			1.基层清理 2.龙骨安装 3.铺贴面层
011302005	织物软雕吊顶				
011302006	装饰网架吊顶	网架材料品种、规格			1.基层清理 2.网架制作安装

(14) 油漆、涂料、裱糊工程

a.门油漆。门油漆工程量清单项目设置、项目特征描述的内容、计量单位及工程量计算规则，应按表 13-57 的规定执行。

表 13-57　门油漆（编码：011401）

项目编码	项目名称	项目特征	计量单位	工程量计算规则	工程内容
011401001	木门油漆	1.门类型 2.门代号及洞口尺寸 3.腻子种类 4.刮腻子遍数 5.防护材料种类 6.油漆品种、刷漆遍数	1.樘 2.m²	1.以樘计量，按设计图示数量计算 2.以平方米计量，按设计图示洞口尺寸以面积计算	1.基层清理 2.刮腻子 3.刷防护材料、油漆
011401002	金属门油漆				1.除锈、基层清理 2.刮腻子 3.刷防护材料、油漆

b.窗油漆。窗油漆工程量清单项目设置、项目特征描述的内容、计量单位及工程量计算规则，应按表 13-58 的规定执行。

表 13-58　窗油漆（编码：011402）

项目编码	项目名称	项目特征	计量单位	工程量计算规则	工程内容
011402001	木窗油漆	1.窗类型 2.窗代号及洞口尺寸 3.腻子种类 4.刮腻子遍数 5.防护材料种类 6.油漆品种、刷漆遍数	1.樘 2.m²	1.以樘计量，按设计图示数量计算 2.以平方米计量，按设计图示洞口尺寸以面积计算	1.基层清理 2.刮腻子 3.刷防护材料、油漆
011402002	金属窗油漆				1.除锈、基层清理 2.刮腻子 3.刷防护材料、油漆

（15）措施项目

a. 安全文明施工及其他措施项目。安全文明施工及其他措施项目工程量清单项目设置、项目特征描述的内容、计量单位及工程量计算规则，应按表 13-59 的规定执行。

表 13-59　安全文明施工及其他措施项目（编码：011701）

项目编码	项目名称	工作内容及包含范围
011701001	安全文明施工（含环境保护、文明施工、安全施工、临时设施）	1. 环境保护包含范围：现场施工机械设备降低噪声、防扰民措施；水泥和其他易飞扬细颗粒建筑材料密闭存放或采取覆盖措施等；工程防扬尘洒水；土石方、建渣外运车辆防护措施等；现场污染源的控制、生活垃圾清理外运、场地排水排污措施；其他环境保护措施 2. 文明施工包含范围："五牌一图"；现场围挡的墙面美化（包括内外粉刷、刷白、标语等）、压顶装饰、现场厕所便槽刷白、贴面砖，水泥砂浆地面或地砖，建筑物内临时便溺设施；其他施工现场临时设施的装饰装修、美化措施；现场生活卫生设施；符合卫生要求的饮水设备、淋浴、消毒等设施；生活用洁净燃料；防煤气中毒、防蚊虫叮咬等措施；施工现场操作场地的硬化；现场绿化、治安综合治理；现场配备医药保健器材、物品和急救人员培训；现场工人的防暑降温、电风扇、空调等设备及用电；其他文明施工措施 3. 安全施工包含范围：安全资料、特殊作业专项方案的编制，安全施工标志的购置及安全宣传、"三宝"（安全帽、安全带、安全网）、"四口"（楼梯口、电梯井口、通道口、预留洞口）、"五临边"（阳台围边、楼板围边、屋面围边、槽坑围边、卸料平台两侧），水平防护架、垂直防护架、外架封闭等防护；施工安全用电，包括配电箱三级配电、两级保护装置要求、外电防护措施；起重机、塔吊等起重设备（含井架、门架）及外用电梯的安全防护措施（含警示标志）及卸料平台的临边防护、层间安全门、防护棚等设施；建筑工地起重机械的检验检测；施工机具防护棚及其围栏的安全保护设施；施工安全防护通道；工人的安全防护用品、用具购置；消防设施与消防器材的配置；电气保护、安全照明设施；其他安全防护措施 4. 临时设施包含范围：施工现场采用彩色、定型钢板、砖、混凝土砌块等围挡的安砌、维修、拆除；施工现场临时建筑物、构筑物的搭设、维修、拆除，如临时宿舍、办公室、食堂、厨房、厕所、诊疗所、临时文化福利用房、临时仓库、加工厂、搅拌台、临时简易水塔、水池等。施工现场临时设施的搭设、维修、拆除，如临时供水管道、临时供电管线、小型临时设施等；施工现场规定范围内临时简易道路铺设，临时排水沟、排水设施安砌、维修、拆除；其他临时设施搭设、维修、拆除
011701002	夜间施工	1. 夜间固定照明灯具和临时可移动照明灯具的设置、拆除 2. 夜间施工时，施工现场交通标志、安全标牌、警示灯等的设置、移动、拆除 3. 包括夜间照明设备及照明用电、施工人员夜班补助、夜间施工劳动效率降低等
011701003	非夜间施工照明	为保证工程施工正常进行，在地下室等特殊施工部位施工时所采用的照明设备的安拆、维护及照明用电等
011701004	二次搬运	由于施工场地条件限制而发生的材料、成品、半成品等一次运输不能到达堆放地点，必须进行二次或多次搬运
011701005	冬雨季施工	1. 冬雨（风）季施工时增加的临时设施（防寒保温、防雨、防风设施）的搭设、拆除 2. 冬雨（风）季施工时，对砌体、混凝土等采用的特殊加温、保温和养护措施 3. 冬雨（风）季施工时，施工现场的防滑处理、对影响施工的雨雪的清除 4. 包括冬雨（风）季施工时增加的临时设施、施工人员的劳动保护用品、冬雨（风）季施工劳动效率降低等
011701009	地上、地下设施、建筑物的临时保护设施	在工程施工过程中，对已建成的地上、地下设施和建筑物进行的遮盖、封闭、隔离等必要保护措施

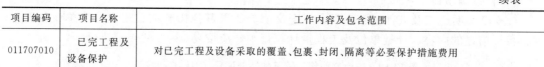

续表

项目编码	项目名称	工作内容及包含范围
011707010	已完工程及设备保护	对已完工程及设备采取的覆盖、包裹、封闭、隔离等必要保护措施费用

b. 脚手架工程。脚手架工程工程量清单项目设置、项目特征描述的内容、计量单位及工程量计算规则，应按表13-60的规定执行。

表 13-60　脚手架工程（编码：011702）

项目编码	项目名称	项目特征	计量单位	工程量计算规则	工程内容
011702001	综合脚手架	1. 建筑结构形式 2. 檐口高度	m²	按建筑面积计算	1. 场内、场外材料搬运 2. 搭、拆脚手架、斜道、上料平台 3. 安全网的铺设 4. 选择附墙点与主体连接 5. 测试电动装置、安全锁等 6. 拆除脚手架后材料的堆放
011702002	外脚手架	1. 搭设方式 2. 搭设高度 3. 脚手架材质	m²	按所服务对象的垂直投影面积计算	1. 场内、场外材料搬运 2. 搭、拆脚手架、斜道、上料平台 3. 安全网的铺设 4. 拆除脚手架后材料的堆放
011702003	里脚手架				
011702004	悬空脚手架			按搭设的水平投影面积计算	
011702005	挑脚手架		m	按搭设长度乘以搭设层数以延长米计算	
011702006	满堂脚手架			按搭设的水平投影面积计算	
011702007	整体提升架	1. 搭设方式及启动装置 2. 搭设高度	m²	按所服务对象的垂直投影面积计算	1. 场内、场外材料搬运 2. 选择附墙点与主体连接 3. 搭、拆脚手架、斜道、上料平台 4. 安全网的铺设 5. 测试电动装置、安全锁等 6. 拆除脚手架后材料的堆放
011702008	外装饰吊篮	1. 升降方式及启动装置 2. 搭设高度及吊篮型号		按所服务对象的垂直投影面积计算	1. 场内、场外材料搬运 2. 吊篮的安装 3. 测试电动装置、安全锁平衡控制器等 4. 吊篮的拆卸

c. 混凝土模板及支架（撑）。混凝土模板及支架（撑）工程量清单项目设置、项目特征描述的内容、计量单位及工程量计算规则，应按表13-61的规定执行。

表 13-61　混凝土模板及支架（撑）（编码：011703）

项目编码	项目名称	项目特征	计量单位	工程量计算规则	工作内容
011703001	垫层	基础形状	m²	按模板与现浇混凝土构件的接触面积计算 1.现浇钢筋混凝土墙、板单孔面积≤0.3m²的孔洞不予扣除，洞侧壁模板亦不增加；单孔面积＞0.3m²时应予扣除，洞侧壁模板面积并入墙、板工程量内计算 2.现浇框架分别按梁、板、柱有关规定计算；附墙柱、暗梁、暗柱并入墙内工程量内计算 3.柱、梁、墙、板相互连接的重叠部分，均不计算模板面积 4.构造柱按图示外露部分计算模板面积	1.模板制作 2.模板安装、拆除、整理堆放及场内外运输 3.清理模板黏结物及模内杂物、刷隔离剂等
011703002	带形基础				
011703003	独立基础				
011703004	满堂基础				
011703005	设备基础				
011703006	桩承台基础				
011703007	矩形柱	柱截面形状、尺寸			
011703008	构造柱				
011703009	异形柱				
011703010	基础梁	梁截面			
011703011	矩形梁				
011703012	异形梁				
011703013	圈梁				
011703014	过梁	厚度			
011703015	弧形、拱形梁				
011703016	直形墙				
011703017	弧形墙				
011703018	短肢剪力墙、电梯井壁				
011703019	有梁板				
011703020	无梁板				
011703021	平板				
011703022	拱板				
011703028	直形楼梯	形状		按楼梯(包括休息平台、平台梁、斜梁及楼梯的连接梁)的水平投影面积计算，不扣除宽度小于500mm的楼梯井所占面积，楼梯踏步、踏步板、平台梁等侧面模板不另计算伸入墙内部分不另增加	
011703029	弧形楼梯				

d. 垂直运输。垂直运输工程量清单项目设置、项目特征描述的内容、计量单位及工程量计算规则，应按表 13-62 的规定执行。

表 13-62　垂直运输（编码：011704）

项目编码	项目名称	项目特征	计量单位	工程量计算规则	工程内容
011704001	垂直运输	1.建筑物建筑类型及结构形式 2.地下室建筑面积 3.建筑物檐口高度、层数	1. m² 2.天	1.按《建筑工程建筑面积计算规范》的规定计算建筑物的建筑面积 2.按施工工期日历天数计算	1 垂直运输机械的固定装置、基础制作、安装 2.行走式垂直运输机械轨道的铺设、拆除、摊销

e.超高施工增加。超高施工增加工程量清单项目设置、项目特征描述的内容、计量单位及工程量计算规则，应按表13-63的规定执行。

表13-63　超高施工增加（编码：011705）

项目编码	项目名称	项目特征	计量单位	工程量计算规则	工程内容
011705001	超高施工增加	1.建筑物建筑类型及结构形式 2.建筑物檐口高度、层数 3.单层建筑物檐口高度超过20m,多层建筑物超过6层部分的建筑面积	m²	按《建筑工程建筑面积计算规范》的规定计算建筑物超高部分的建筑面积	1.建筑物超高引起的人工工效降低以及由于人工工效降低引起的机械降效 2.高层施工用水加压水泵的安装、拆除及工作台班 3.通信联络设备的使用及摊销

f.大型机械设备进出场及安拆。大型机械设备进出场及安拆工程量清单项目设置、项目特征描述的内容、计量单位及工程量计算规则，应按表13-64的规定执行。

表13-64　大型机械设备进出场及安拆（编码：011706）

项目编码	项目名称	项目特征	计量单位	工程量计算规则	工程内容
011706001	大型机械设备进出场及安拆	1.机械设备名称 2.机械设备规格型号	台次	按使用机械设备的数量计算	1.安拆费包括施工机械、设备在现场进行安装拆卸所需人工、材料、机械和试运转费用以及机械辅助设施的折旧、搭设、拆除等费用 2.进出场费包括施工机械、设备整体或分体自停放地点运至施工现场或由一施工地点运至另一施工地点所发生的运输、装卸、辅助材料等费用

g.施工排水、降水。施工排水、降水工程量清单项目设置、项目特征描述的内容、计量单位及工程量计算规则，应按表13-65的规定执行。

表13-65　施工排水、降水（编码：011707）

项目编码	项目名称	项目特征	计量单位	工程量计算规则	工程内容
011707001	成井	1.成井方式 2.地层情况 3.成井直径 4.井(滤)管类型、直径	m	按设计图示尺寸以钻孔深度计算	1.准备钻孔机械、埋设护筒、钻机就位;泥浆制作、固壁;成孔、出渣、清孔等 2.对接上、下井管(滤管),焊接,安放,下滤料,洗井,连接试抽等
011707002	排水、降水	1.机械规格型号 2.降排水管规格	昼夜	按排、降水日历天数计算	1.管道安装、拆除,场内搬运等 2.抽水、值班、降水设备维修等

任务 13.4 技能训练

案例 13-1 已知砖基础分部分项工程量清单项目的工程量是 15.64m³，根据《建设工程工程量清单计价规范》中提供的工程内容知道该清单项包括的定额子目有砖基础砌筑和防潮层，并已计算出两个定额项目的工程量，查定额基价和人、材、机费用如表 13-66 所示，管理费和利润按河北省费用标准执行。计算砖基础分部分项工程量清单项目的综合单价。

表 13-66 定额基价和人、材、机费用

序号	项目编码	项目名称	计量单位	工程数量	金额/(元/定额单位)			
					基价	人工费	材料费	机械费
1	A3-1	砖基础砌筑	10m³	1.564	2918.52	584.40	2293.77	40.35
2	A7-116	墙基防潮层	100m²	0.09	1619.72	811.80	774.82	33.10

分析 本案例在计算砖基础分部分项工程量清单项目的综合单价时，要注意该清单项包括砖基础砌筑和防潮层两部分。另外注意综合单价的组成以及管理费和利润的计费基数是(人工费 + 机械费)。

解 ① 计算定额项目的综合单价。

A3-1：2918.52(基价) + 管理费 + 利润

管理费 = (人 + 机) × 管理费率 = (584.4 + 40.35) × 17% = 106.21(元)

利润 = (人 + 机) × 利润率 = (584.4 + 40.35) × 10% = 62.48(元)

综合单价 = 2918.52 + 106.21 + 62.48 = 3087.21(元)

A7-116：1619.72 + 管理费 + 利润

管理费 = (人 + 机) × 管理费率 = (811.80 + 33.10) × 17% = 143.63(元)

利润 = (811.80 + 33.10) × 10% = 84.49(元)

综合单价 = 1619.72 + 143.63 + 84.49 = 1847.84(元)

② 合价 = 3087.21 × 1.564 + 1847.84 × 0.09 = 4994.71(元)

③ 砖基础综合单价 = 4994.71/15.64 = 319.35(元)

案例 13-2 某建筑物的基础如图 13-2 所示，计算挖四类土地槽的工程量。

分析 本案例在计算地槽土方工程量时，是按照设计图示尺寸以基础垫层底面积乘以挖土深度计算的。外墙下基础沟槽长度取外墙中心线长度，内墙下基础地槽长度取内墙基础净长。

解 ① 外墙沟槽工程量 = (1.05 - 0.27) × 0.92 × (29.7 + 8.1) × 2 = 54.25(m³)

② 内墙沟槽工程量 = (1.05 - 0.27) × 0.92 × (8.1 - 0.92) × 8 = 41.22(m³)

③ 挖沟槽工程量 = 54.25 + 41.22 = 95.47(m³)

案例 13-3 某工程需用如图 13-3 所示预制钢筋混凝土方桩 200 根，已知混凝土强度等级为 C40，土壤类别为四类土，求该工程打预制钢筋混凝土桩的工程数量。

分析 本案例在计算打预制钢筋混凝土桩的工程数量时，可以以米计量，按设计图示尺寸以桩长(包括桩尖)计算；也可以以立方米计算，按设计图示截面积乘以桩长(包括桩尖)以实体积计算；也可以以根计算，按设计图示数量计算。

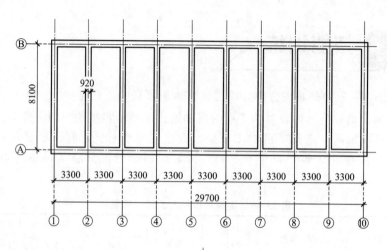

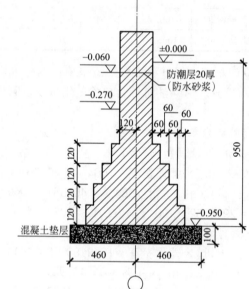

图 13-2 某建筑物的基础

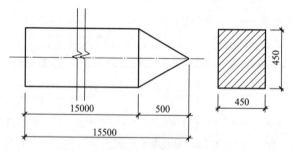

图 13-3 预制钢筋混凝土桩示意图

解 打单桩长度 15.5m，断面 450mm×450mm，混凝土强度等级为 C40 的预制混凝土桩的工程数量为 200 根［或 15.5×200＝3100(m)］。

案例 13-4 设一砖基础，长 120m，厚 365mm，每隔 10m 设有附墙砖垛，墙垛断面尺寸为：凸出墙面 250mm，宽 490mm，砖基础高 1.85m，墙基础等高放脚 5 层，最底层放脚高度为二皮砖，试计算砖墙基础工程量。

✳**分析**　本案例在计算砖墙基础工程量时，包括附墙垛基础宽出部分的体积，不扣除基础大放脚 T 形接头处的重叠部分。基础长度外墙按外墙中心线长度，内墙按内墙净长线计算。

✳**解**

① 条形墙基工程量：按公式及查表，大放脚增加断面面积为 0.2363m^2，则

墙基体积 $= 120 \times (0.365 \times 1.85 + 0.2363) = 109.386(\text{m}^3)$

② 垛基工程量：按题意，垛数 $n = 13$ 个，$d = 0.25\text{m}$，由公式得

垛基体积 $= (0.49 \times 1.85 + 0.2363) \times 0.25 \times 13 = 3.714(\text{m}^3)$

或查表计算垛基工程量：

$$(0.1225 \times 1.85 + 0.059) \times 13 = 3.713(\text{m}^3)$$

③ 砖墙工程量：$V = 109.386 + 3.714 = 113.1(\text{m}^3)$

📑 **案例 13-5**　如图 13-4 所示，某现浇钢筋混凝土有梁板（板厚 100mm），计算有梁板的工程量。

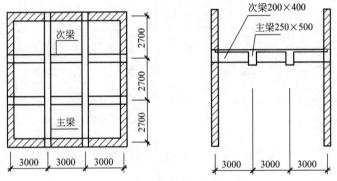

图 13-4　现浇钢筋混凝土有梁板

✳**分析**　现浇钢筋混凝土有梁板包括主梁、次梁和板。在计算有梁板的混凝土工程量时，按照梁、板体积之和计算。另外注意主梁的长度按中心线长，次梁取净长。

✳**解**

① 现浇板工程量 $= 3 \times 3 \times 2.7 \times 3 \times 0.1 = 7.29(\text{m}^3)$

② 板下梁工程量 $= 0.25 \times (0.5 - 0.1) \times 2.7 \times 3 \times 2 + 0.2 \times (0.4 - 0.1) \times (3 \times 3 - 0.5) \times 2 + 0.25 \times 0.5 \times 0.12 \times 4 + 0.2 \times 0.4 \times 0.12 \times 4 = 2.74(\text{m}^3)$

③ 有梁板工程量 $= 7.29 + 2.74 = 10.03(\text{m}^3)$

📑 **案例 13-6**　如图 13-5 所示，某工程有门式钢架 10 榀，设计涂刷防锈漆一遍，防火漆一遍，钢构件采用汽车运输 2km，试计算钢柱项目清单工程量。

✳**分析**　钢柱项目工程量按照设计图示尺寸以质量计算，不扣除孔眼的质量，焊条、铆钉、螺栓等个令增加质量，钢管柱上的节点板、加强环、内衬管、牛腿等并入钢管柱工程量内。

✳**解**　据图 13-5 中的钢材明细表，钢柱由编号 1、2、3、7、8、9、10 零件组成，则每榀门式钢架柱的清单工程量为

$$223.4 + 212.4 + 315.8 + 34.0 + 8.4 + 92.0/2 + 8.9 = 848.9(\text{kg})$$

10 榀钢架的清单工程量为：$848.9 \times 10 = 8489(\text{kg}) = 8.489(\text{t})$

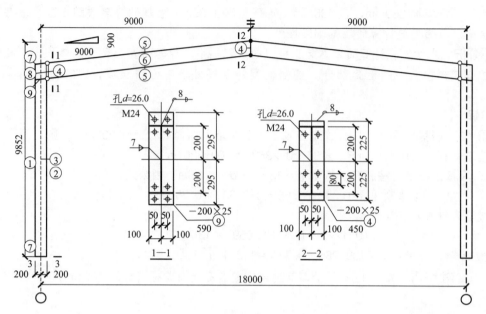

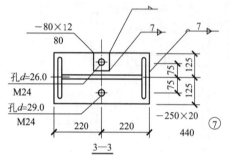

零件编号	规格/mm	长度/mm	数量	重量/kg 单重	重量/kg 共重	总重
1	−200×8	8952	2	111.7	223.4	
2	−200×8	8508	2	106.2	212.4	
3	−384×6	8990	2	157.9	315.8	
4	−200×25	450	2	17.5	35.0	
5	−200×8	8786	4	109.7	438.8	
6	−384×6	8824	2	159.0	318.0	1686.7
7	−250×20	440	2	17.0	34.0	
8	−97×8	384	4	2.1	8.4	
9	−200×25	590	4	23.0	92	
10	−200×8	394	2	4.5	8.9	

图 13-5 门式钢架

📐 **案例 13-7** 计算如图 13-6 所示某中套住房实木镶板门制作及塑钢窗的工程量。

✳**分析** 实木镶板门的工程量以樘计量，按照设计图示数量计算；塑钢窗的工程量以樘计量，按照设计图示数量计算。

✳**解**

① 实木镶板门工程量＝设计图示数量，则：

分户门 FDM-1 工程量＝1 樘

室内门 M-2 工程量＝2 樘

室内门 M-4 工程量＝1 樘

② 塑钢窗工程量＝设计图示数量，则：

塑钢窗 C-9 工程量＝1 樘

塑钢窗 C-12 工程量＝1 樘

塑钢窗 C-15 工程量＝1 樘

📐 **案例 13-8** 某厂房屋面如图 13-7 所示，设计要求：水泥珍珠岩块保温层 80mm 厚，1:3 水泥砂浆找平层 20mm 厚，三元乙丙橡胶卷材防水层（满铺）。试计算屋面防水层工程量。

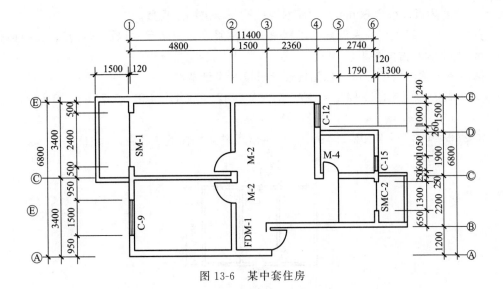

图 13-6   某中套住房

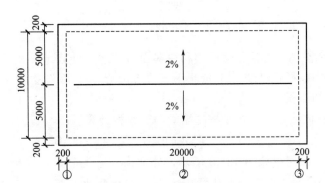

图 13-7   某厂房屋面图

∴**分析**   屋面防水常见的有屋面卷材防水、屋面涂膜防水。在计算屋面防水层工程量时，按照设计图示尺寸以面积计算。另注意区分斜屋顶和平屋顶，斜屋顶按照斜面积计算，平屋顶按照水平投影面积计算。

∴**解**   屋面防水层工程量 $= (20 + 0.2 \times 2) \times (10 + 0.2 \times 2) = 212.16 (m^2)$

⏩**案例 13-9**   某保温平屋面尺寸如图 13-8 所示，做法如下：空心板上 1：3 水泥砂浆找平 20mm 厚，刷冷底子油两遍，沥青隔气层一遍，8mm 厚水泥蛭石块保温层，1：10 现浇水泥蛭石找坡，1：3 水泥砂浆找平 20mm 厚，SBS 改性沥青卷材满铺一层，点式支撑预制

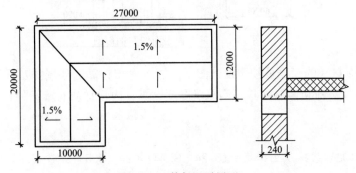

图 13-8   某保温平屋面

混凝土架空隔热板，板厚 60mm，计算水泥蛭石保温层的工程量。

❉分析　在计算平屋面保温层的工程量时，按照设计图示尺寸以面积计算，扣除面积大于 $0.3m^2$ 的空洞及占位面积。

❉解　屋面保温层工程量 = 保温层设计长度 × 设计宽度

水泥蛭石保温层的工程量 = $(27 - 0.24) \times (12 - 0.24) + (10 - 0.24) \times (20 - 12)$
$$= 392.78(m^2)$$

📖案例 13-10　计算如图 13-9 所示住宅水泥砂浆地面的工程量。

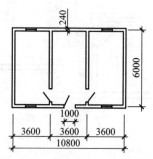

图 13-9　水泥砂浆地面示意图

❉分析　地面装饰工程包括整体面层和块料面层。水泥砂浆地面属于整体面层，其工程量按照设计图示尺寸以面积计算。不扣除小于 $0.3m^2$ 的柱、垛及空洞所占面积；门窗、空圈、暖气包槽不增加面积。

❉解　本例为整体面层，工程量按主墙间净空面积计算。
$$工程量 = (6 - 0.24) \times (10.8 - 0.24) = 60.83(m^2)$$

📖案例 13-11　某工程如图 13-10 所示，外墙面抹水泥砂浆，底层为 1:3 水泥砂浆打底 14mm 厚，面层为 1:2 水泥砂浆抹面 6mm 厚，外墙裙水刷石，1:3 水泥砂浆打底 12mm 厚，素水泥浆抹两遍，1:2.5 水泥石子 10mm 厚（分格），计算外墙面抹灰和外墙裙装饰抹灰工程量。

M：1000mm×2500mm，C：1200mm×1500mm

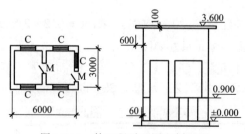

图 13-10　某工程平面图和剖面图

❉分析　墙面抹灰的工程量按照设计图示尺寸以面积计算。外墙抹灰面积按外墙垂直投影面积计算；外墙裙抹灰面积按其长度乘以高度计算；内墙抹灰有墙裙的，高度按墙裙顶至天棚底面计算。

❉解

① 外墙面水泥砂浆抹灰工程量 = $(6.24 + 3.24) \times 2 \times (3.6 - 0.1 - 0.9) -$
$$1.0 \times (2.5 - 0.9) - 1.2 \times 1.5 \times 5 = 38.7(m^2)$$

② 外墙裙水刷石工程量 $= [(6.24 + 3.24) \times 2 - 1.0] \times 0.9 = 16.16(\text{m}^2)$

📌 **案例 13-12**　某工程平面图如图 13-11 所示，墙厚 240mm，天棚、吊顶等用方木龙骨塑料板，柱断面尺寸：550mm×650mm，试计算该天棚的工程量。

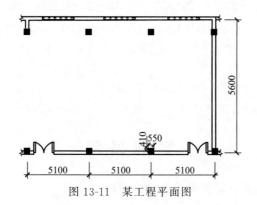

图 13-11　某工程平面图

❋**分析**　天棚吊顶的工程量按照设计图示尺寸以水平投影面积计算。天棚面中的灯槽、锯齿形、吊挂式天棚面积不展开计算。扣除单个大于 0.3m^2 的孔洞，独立柱及与天棚相连的窗帘盒所占的面积。

❋**解**　天棚吊顶工程量 $= (5.1 \times 3 - 0.24) \times (5.6 - 0.24) - 0.55 \times 0.65 \times 2 = 80.00(\text{m}^2)$

📌 **案例 13-13**　如图 13-12 所示墙面贴壁纸，墙净高为 2.9m，门窗框安装居墙中，门窗框的宽度为 90mm，其中，门窗洞尺寸为 M_1：1000mm×2000mm，M_2：900mm×2200mm，C_1：1100mm×1500mm，C_2：1600mm×1500mm，C_3：1800mm×1500mm。试计算墙面贴壁纸的工程量。

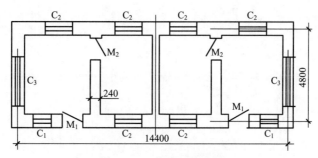

图 13-12　某墙面贴壁纸

❋**分析**　根据计算规则，墙面壁纸以实贴面积计算，并应扣除门窗洞口和踢脚板工程量，增加门窗洞口侧壁面积。

❋**解**

① 墙净长 $L = (14.4 - 0.24 \times 4) \times 2 + (4.8 - 0.24) \times 8 = 63.36(\text{m})$

$$\text{墙高 } H = 2.9\text{m}$$

② 扣除门窗洞口、踢脚板面积，若踢脚板高 0.15m，则：

$$0.15 \times 63.36 = 9.5(\text{m}^2)$$

M_1：$1.0 \times (2 - 0.15) \times 2 = 3.7(\text{m}^2)$

M_2：$0.9 \times (2.2 - 0.15) \times 4 = 7.38(\text{m}^2)$

C：$(1.8 \times 2 + 1.1 \times 2 + 1.6 \times 6) \times 1.5 = 23.1(\text{m}^2)$

合计扣减面积 $= 9.5 + 3.7 + 7.38 + 23.1 = 43.68(\text{m}^2)$

③ 增加门窗侧壁面积。

M_1：$(0.24 - 0.09)/2 \times (2 - 0.15) \times 4 + (0.24 - 0.09)/2 \times 1.0 \times 2 = 0.71(\text{m}^2)$

M_2：$(0.24 - 0.09) \times (2.2 - 0.15) \times 4 + (0.24 - 0.09) \times 0.9 \times 2 = 1.50(\text{m}^2)$

C：$(0.24 - 0.09)/2 \times [(1.8 + 1.5) \times 2 \times 2 + (1.1 + 1.5) \times 2 \times 2 + (1.6 + 1.5) \times 2 \times 6] = 4.56(\text{m}^2)$

合计增加面积 $= 0.71 + 1.50 + 4.56 = 6.77(\text{m}^2)$

④ 贴墙纸工程量 $S = 63.36 \times 2.9 - 43.68 + 6.77 = 146.83(\text{m}^2)$

实 训 项 目

用工程量清单计价模式计算附图建筑物的价格。

附　图

本附图供实训项目用，具体图纸请依据前言指示方法下载电子资料包获取。

附图说明

本工程为某酒店工程项目，地上四层、地下一层，钢筋混凝土框架结构，基础形式为有梁式筏板基础，建筑面积为 $2545.36m^2$，建筑总高度为 18.80m。建筑耐火等级为地下一级、地上二级，建筑抗震设防烈度为 7 度。钢筋构造除图中另有说明外，均依据 16G101 图集进行设置。

本工程包含了框架柱、框架梁、非框架梁、混凝土板、剪力墙、楼梯、填充墙、构造柱、台阶、雨棚、散水、楼地面装修、墙柱面装修、天棚装修等构件，基本涵盖了一般建筑的所有构件。工程图纸设计规范，具有典型性和代表性，适合作为学员进行工程识图及工程预算等课程学习的基本辅助资料。

参 考 文 献

［1］ 谷洪雁. 建筑工程计量与计价［M］. 武汉：武汉大学出版社，2014.

［2］ 中华人民共和国住房和城乡建设部. 建设工程工程量清单计价规范（GB 50500—2013）［M］. 北京：中国计划出版社，2013.

［3］ 中华人民共和国住房和城乡建设部. 房屋建筑与装饰工程工程量计算规范（GB 50854—2013）［M］. 北京：中国计划出版社，2013.

［4］ 河北省工程建设工程造价管理总站. 全国统一建筑工程基础定额河北省消耗量定额（HEBGYD-A—2012）. 北京：中国建材工业出版社，2012.

［5］ 河北省工程建设工程造价管理总站. 全国统一建筑装饰装修工程消耗量定额河北省消耗量定额（HEBGYD-B—2012）. 北京：中国建材工业出版社，2012.

［6］ 河北省建筑、安装、市政、装饰装修工程费用标准（HEBGFB-1—2012）.

［7］《建筑安装工程费用项目组成》（建标［2013］44 号）.

［8］ 全国造价工程师执业资格考试培训教材编审委员会. 建设工程造价管理［M］. 北京：中国计划出版社，2017.